# LANDSCAPE Prompt Design and Expression

# 景观快题设计与表达 （第二版）

编　著：绘世界手绘考研研究中心

主　编：张光辉　金　山

U0199322

中国林业出版社
China Forestry Publishing House

图书在版编目（ＣＩＰ）数据

景观快题设计与表达 / 绘世界考研研究中心编著；张光辉, 金山主编. -- 2版. -- 北京：中国林业出版社, 2019.3

高等院校设计专业精品教材

ISBN 978-7-5038-9965-2

Ⅰ.①景… Ⅱ.①绘… ②张… ③金… Ⅲ.①景观设计—绘画技法—高等学校—教材 Ⅳ.①TU986.2

中国版本图书馆CIP数据核字(2019)第041088号

中国林业出版社
责任编辑：李 顺　薛瑞琦
出版咨询：（010）83143569
--------------------------------------------------------------------------------
出版：中国林业出版社（北京西城区德内大街刘海胡同100009）
网站：http://www.forestry.gov.cn/lycb.html
印刷：固安县京平诚乾印刷有限公司
发行：中国林业出版社
电话：（010）83143569
版次：2019年6月第2版
印次：2019年6月第1次
开本：889 mm × 1194 mm 1/12
印张：19.25
字数：200千字
定价：68.00元

　　景观设计学是一门建立在广泛的自然科学和人文与艺术学科基础上的应用学科。尤其强调土地的设计，即：通过对有关土地及一切人类户外空间的问题进行科学理性的分析，设计问题的解决方案和解决途径，并监理设计的实现。

　　景观设计学与建筑学、城乡规划学、环境艺术、市政工程设计等学科有紧密的联系，而景观设计学所关注的问题是土地和人类产外空间的问题（仅这一点就有别于建筑学）。它与现代意义上的城市规划的主要区别在于景观设计学是物质空间的规划和设计，包括城市与区域的物质空间规划设计，而城市规划更主要关注社会经济和城市总体发展计划。尽管中国的城市规划专业仍在主要承担城市的物质空间规划设计，那是因为中国景观设计发展滞后的结果。因此，只有同时掌握关于自然系统和社会系统双方面知识、懂得如何协调人与自然关系的景观设计师，才有可能设计人地关系和谐的城市。与市政工程设计不同，景观设计学更善于综合地、多目标地解决问题，而不是单一目标地解决工程问题，当然，综合解决问题的过程依赖于各个市政工程设计专业的参与。与环境艺术（甚至大地艺术）的主要区别：景观设计学的关注点在于用综合的途径解决问题，关注一个物质空间的整体设计，解决问题的途径是建立在科学理性的分析基础上的，而不仅仅依赖设计师的艺术灵感和艺术创造。

　　景观设计的内容根据出发点的不同有很大不同，大面积的河域治理，城镇总体规划大多是从地理、生态角度出发；中等规模的主题公园设计、街道景观设计常常从规划和园林的角度出发；面积相对较小的城市广场、小区绿地，甚至住宅庭院等又是从详细规划与建筑角度出发，但无疑这些项目都涉及景观因素。

　　本书为提高学生考研和就业的必备综合专业技能，根据教学实践中积累的心得与体验编纂而成，以逻辑的顺序讲解了景观快题的概论、基础、方案设计、表现方法、应试策略、快题点评、应试准备，期望给想要在快题设计上得到训练的读者一个进阶与强化的方法。本书可以作为景观设计及其相关专业（环艺、园林）的学生在中高年级进行应试准备与训练，以及低年级学生开始接触专业学习的辅导用书。本书同时对设计人员提高快速设计能力有一定的帮助。

　　由于景观设计学学科的动态性、综合性、实践性和针对性特点，使得任何设计均不存在绝对合理和最优状态，需要我们不断学习，从别人的设计方案中吸取优点，不断的实践中获取真知灼见。由于时间较仓促，书中难免有不妥之处，希望各院校、同专业设计工作者及学生在使用过程中多提宝贵意见。

编者著

# Contents

# 第一章　快题概论

## 1.1 基础概念

风景园林学：它是一门对土地进行规划、设计和管理的艺术，它合理地安排自然和人工因素，借助科学知识和文化素养，本着对自然资源保护和管理的原则，最终创造出对人有益、使人愉快的美好环境。

风景园林学是人居环境科学的三大支柱之一，是一门建立在广泛的自然科学和人文艺术学科基础上的应用学科，其核心是协调人与自然的关系，特点是综合性非常强，涉及规划设计、园林植物、工程学、环境生态、文化艺术、地学、社会学等多学科的交汇综合，担负着自然环境和人工环境建设与发展、提高人类生活质量的重任。

## 1.2 景观快题

### 1.2.1 景观快题特点

景观快题最鲜明的特点就是时间紧、任务大、强度高。

一般快题的提交成果包括分析图（一般2~5个），总平面图，立面图或者剖面图（一般1~2个），鸟瞰图，局部效果图，植物配置图，节点放大图，景观建筑（小品）的平面、立面、剖面及效果图，设计说明，经济技术指标等。具体的成果要求要根据报考院校或单位的历年真题要求有针对性地练习。例如某高校2012年风景园林快题考试的成果要求有分析图，总平面图（1：500），立面图或者剖面图，滨海木栈道效果图（不小于A4大小），服务性建筑的平面、立面、剖面（平立剖比例为1：200~1：300）及效果图（不小于A4大小），设计说明，技术经济指标。如何在3～6个小时内很好地表达全部要求的成果是对应试者的专业知识、手绘能力、体力、耐力和心理素质的考查，所以备考的整个过程中，心态要平稳、戒骄戒躁，每月要有规划，每天要有切合自己实际的计划，一步步稳扎稳打，日积月累，终会有所收获。

快题考试的主要来源是对真实项目的改造，一般是对项目的地形或项目中的一部分地形改造演变而来。例如，某高校某一年的题目是这样：

高新科技园位于城市光谷开发新区的东侧，周围是该市正在建设的面积达到200km²，高新技术产业规模将达到1500亿元的科技新城。这里选择光谷开发新区信息产业科技园内一个休闲空间环境作为快题设计考试的题目，要求考生在所给的用地平面图内，设计一个有信息产业科技特色的休闲空间环境。

光谷开发新区是武汉市的一个国家经济开发区，此题就选取了开发区中的一块待开发用地作为考题进行考察。

快题题目由考生所报考院校的老师进行命题。目前快题考试时间一般有6小时和3小时之分，超过3小时（不包括3个小时）的考试一般安排在硕士研究生考试的第三天进行。

对考生而言，要尽可能多地搜集报考院校的历年真题，甚至和报考院校在出题上（如场地面积、类型等）相似的院校的真题，分析报考院校真题的设计面积范围。总结历年真题的成果要求及其历年真题在提交成果的

要求上的变化，特别对近几年的真题要强化练习，从而对各个部分的时间安排做到心中有数，以免考试时手忙脚乱，无所适从！

### 1.2.2 景观快题类型

在命题类型上，主要有居住区（小区）绿地、校园绿地、公园绿地、城市广场绿地、商业中心绿地、工业绿地和其他类绿地等，场地设计面积从几百平方米到几十公顷不等。但大尺度的绿地系统规划、风景区和旅游区等规划设计由于周期较长、需要的基础资料较多，一般不作为硕士研究生入学快题考试考查的类型。几种不同类别院校的快题方案（图1-1，1-2，1-3）。

### 1.2.3 景观快题题目要求

一些报考院校对每一项成果都有固定的分值要求。

如：某高校2013年快题考试大纲各部分内容的考查比例（满分为150分）：

1）总平面设计（1：500~1：1000），占90分；
2）重点景区（点）园林（建筑）小品平面立面设计，占15分；
3）局部透视及鸟瞰图设计，占10分；
4）地形地貌利用与竖向设计（重要节点的标高设计），占10分；
5）植物景观设计，占15分；
6）技术经济指标及简要说明，占10分。

在评卷老师实际阅卷时，不会严格按照上述分值要求一一对应给出成绩。而是根据自己的专业背景、教学经验、项目实践经验，比较报考该校考生试卷的整体情况后，把快题分为几个档次。例如，满分150分快题，10分一个档次，从90~100、100~110、110~120、120~130、130~140到140~150，不及格的归为一个档次，然后再在各个档次里面针对每套快题的问题实行倒扣分的方法，比如考生指北针、比例尺、效果图未画或者经济技术指标错误等原因，会被扣去一定的分数。所以在平时训练的时候就要把这些基础性的东西都画上去，表达成果一定要完整。

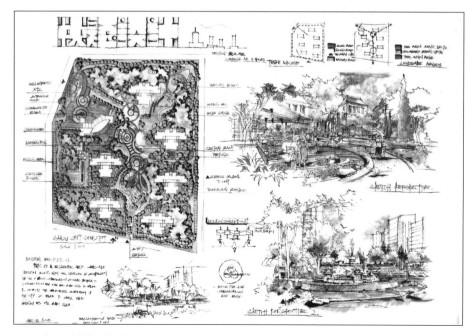

图1-1 建工类院校常见快题类型

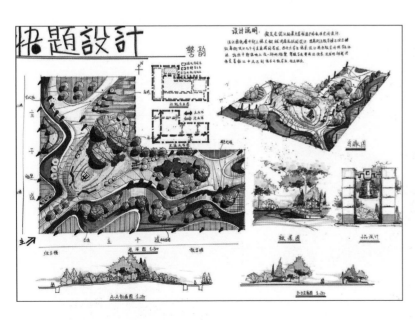

图1-2 环境艺术设计类院校快题类型

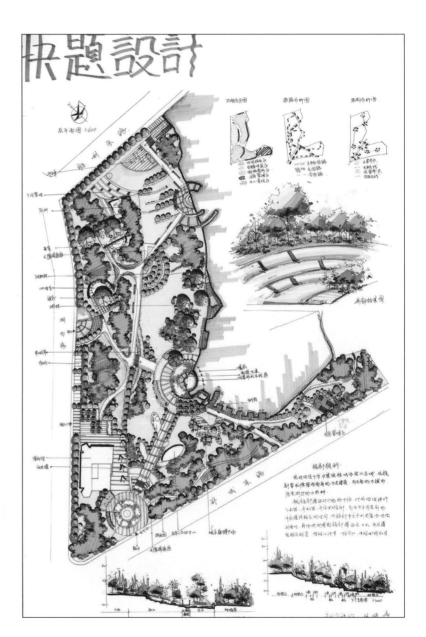

图1-3 农林院校常见快题类型

## 1.2.4 景观快题评分标准

对多数考生来讲，在3~6个小时内完成一套非常有新意的快题是有一定难度的，所以稳妥的方法是根据自己平时训练的方法以自己擅长的方式去设计。平时练习时，不断改进、改正，力争少犯错误。不要在考试时过于刻意去追求方案的新奇，功夫在平时，否则可能事与愿违。而怎样才算一套好的快题呢？

1）表达成果完整。试卷要求的每一项内容都要完成，特别是占的纸幅比较大的，比如鸟瞰图。表达成果不完整的快题能否及格都是问题，更不用谈得高分了！

2）排版合理、丰满，画面整体效果优美。排版合理，忌讳太空，颜色搭配要合理。好的快题是在平面图、效果图等各个部分都出色的情况下，整体上又有合理的布局。快题给阅卷者的第一印象很重要，画面感好的快题很容易跳出来，被阅卷者看中。

3）平面方案好，鸟瞰图、效果图漂亮。一套快题很大程度上是对平面图的解读，鸟瞰图、效果图、分析图、节点放大、建筑小品设计、设计说明等都是对平面图的解释说明。所以，方案的构思很重要。

4）景观建筑（小品）、植物配置等表达良好。建筑（小品）要进行专项练习，植物配置一个很重要的功能是围合、划分空间，要注重乔灌草的结合，考虑植物的林冠线设计，营造优美的林冠线和天际线。

5）无明显硬伤。比如比例尺错误、尺寸明显错误、场地出入口设置不合理，摒弃了场地中需要保留的文物古迹、古树名木等。

# 1.3 绘图工具

图1-4 快题常用手绘工具

## 1.3.1 笔类

（1）铅笔

铅笔在快题中用来画线稿，表达个人的设计思路的。有时怕画错，也常常利用铅笔做辅助。铅笔的笔芯有软、硬之分。"B"表示软，"H"表示硬，其前面的数字越大，表示该铅笔的笔芯越"软"或越"硬"。如4B铅笔比2B铅笔笔芯要软，HB介于软硬之间属于中等。选笔一般不要过软或过硬，过软不易擦拭，容易把纸面弄黑、弄花；过硬则容易把纸划伤。建议用2B或HB，考前要提前削好，笔尖不要太尖，以免划破纸张或者用力过猛导致折断。

（2）针管笔、钢笔

多用来绘制正图，也就是我们说的上墨线。建议使用一次性针管笔，因其下水流畅、不跑水。另外，把针管笔安装在专用的圆规插脚上，可以画出膜线的圆弧。建议准备三只笔头粗细不同的针管笔，以表达不同的对象。

用钢笔绘制正图时要注意区分线宽。便宜又实惠的钢笔建议用英雄329。选用针管笔还是钢笔依据个人的爱好习惯，但都要注意不要弄脏画面。

（3）马克笔、彩铅、水彩

马克笔按照墨水的性质分为油性、水性、酒精性三种。品牌众多，价格不等。市面上常见有NEWCOLOR、凡迪、AD、TOUCH等马克笔品牌，根据作者多年景观手绘的经验，NEWCOLOR品牌的马克笔是中小笔头且整体色调偏灰，适合刻画植物及水体、室外景观元素，对初学者而言比较好控制，而且性价比较高，推荐使用。像AD之类表现效果更为优秀的马克笔工具，适合手绘技能提高时期使用。

色彩选择上要分别准备适合铺装、绿地、乔木、灌木、水体、天空、建筑物、构筑物、景观小品的马克笔、彩铅等。建议形成自己的一套色系，快题考试时什么材料使用什么笔号，信手拈来，大大节约时间（图1-5）。

（4）高光笔

高光笔用得好的话，可以为效果图添彩，但如果时间过长的话，其经氧化后容易发黄。

## 1.3.2 尺规类

（1）丁字尺

丁字尺一般用于绘制图纸边框和较长的直线，以保证图纸的完整性。使用得当还可以作为平行参考线。

（2）平行尺、三角板

平行尺使用较方便，可以较快地绘制一些类平行的直线，推荐使用。三角板可帮助绘制直角和平行线。

（3）蛇形尺、曲线板

蛇形尺是可以随意弯曲的软尺，可以绘制出很多柔和的曲线。但不便于绘制转弯半径较小的弧线。曲线板上有多种弧度曲线，使用时需要注意线头交界处要圆润，避免生硬。

（4）比例尺、圆规、圆模版

比例尺可以便捷地测出各种比例的场地、建筑物和构筑物等，是控制尺度很好的工具。

圆规结合针管笔绘制广场等圆形图案。

圆模版绘制小型的圆形因素，如树木、小型广场等。

建议在平时通过练习，逐渐摆脱尺规作图，练成目测比例的本领，以眼代替比例尺，以徒手绘制代替尺规的辅助。这种方法在大场地（如公园）的规划设计中用起来很便捷，如弯曲的道路要保持宽度一致，不可能一直使用尺规辅助，所以练就徒手绘制的本领还是很有必要的。小场地（如街头绿地）的表现则可以继续使用尺规以达到规整的目的，当然也可以选择徒手绘制，更好地表达应试者的功底。

### 1.3.3 图纸类

（1）水彩纸

它的特性是吸水性比一般纸好，较厚，纸面的纤维也较强壮，不易因重复涂抹而破裂、起毛球。水彩纸有多种，依纤维来分的话，有棉质和麻质两种。依表面来分的话，则有粗面、细面、滑面之别。如要画细致的主题，一般会选用麻质的厚纸。这种水彩纸也往往是精密水彩插画的用纸。此外，如果要用到水彩技法中的重叠法时，一般会选用棉质纸，因为棉吸水快，干得也快，唯一缺点是时间久了会退色。

（2）普通绘图纸、色纸

常用来绘制正图。不透明，分为白色和彩色（色纸）。使用白纸绘制对比强烈。使用色纸相当于事先设定了一种色调，整个画面的黑白灰关系比普通白纸效果好。有些院校明确要求采用不透明纸，要看清题目要求。

（3）硫酸纸、拷贝纸

由于其半透明特性，可以将新图纸蒙在前面的图纸上进行修改、大大节约了时间。拷贝纸较薄，注意不要弄破。硫酸纸比拷贝纸厚、硬，透明度更高，上色时不易弄破，但容易出现明显的折痕。上色时下面要衬上吸水性较好的纸张，以免弄花下面的图纸。考试时如果允许使用透明纸，要充分发挥其优点，大大节约时间。

考试之前要把图纸（表1-1）裁好，所报院校考研大纲明确定用几号图纸的，则准备相应的图纸。考研大纲未说明使用几号图纸的，建议A1和A2的都准备两张。考试时建议带上四张空白平整图纸。

### 1.3.4 其他

（1）胶带、夹子

都用于固定图纸。夹子固定图纸虽然省事，但固定影响丁字尺的使用。最好用胶带固定图纸的四角和纸张边沿翘起来的地方，以免纸张移动和弄破图纸。

（2）图板

考研快题一般需要自带图板，图板要平整，特别是边沿部分。常用1号图板。

## 1.4 复习安排

考研正式准备一般是从暑假六七月份开始到次年元月初，大概半年的时间。而一般情况下，由于课程设置和实习等因素的影响，实际的复习准备时间要短于半年，所以时间是相当紧迫的，特别是对于跨专业的考生来讲！

### 1.4.1 复习时间安排

具体的时间安排要切合自己的实际情况，制定适合自己的计划。另外，可以根据所报考院校的出题类型有针对性地抄图，可以画满A3大小的纸幅。平时抄图要注意把指北针、比例尺画上去，养成一种习惯。抄图的过程中要去思考，最好加以改进，这才是动脑筋去主动学习的过程。如果仅仅是为了抄图而抄图，追求数量上的变化，那意义不大（表1-2）。

### 1.4.2 考试时间安排

1）3个小时快题时间分配（表1-3）；

2）6个小时快题时间分配（表1-4）；具体的时间分配要根据自己的实际情况，有弹性地去把握。

| 乔灌木/草坪 | 水体/天空 | 非绿色 | 木色系 | 地面铺装 | 远景绿色 | 灰色系 |
|---|---|---|---|---|---|---|
| GY20 | G50 | G58 | YR10 | YR14 | GB41 | CG5 |
| GY21 | G52 | V78 | YR11 | YG7 | GB42 | CG7 |
| GY24 | B90 | BV85 | YR13 | YG3 | GB43 | BG5 |
| G28 | B91 | CG1 | R70 | YG1 | GB45 | BG7 |
| G29 | B94 | BG1 | R71 | | GB46 | WG1 |
| G30 | GB49 | BG3 | R60 | | GB47 | WG3 |
| G31 | | CG3 | R62 | | GY25 | WG5 |
| GB32 | | B97 | | | | WG7 |

图1-5　NEW COLOR马克笔推荐用色

| 幅面 | A0 | A1 | A2 | A3 | A4 |
|---|---|---|---|---|---|
| 尺寸 | 841×1189 | 594×841 | 420×594 | 297×420 | 210×297 |

表1-1　图纸幅面的尺寸（mm）

| 时间 | 步骤 | 原因 |
|---|---|---|
| 考研前一年或者更早 | 练习基本的钢笔线条、单体及效果图和鸟瞰图 | 手绘需要有一定的时间积累和基本的技法，建议较早练习基本功。 |
| 七八月份 | 把效果图和鸟瞰图练好，每周抄2套平面图和1套快题。熟悉快题的各个部分的比重，以及每部分的画法技巧。比如整体排版、分析图、剖面图等的画图及注意事项 | 考研前的那一个暑假特别重要，有利于集中强化效果图、鸟瞰图等的表现及方法，开学后时间比较散，想要集中练习并不容易。建议暑假报考一个专业的快题辅导班强化训练，习得学习方法 |
| 九十月份 | 每周抄3~5套平面图和抄1套快题，每月练2套快题 | 抄图是一个学习别人优秀经验的过程，千万不要忽略这个步骤。抄的多了，自己才能有所积累，设计时才不会脑子空空，无从下手 |
| 十一月份 | 每周抄3~5套平面方案，以及抄改1套快题，每月练3套快题，平均每周1套快题 | 在上一阶段抄图的基础上，把要抄的平面图加以改进，去主动思考。本月要逐渐加大练习强度，积累经验 |
| 十二月份 | 每周抄5套平面方案，抄改1套快题，每月练4套快题，平均每周1套快题 | 最后一个月千万不能松懈甚至放弃，要按照自己的实际情况加以训练、总结经验 |
| 十二月底到元月初 | 总结以前练习的经验，找出不足之处，加以改进。比如总结以前练习的好的景观节点以及效果图（要做一些改进）等 | 考试时便可以信手拈来，不用过于纠结每个节点的具体画法，从而节约时间 |

表1-2　复习时间安排

| 步骤 | 时间 | 任务 | 内容 |
|---|---|---|---|
| 1 | 10分钟 | 审题 | 确定设计类型，明确设计内容 |
| 2 | 15~20分钟 | 构思 | 功能分区、入口、路网 |
| 3 | 1~1.5小时 | 总平面图 | 20~30分钟，铅笔线稿 |
| | | | 15~20分钟，上墨线 |
| | | | 15~25分钟，上色 |
| | | | 10~15分钟，细化标注 |
| 4 | 10分钟 | 分析图 | 功能分析图、景观节点及轴线分析图、道路分析图 |
| 5 | 20~35分钟 | 鸟瞰图或效果图 | 20分钟，鸟瞰图 |
| | | | 15分钟，效果图 |
| 6 | 10分钟 | 设计说明 | 场地概况，设计原则、目的，功能分区，景观节点 |
| 7 | 5分钟 | 查漏补缺 | 比例尺、指北针等 |

表1-3　3个小时快题时间分配

| 步骤 | 时间 | 任务 | 内容 |
|---|---|---|---|
| 1 | 10~20分钟 | 审题 | 解读任务书，确定设计内容和目标 |
| 2 | 20~30分钟 | 构思 | 草图确定方案的功能结构和基本形态 |
| 3 | 2.5~3小时 | 总平面图 | （1）铅笔打底稿，40~50分钟，画出场地边界、设计道路、入口、水体、景观节点、植物、建筑等 |
| | | | （2）上墨线，40~50分钟。明确设计细节，深化方案 |
| | | | （3）上色，40~50分钟，色彩要协调统一 |
| | | | （4）完善细节，30分钟，利用色彩、笔触刻画细节，突出主要节点、入口 |
| 4 | 10分钟 | 剖/立面图 | 表现场地的竖向变化，地形最好有起伏变化 |
| 5 | 20分钟 | 分析图 | 功能分析图、景观节点及轴线分析图、道路分析图、视线分析图等 |
| 6 | 0.5~1小时 | 鸟瞰图或效果图 | 对于场地的主要景观节点和方案的亮点着重进行刻画 |
| 7 | 20分钟 | 设计说明 | 说明场地概况，设计原则、目的，功能分区，景观节点及其他需要交代而尚未说明的问题 |
| 8 | 40分钟 | 其他 | 任务书中要求的其他内容 |

表1-4　6个小时快题时间分配

第二章　快题理论

## 2.1 基础名称储备

1）建筑红线：城市道路两侧控制沿街建筑物或构筑物（如外墙、台阶等）靠临街面的界线，又称建筑控制线，是建筑物的外立面所不能超出的界线。建筑红线可与道路红线重合，一般在新城市中常使建筑红线退于道路红线之后，以便留出用地，改善或美化环境，取得良好的效果。

2）城市绿线：是指城市各类绿地范围的控制线。按原建设部出台的《城市绿线管理办法》规定，绿线内的土地只准用于绿化建设，除国家重点建设等特殊用地外，不得改为他用。

3）城市蓝线：城市规划确定的江河、湖、水库、渠和湿地等城市地表水体保护和控制的地域界线。城市蓝线一经批准，不得擅自调整。

4）城市紫线：是指国家历史文化名城内的历史文化街区和省、自治区、直辖市人民政府公布的历史文化街区的保护范围界线，以及历史文化街区外经县级以上人民政府公布保护的历史建筑的保护范围界线。

5）绿地率：是公园绿地面积、生产绿地面积、防护绿地面积和附属绿地面积之和与城市用地面积的百分比。

6）绿化覆盖面积：在城市一定范围内所有用于绿化的乔木、灌木和地被、多年生草本植物的垂直投影面积，也包括绿地以外的单株树木等覆盖面积。乔木树冠下的灌木和地被草地不重复计算。

7）绿化覆盖率：在城市一定范围内绿化覆盖面积占区域总面积的百分比。

8）屋顶绿化面积：指各类建筑屋顶、地下和半地下建筑顶层的绿化面积。

9）居住区绿地：按其功能、性质和规模，可划分为居住区公园绿地、宅旁绿地、道路绿地和配套公建所属绿地。

10）道路总宽度：也叫路幅宽度，即规划建筑线（红线）之间的宽度。

11）分车带：又叫分车线，车行道以上纵向分隔行驶车辆的设施，用以限定行车速度和车辆分行，通常高出路面10cm以上。

12）交通岛：为便于管理交通而设于路面上的一种岛状设施。

13）人行道绿化带：又称步行道绿化带，是车行道与人行道之间的绿化带。

14）分车绿带：在分车带上进行绿化，也称为隔离绿带。

15）防护绿带：将人行道与建筑分隔开来的绿带。

16）基础绿带：又称基础栽植，是紧靠建筑的一条较窄的绿带。

17）安全视距：是指行车司机发觉对方来时立即刹车而恰好能停车的距离。

18）视距三角形：为保证行车安全，道路交叉口、转弯处必须空出一定的距离，使司机在这段距离内能看到对面或侧方来往的车辆，并有一定的刹车和停车的时间，而不致发生撞车事故。根据两条相交道路的两个最短视距，在交叉口平面图上绘出的三角形，叫"视距三角形"。

19）行道树：有规律地在道路两侧种植用以遮荫的乔木而形成的绿带，是街道绿化最基本的组成部分，最普遍的形式。

20）街道小游园：在城市干道旁供居民短时间休息用的小块绿地。

21）花园林荫道：与道路平行而且具有一定宽度的带状绿地，也可称为带状街头休息绿地。

22）步行街：城市中专供人行而禁止车辆通行的道路。

23）高速公路：是具有中央分隔带及四个以上车道立体交叉和完备的安全防护设施，专供车辆快速行驶的现代公路。

24）城市广场：是城市道路交通体系中具有多种功能的空间，是人们政治、文化活动的中心，常常是公共建筑集中的地方。

25）覆盖率：用地上栽植的全部乔灌木的垂直投影面积，以及花卉、草皮等地被植物的覆盖面积占用地面积的百分比。

26）公共绿地：指人民公共使用的绿地。这类绿地常与老人、青少年及儿童活动场地结合布置。

27）道路绿地：道路两侧或单侧的道路绿化用地，根据道路的分级、地形、交通情况等的不同进行布置。

28）组团绿地：是直接靠近住宅的公共绿地，通常是结合居住建筑组布置，服务对象是组团内居民，主要为老人和儿童就近活动、休息提供场所。

29）纪念性公园：是以当地的历史人物、革命活动发生地、革命伟人及有重大历史意义的事件而设置的公园。

30）屋顶花园：是指将各类建筑物的顶部栽植花草树木，建造各种园林小品所形成的绿地。

31）轴线：轴线是空间秩序创造的主要方法，也是统领空间布局的一种"作用力"。它在设计中往往统领全局，控制着整个空间结构，引领着交通流线和视线。这种手法在古今中外的设计中被反复运用，已成为了空间创造的基础手段。

32）对景：对景一般指在景观设计中景观点与其面对的景物之间有视线联结而无道路直通的情况。如视线穿过水面、围墙、草坪，形成两景物之间的对景。对景的处理手法在江南园林中应用很广。此手法的运用需要设计师具有相当高明的空间控制能力，最恰当地布置观景点。

33）借景：现代景观设计中最常用的方法有：

① 开辟观景视线，整理删除障碍物，如修剪掉遮挡视线的树木形成景观通

廊等。

② 提升观景点的高度，使视线突破景观的界限，取俯视或平视园境的效果。建塔、亭等，让游者放眼远望。

③ 借虚景，如月色空蒙、湖光山色等。

34）框景：框景即选择特定视点，利用窗框、门洞、树干等景观元素，观赏由其所围合的景色，构成一幅仿佛镶嵌于镜框内的立体景象。框景是一种将三维空间进行浪漫的二维处理的造景手法，其在古今中外的景观设计中屡见不鲜。

35）容积率：又称建筑面积毛密度。项目用地范围内地上总建筑面积（但必须是正负0标高以上的建筑面积）与项目总用地面积的比值。容积率越高，居民的舒适度越低，反之则舒适度越高。

36）郁闭度：指森林中乔木树冠遮蔽地面的程度，它是反映林分密度的指标。它是以林地树冠垂直投影面积与林地面积之比，以十分数表示，完全覆盖地面为1。简单来说，郁闭度就是指林冠覆盖面积与地表面积的比例。0.70（含0.70）以上的郁闭林为密林，0.20~0.69为中度郁闭，0.20（不含0.20）以下为疏林。

37）挡土墙：防止用地土体边坡坍塌而砌筑的墙体。

38）平坡式：用地经改造成为平缓斜坡的规划地面形式。

39）台阶式：用地经改造成为阶梯式的规划地面形式。

40）坡比值：两控制点间垂直高差与其水平距离的比值。

41）园林景观路：在城市重点路段，强调沿线绿化景观，体现城市风貌、绿化特色的道路。

42）装饰绿地：以装点、美化街景为主，不让行人进入的绿地。

43）开放式绿地：绿地中铺设游步道，设置坐凳等，供行人进入游览休息的绿地。

44）通透式配置：绿地上配置的树木，在距相邻机动车道路面高度0.9~3.0m之间的范围内，其树冠不遮挡驾驶员视线的配置方式。

## 2.2 快题规范

本节主要根据国家原建设部《公园设计规范》进行编写。

### 2.2.1 一般规定

（1）与城市规划的关系

1）市、区级公园的范围线应与城市道路红线重合，条件不允许时，必须设通道使主要出入口与城市道路衔接。

2）公园沿城市道路部分的地面标高应与该道路路面标高相适应。

3）沿城市主、次干道的市、区级公园主要出入口的位置，必须与城市交通和游人走向、流量相适应，根据规划和交通的需要设置游人集散广场。

4）公园沿城市道路、水系部分的景观，应与该地段城市风貌相协调。

5）城市高压输配电架空线通道内的用地不应按公园设计。公园用地与高压输配电架空线通道相邻处，应有明显界限。

（2）常规设施

1）居住区公园和居住小区游园，必须设置儿童游戏设施，同时应照顾老人的游憩需要。居住区公园陆地面积随居住区人口数量而定，宜在5~10hm²之间。居住小区游园面积宜大于0.5hm²。

2）带状公园，应具有隔离、装饰街道和供短暂休憩的作用。园内应设置简单的休憩设施，植物配置应考虑与城市环境的关系及园外行人、乘车人对公园外貌的观赏效果。街旁游园，应以配置精美的园林植物为主，讲究街景的艺术效果并应设有供短暂休憩的设施。

3）公园内不得修建与其性质无关的、单纯以营利为目的的餐厅、旅馆和舞厅等建筑。公园中方便游人使用的餐厅、小卖店等服务设施的规模应与游人容量相适应。

4）游人使用的厕所面积大于10hm²的公园，应按游人容量的2%设置厕所蹲位（包括小便斗位数），小于10hm²者按游人容量的1.5%设置；男女蹲位比例为1~1.5：1；厕所的服务半径不宜超过250m；各厕所内的蹲位数应与公园内的游人分布密度相适应；在儿童游戏场附近，应设置方便儿童使用的厕所；公园宜设方便残疾人使用的厕所。

5）公用的条凳、座椅、美人靠（包括一切游览建筑和构筑物中的在内）等，其数量应按游人容量的20%~30%设置，但平均每1hm²陆地面积上的座位数最低不得少于20，最高不得超过150。分布应合理。

6）停车场和自行车存车处的位置应设于各游人出入口附近，不得占用出入口内外广场，其用地面积应根据公园性质和游人使用的交通工具确定。

另还要注意以下几个方面：

① 停车场与入口、道路的关系，即外部环境对停车场的制约。停车场既要与道路交通连接顺畅又要避免相互干扰，例如要与道路交叉口、桥梁和高架匝道等保持一定距离。

② 停车场要考虑乘车游客下车入园、出园上车的线路是否安全、顺畅。

③ 停车场内部流线要顺畅以保证进出方便，车道、出入口以及回车场地的尺度要足够，大车小车的车位、无障碍停车位尺度要合乎规范。

④ 设计中，轿车的车位画成3m×6m即可，停车场内部的车道宽为6m。

⑤ 机动车停车场车位指标大于50个时，出入口不得少于2个。出入口之间的净距须大于10m，出入口宽度不得小于7m。

⑥ 自行车停车场原则上不设在交叉路口附近。出入口应不少于两个，宽度不小于2.5m。

### 2.2.2 总体设计

（1）现状处理

1）场地内的现状地形、水体、建筑物、构筑物、植物、地上或地下管线和工程设施，必须进行分析评价，构思出有处理性的方案。

2）场地内古树名木严禁砍伐或移植，并应采取保护措施。

3）原有健壮的乔木、灌木、藤本和多年生草本植物应保留利用。

4）有文物价值和纪念意义的建筑物、构筑物，应保留并结合到园内景观之中。

（2）容量计算

1）市、区级公园游人人均占有公园面积以60m²为宜，居住区公园、带状公园和居住小区游园以30m²为宜；近期公共绿地人均指标低的城市，游人人均占有公园面积可酌情降低，但最低游人人均占有公园的陆地面积不得低于15m²。风景名胜公园游人人均占有公园面积宜大于100m²。

2）水面和坡度大于50%的陡坡山地面积之和超过总面积的50%的公园，游人人均占有公园面积应适当增加。

（3）布局

1）出入口设计，应根据城市规划和公园内部布局要求，确定游人主、次和专用出入口的位置；需要设置出入口内外集散广场、停车场、自行车存车处者，应确定其规模要求。

园林绿地入口场地处理一般有以下几个做法：一是先抑后扬，入口前多有障景或者对景；二是开门见山，在入口处即看到一幅开朗的画面，可以直接从中路进入，或者从两侧票口进入；三是外场内院，将入口以大门为界分为外部交通场地和步行内院，游人由内院入园，减少城市道路和车流干扰；四是进门后广场与主要园路T字形相接，并设对景或障景引导游线。如今，开放式绿地和绿地型广场越来越多，此类开放空间的入口场地形式上更为开放，常常将内部场地与外部步行道融为一体。

2）园路设计，应根据公园的规模、各分区的活动内容、游人容量和管理需要，确定园路的路线、分类分级和园桥、铺装场地的位置和特色要求。

3）主要园路应具有引导游览的作用，易于识别方向。游人大量集中地区的园路要做到明显、通畅、便于集散。通向建筑集中地区的园路应有环行路或回车场地。生产管理专用路不宜与主要游览路交叉。

4）游船水面应按船的类型提出水深要求和码头位置；游泳水面应划定不同水深的范围；观赏水面应确定各种水生植物的种植范围和不同的水深要求。

5）建筑布局，应根据功能和景观要求及市政设施条件等，确定各类建筑物的位置、高度和空间关系，并提出平面形式和出入口位置。

6）公园管理设施及厕所等建筑物的位置，应隐蔽又方便使用。

7）公园内不宜设置架空线路，必须设置时，应符合下列规定：

① 避开主要景点和游人密集活动区；

② 不得影响原有树木的生长，对计划新栽的树木，应提出解决树木和架空线路矛盾的措施。

8）公园内景观最佳地段，不得设置餐厅及集中的服务设施。

## 2.2.3 地形设计

（1）竖向控制（图2-1）

1）竖向控制应根据公园四周城市道路规划标高和园内主要内容，充分利用原有地形地貌，提出主要景物的高程及对其周围地形的要求，地形标高还必须适应拟保留的现状物和地表水的排放。

2）竖向控制应包括下列内容：山顶；最高水位、常水位、最低水位；水底；驳岸顶部；园路主要转折点、交叉点和变坡点；主要建筑的底层和室外地坪；各出入口内、外地面；地下工程管线及地下构筑物的埋深；园内外佳景的相互因借观赏点的地面高程。

3）地形设计应以总体设计所确定的各控制点的高程为依据。

4）土方调配设计应提出利用原表层栽植土的措施，宜保证土方平衡。

5）用地自然坡度小于5%时，宜规划为平坡式；用地自然坡度大于8%

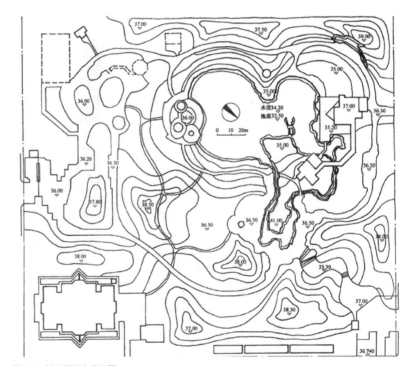

图2-1 某公园竖向设计图

时，宜规划为台阶式。

6）城市滨水地区的竖向规划应规划和利用好近水空间。

7）梯道每升高1.2~1.5m宜设置休息平台，二、三级梯道连续升高超过5m时，除应设置休息平台外，还应设置转折平台，且转折平台的宽度不宜小于梯道宽度。

8）地块的规划高程应比周边道路的最低路段高程高出0.2m以上。

9）台阶式用地的台阶之间应用护坡或挡土墙连接，相邻台地间高差大于1.5m时，应在挡土墙或坡比值大于0.5的护坡顶加设安全防护设施。

10）挡土墙的高度宜为1.5~3.0m，超过6.0m时宜退台处理，退台宽度不应小于1.0m；在条件许可时挡土墙宜以1.5m左右高度退台。

（2）地表排水

1）创造地形应同时考虑园林景观和地表水的排放。

2）场地内的河、湖最高水位，必须保证重要的建筑物、构筑物和动物笼舍不被水淹。

（3）水体外缘

非观赏型水工设施应结合造景采取隐蔽措施。

## 2.2.4 园路及铺装场地设计

（1）园路

1）各级园路应以总体设计为依据，确定路宽、平曲线和竖曲线的线形以及路面结构。

2）园路线形设计应符合下列规定：

① 与地形、水体、植物、建筑物、铺装场地及其他设施结合，形成完整的风景构图；

② 创造连续展示园林景观的空间或欣赏前方景物的透视线；

③ 路的转折、衔接通顺，符合游人的行为规律。

3）主路纵坡宜小于8%。山地公园的园路纵坡应小于12%，超过12%应作防滑处理。主园路不宜设梯道，必须设梯道时，纵坡宜小于36%。

4）支路和小路，纵坡宜小于18%。台阶、梯道设计，台阶踏步数不得少于2级。

5）经常通行机动车的园路宽度应大于4m，转弯半径不得小于12m。

6）通往孤岛、山顶等卡口的路段，宜设通行复线。

7）公园单个出入口最小宽度1.5m。

（2）铺装场地

1）铺装场地应根据集散、活动、演出、赏景、休憩等使用功能要求做出不同设计。

2）内容丰富的售票公园游人出入口外集散场地的面积下限指标以公园游人

容量为依据，宜按500m²/万人计算。

3）安静休憩场地应利用地形或植物与喧闹区隔离。

4）演出场地应有方便观赏的适宜坡度和观众席位。

## 2.2.5 种植设计

（1）一般规定

1）公园的绿化用地应全部用绿色植物覆盖。建筑物的墙体、构筑物可布置垂直绿化。

2）树木的景观控制应符合下列规定：

① 郁闭度：丛植、群植近期郁闭度应大于0.5；带植近期郁闭度宜大于0.6。

② 视距：孤立树、树丛和树群至少有一处欣赏点，视距为观赏面宽度的1.5倍和高度的2倍。

（2）游人集中场所

1）游人集中场所的植物选用应符合下列规定：

① 严禁选用危及游人生命安全的有毒植物；

② 不应选用在游人正常活动范围内枝叶有硬刺或枝叶形状呈尖硬剑、刺状以及有浆果或分泌物坠地的种类；

③ 不宜选用挥发物或花粉能引起明显过敏反应的种类。

2）集散场地种植设计的布置方式，应考虑交通安全视距和人流通行，场地内的树木枝下净空应大于2.2m。

3）儿童游戏场的植物选用应符合下列规定：

① 乔木宜选用高大庇荫的种类，夏季庇荫面积应大于游戏活动范围的50%；

② 活动范围内灌木宜选用萌发力强、直立生长的中高型种类，树木枝下净空应大于1.8m。

4）露天演出场观众席范围内不应布置阻碍视线的植物，观众席铺栽草坪应选用耐践踏的种类。

5）停车场的种植应符合下列规定：

① 树木间距应满足车位、通道、转弯、回车半径的要求。

② 场内种植池宽度应大于1.5m，并应设置保护设施。

③ 停车场周边应种植高大庇荫乔木，并宜种植隔离防护绿带；在停车场内宜结合停车间隔带种植高大庇荫乔木。

④ 停车场种植的庇荫乔木可选择行道树种。其树木枝下高度应符合停车位净高度的规定：小型汽车为2.5m；中型汽车为3.5m；载货汽车为4.5m。

⑤ 停车场内可设置停车位隔离绿化带；绿化带的宽度应≥1.5m；

绿化形式应以乔木为主；乔木树干中心至路缘石距离应≥0.75m；乔木种植间距应以其树种壮年期冠幅为准，以不小于4.0m为宜。

⑥ 停车场内采用树池形式绿化时，树池规格应≥1.5m×1.5m。

6）成人活动场的种植应符合下列规定：

① 宜选用高大乔木，枝下净空不低于2.2m；

② 夏季乔木庇荫面积宜大于活动范围的50%。

7）园路两侧的植物种植：

① 通行机动车辆的园路，车辆通行范围内不得有低于4.0m高度的枝条；

② 方便残疾人使用的园路边缘种植应符合下列规定：

a. 不宜选用硬质叶片的丛生型植物；

b. 路面范围内，乔、灌木枝下净空不得低于2.2m。

8）公共活动广场周边宜种植高大乔木。集中成片绿地不应小于广场总面积的25%，并宜设计成开放式绿地，植物配置宜疏朗通透。

9）车站、码头的集散广场绿化应选择具有地方特色的树种。集中成片绿地不应小于广场总面积的10%。

10）纪念性广场应用绿化衬托主体纪念物，创造与纪念主题相应的环境气氛。

（3）植物园展览区

1）植物园展览区的种植设计应将各类植物展览区的主题内容和园林艺术相结合。

2）展览区配合植物的种类选择应符合下列规定：

① 能为展示种类提供局部良好生态环境；

② 能衬托展示种类的观赏特征或弥补其不足。

3）展览区引入植物的种类，应是基本适应本地区环境条件者。

## 2.2.6 建筑物及其他设施设计

（1）建筑物

1）游览、休憩、服务性建筑物设计应符合下列规定：

① 与地形、地貌、山石、水体、植物等其他造园要素统一协调；

② 层数以一层为宜，起主题和点景作用的建筑高度和层数服从景观需要；

③ 游人通行量较多的建筑室外台阶宽度不宜小于1.5m；踏步宽度不宜小于30cm，踏步高度不宜大于16cm，台阶踏步数不少于2级；侧方高差大于1.0m的台阶，设护拦设施；

④ 建筑内部和外缘，凡游人正常活动范围边缘临空高差大于1.0m处，均设护拦设施，其高度应大于1.05m；高差较大处可适当提高，但不

宜大于1.2m；

⑤ 亭、廊、花架、敞厅等供游人坐憩之处，不采用粗糙饰面材料，也不采用易刮伤肌肤和衣物的构造。

2）游览、休憩建筑的室内净高不应小于2.0m；亭、廊、花架、敞厅等的楣子高度应考虑游人通过或赏景的要求。

3）管理设施和服务建筑的附属设施，其体量和烟囱高度应按不破坏景观和环境的原则严格控制；管理建筑不宜超过两层。

（2）护栏

1）公园内的示意性护栏高度不宜超过0.4m。

2）各种游人集中场所容易发生跌落、淹溺等人身事故的地段，应设置安全防护性护栏。

3）各种装饰性、示意性和安全防护性护栏的构造作法，严禁采用锐角、利刺等形式。

（3）儿童游戏场

1）公园内的儿童游戏场与安静休憩区、游人密集区及城市干道之间，应用园林植物或自然地形等构成隔离地带。

2）幼儿和学龄儿童使用的器械，应分别设置。

3）游戏内容应保证安全、卫生和适合儿童特点，有利于开发智力，增强体质。不宜选用强刺激性、高能耗的器械。

4）游戏设施的设计应符合下列规定：

① 儿童游戏场内的建筑物、构筑物及设施的要求：

a. 室内外的各种使用设施、游戏器械和设备应结构坚固、耐用，并避免构造上的硬棱角；

b. 尺度应与儿童的人体尺度相适应；

c. 造型、色彩应符合儿童的心理特点；

d. 根据条件和需要设置游戏的管理监护设施。

② 戏水池最深处的水深不得超过0.35m，池壁装饰材料应平整、光滑且不易脱落，池底应有防滑措施；

③ 儿童游戏场内应设置坐凳及避雨、庇荫等休憩设施，如廊架、亭子、厕所等；

④ 宜设置饮水器、洗手池。

5）游戏场地面

① 场内园路应平整，路缘不得采用锐利的边石；

② 地表高差应采用缓坡过渡，不宜采用山石和挡土墙。

## 2.3 尺度规范

### 2.3.1 基本设计尺度

嗅觉上限距离：2～3m，听觉上限距离：7～35m，其中7m是开Party聊天的合适距离，35m是演讲的距离。创造景观空间感的尺度：20～25m，个人距离或私交距离：0.45～1.3m，社会距离：3～3.75m（邻居、朋友、同事之间的一般性谈话的距离）。

大型景物，合适视距约为景物高度的3.5倍，小型景物的合适视距约为景物的3倍。

当视距不大于景物高度时，可观赏到景物细部；当视距为景物高度的2倍时，可观赏到景物的整体形象；当视距为景物高度的3倍时，可很好地观赏到主景和周围景物一起的完整画面。一般情况下，广场尺度小于110m，广场的尺度为景观建筑或雕塑的2～3倍，以便雕塑或园林建筑的形象连同周围景物被完整观赏。

新建居住区绿地率不小于30%；旧城改建区绿地率不小于25%。

园林景观路绿地率不得小于40%；红线宽度大于50m的道路绿地率不得小于30%；红线宽度在40～50m的道路绿地率不得小于25%；红线宽度小于40m的道路绿地率不得小于20%。

### 2.3.2 细部设计尺度

步行适宜距离500m，负重行走距离300m，正常目视距离小于100m，观枝形小于30m，赏花9m，心理安全距离3m。

（1）楼梯踏步

室内：H<0.15m，W>0.26m；

室外：H=0.12～0.16m，W=0.30～0.35m；一般取高0.15m，宽0.3m；

可坐踏步：H=0.20～0.35m，W=0.40～0.60m。

台阶连续层数超过18层或需改变攀登方向的地方，应在中间设置休息平台。平台宽大于1.20m。

（2）室外座椅（具）：H=0.38～0.40m，W=0.40～0.45m，儿童坐凳高0.3m。

单人椅：L=0.60m左右；

双人椅：L=1.20m左右；

三人椅：L=1.80m左右；

靠背倾角：100°～110°为宜。

一般座椅高0.35m，座板及背板宽0.4m，靠背倾角100°，长度1.8m为宜。

野餐桌高0.65～0.7m，宽0.8～1m；座椅高0.35～0.4m，宽0.3～0.35m。桌子与椅子间隔5～10cm为宜。

（3）扶手：H=0.90m（室外踏步级数超过了3级时设扶手）；

残障人轮椅使用扶手：H=0.68～0.85m；

栅栏竖杆的间距：W<1.10m；

栏杆高：0.8m。

（4）路缘石：H=0.10～0.15m；

水篦格栅：W=0.25～0.30m；

一般园林柱子灯高3～5m；

（5）月洞门直径2m。

（6）一般近岸处水宜浅（0.40～0.60m）。

（7）亭：H=2.40～3.00m，W=2.40～3.60m，立柱间距=3.00m左右；

廊：H=2.20～2.50m，W=1.80～2.50m；

花架：H=2.20～2.50m，W=2.00～5.00m，L=5.00～10.00m；

立柱间距=2.40～2.70m；

柱廊：纵列间距=4～6m，横列间距=6～8m；

墙柱间距：3～4m。

（8）水体

① 水池。水池一般占用地的1/10～1/5为宜，喷泉水池应为喷水高度的2倍，水深约为0.3～0.6m。一般常水位距离岸顶0.2～0.4m为宜。池岸压顶石的装饰选材应与周围硬质铺装协调或对比。

② 自然式水体。自然式水体的水面应有主有次，主水面应辽阔宽广，次水面应深邃、曲折。

儿童戏水池水深通常0.3m，如有喷水设施，水面应大于100m²。硬底人工水体的近岸2.0m范围内的水深，不得大于0.7m，达不到此要求的应设护栏。无护栏的园桥、汀步附近2.0m范围以内的水深不得大于0.5m。

（9）花钵

花钵直径以0.5～0.8m为宜，厚0.06～0.1m为宜，钵高0.8～1.3m。

（10）雕塑

雕塑分为有基座和无基座，纪念性的雕塑加基座，一般园林雕塑不用加基座，直接放在土坡、草地或广场上。雕塑与基座比例见表2-1。

（11）园路尺寸

① 一般绿地的园路分为几种：

一级园路宽5～7m，二级园路宽2.5～3.5m，支路0.6～2m，汀路、山道0.6～0.8m。

② 居住区的园路设计（图2-2）。

居住区内道路可分为居住区道路、小区路、组团路和宅间小路四级。其道路宽度，应符合下列规定：

居住区道路：红线宽度不宜小于20m。

小区路：路面宽5～8m，建筑控制线之间的宽度，采暖区不宜小于14m；非采暖区不宜小于10m。

组团路：路面宽3～5m建筑控制线之间的宽度，采暖区不宜小于10m；非采暖区不宜小于8m。

宅间小路：路面宽不宜小于2.5m。

在居住区内公共活动中心，应设置为残疾人通行的无障碍通道。轮椅车的坡道宽度不应小于2.5m，纵坡不应大于2.5%。

散步道为游人散步使用，宽1.2～2m。

台阶宽为30～38cm，高为10～15cm。

（12）容积率

独立别墅为0.2～0.5；

联排别墅为0.4～0.7；

6层以下多层住宅为0.8～1.2；

11层小高层住宅为1.5～2.0；

18层高层住宅为1.8～2.5；

19层以上住宅为2.4～4.5，住宅小区容积率小于1.0的，为非普通住宅。

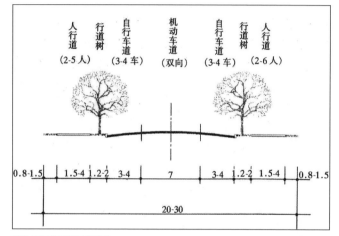

图2-2 居住区的园路设计

| 雕塑体 | 雕塑高：基座高度 | 雕塑宽：基座宽度 |
|---|---|---|
| 立像 | 3：2 | 1：1/3～1/2 |
| 坐像 | 1：1～2 | 1：1～1.5 |
| 胸像 | 1：2 | 1：1～1.2 |
| 群立像 | 5：1 | 1：1.5 |

表2-1 雕塑与基座比例

## 2.3.3 常见运动场地尺寸

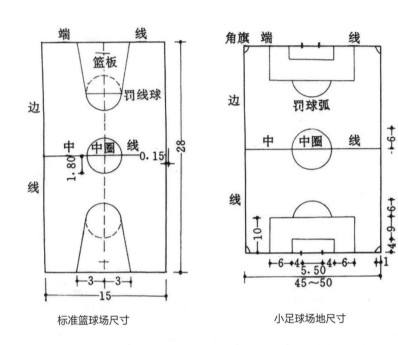

标准篮球场尺寸

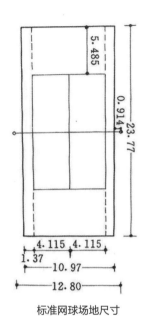

小足球场地尺寸

标准网球场尺寸

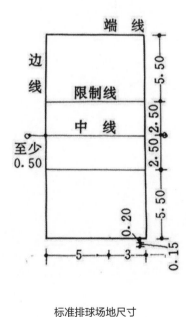

标准排球场地尺寸

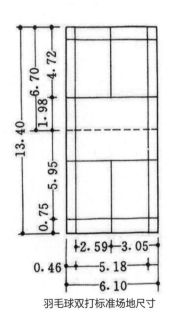

羽毛球双打标准场地尺寸

图2-3 常见运动场地尺寸（m）

## 2.4 重要景观元素设计画法
### 2.4.1 入口设计画法及常见类型

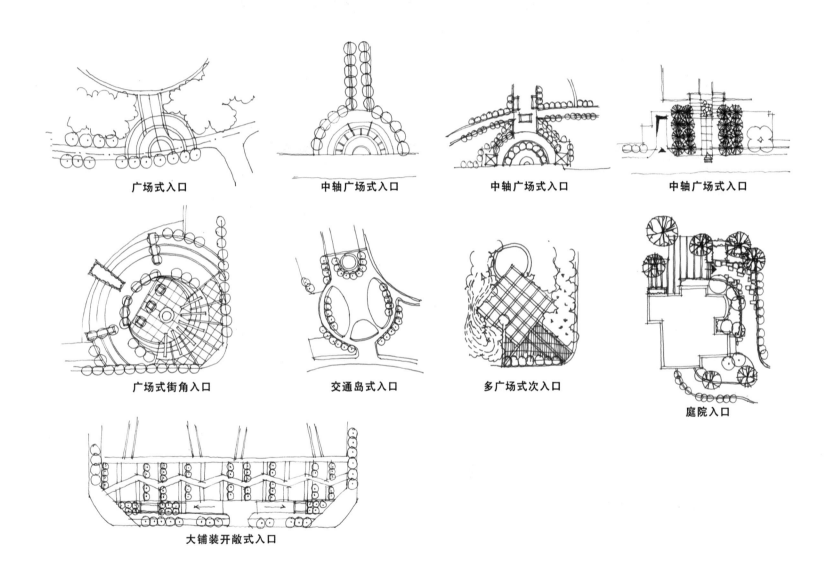

广场式入口　　　　中轴广场式入口　　　　中轴广场式入口　　　　中轴广场式入口

广场式街角入口　　　　交通岛式入口　　　　多广场式次入口　　　　庭院入口

大铺装开敞式入口

图2-4 景观入口设计画法

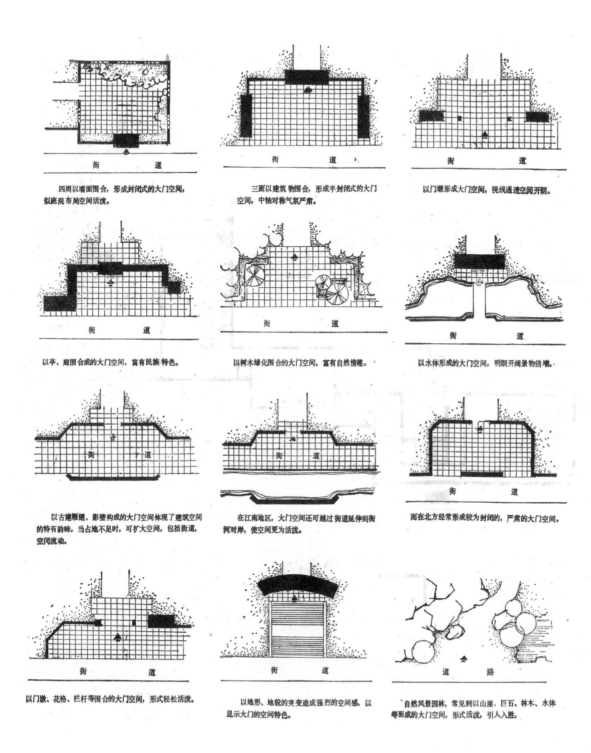

图2-5 景观入口设计画法（图片来源：卢仁.园林建筑设计.中国林业出版社）

## 2.4.2 广场设计画法及常见类型

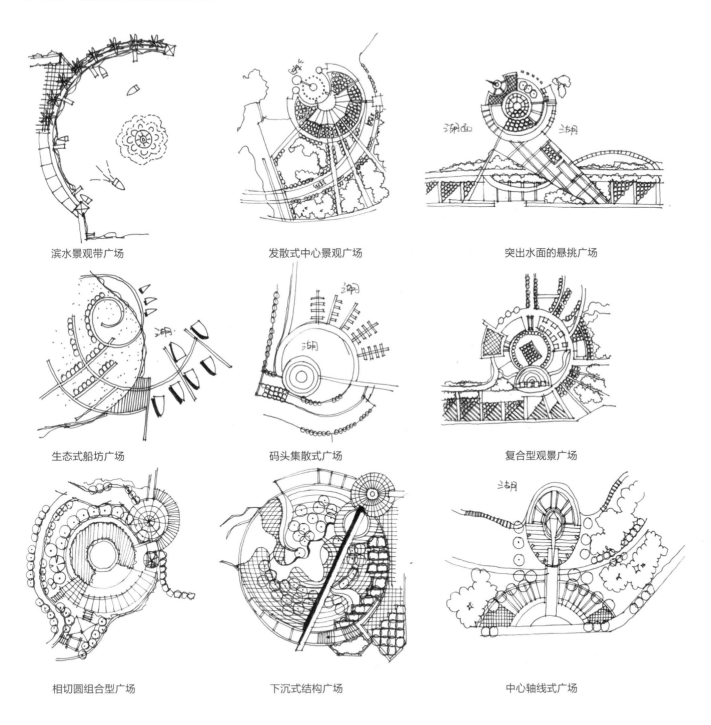

滨水景观带广场　　　　　　发散式中心景观广场　　　　　　突出水面的悬挑广场

生态式船坊广场　　　　　　码头集散式广场　　　　　　复合型观景广场

相切圆组合型广场　　　　　　下沉式结构广场　　　　　　中心轴线式广场

图2-6 广场设计画法（作者：王成虎）

## 2.4.3 道路与节点的组合形式

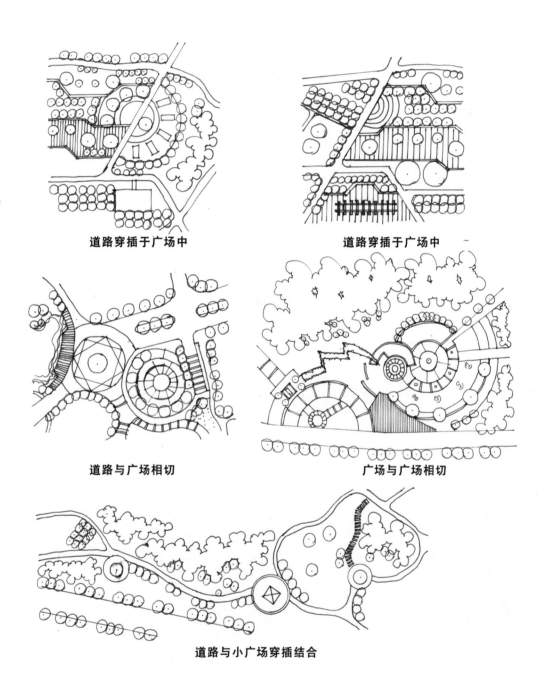

道路穿插于广场中　　　　　　道路穿插于广场中

道路与广场相切　　　　　　广场与广场相切

道路与小广场穿插结合

图2-7 道路与节点的结合（作者：王成虎）

### 2.4.4 水体设计画法及常见类型

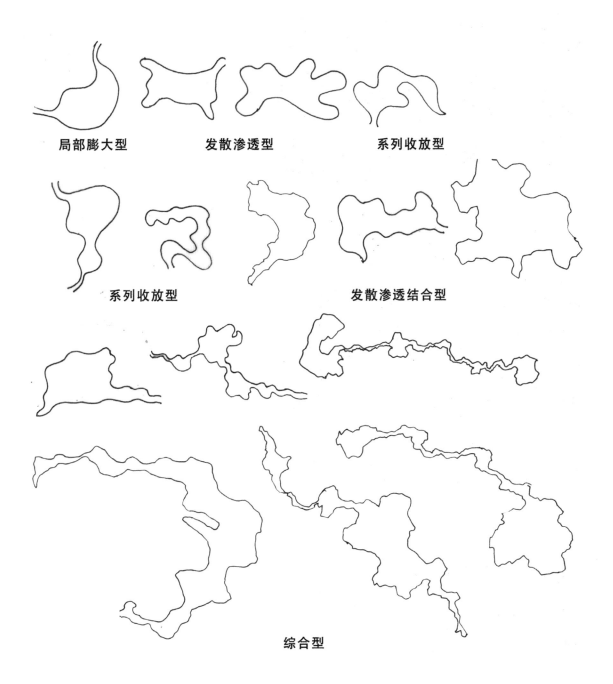

图2-8 水体设计画法（作者：王成虎）

## 2.4.5 植物设计画法及常见类型

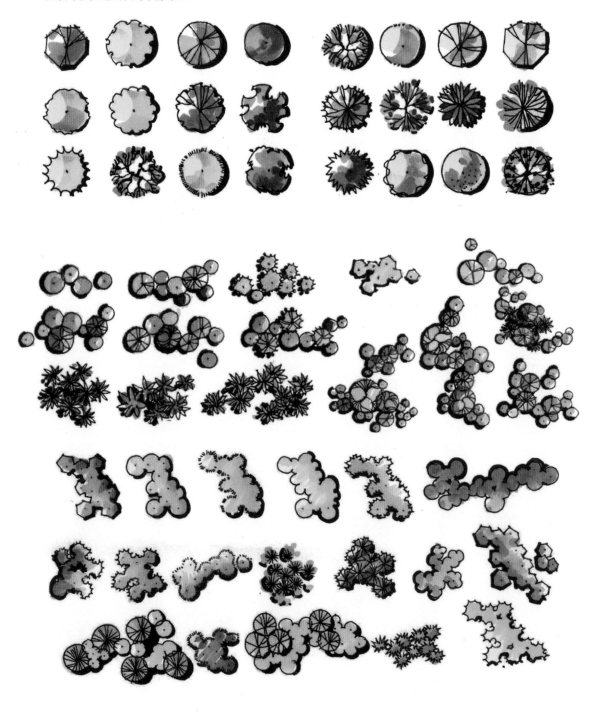

图2-9 植物设计画法（作者：尹曼）

## 2.4.6 停车场设计画法及常见类型

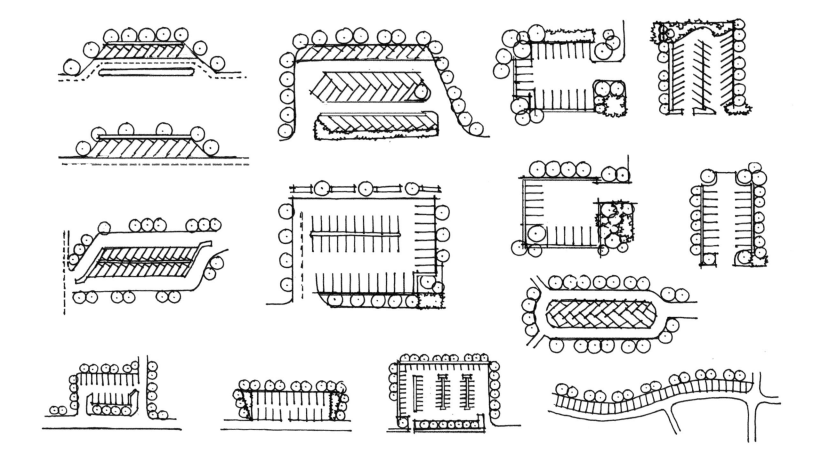

图2-10 停车场设计画法（作者：王成虎）

## 2.5 方案构思
### 2.5.1 空间划分的能力（报考功能区划分及开合空间）

空间根据动静、私密、开闭大致可分为七种空间形式：文化娱乐区、观赏游览区、安静休息区、儿童活动区、老年人活动区、体育活动区与公园管理区。

（1）文化娱乐区

文化娱乐区是公园的闹区。

主要设施有：露天剧场、展览厅、游艺室、画廊、棋艺、阅览室、演说、讲座厅等，都相对集中在该区。

由于集散时间集中，所以要妥善组织交通，尽可能接近公园的出入口，或单独设专用出入口，以便快速集散游人。

园内的主要园林建筑在此区是布局的重点，因此常位于公园的中部。

文化娱乐区的规划，尽可能地巧妙利用地形特点，创造出景观优美，环境舒适，投资少、效果好的景点和活动区域。利用较大水面设置水上活动；利用坡地设置露天剧场。

（2）观赏游览区

公园中观赏游览区，往往选择山水景观优美地域，结合历史文物、名胜古迹。

建造盆景园、展览温室，或布置观赏树木、花卉的专类园，或略成小筑，配置假山、石品，点以摩岩石刻、匾额、对联，创造出情趣浓郁、典雅清幽的景区。

（3）安静休息区

安静休息区一般选择具有一定起伏地形（山地、谷地）或溪旁、河边、湖泊、河流、深潭、瀑布等环境最为理想，并且要求原有树木茂盛，绿草如茵的地方。

安静休息区主要开展垂钓、散步、气功、太极拳、博弈、品茶、阅读、划船、书法绘画等活动。

该区的建筑设置宜散落不宜聚集，宜素雅不宜华丽。结合自然风景，设立亭、榭、花架、曲廊，或茶室、阅览室等园林建筑。

安静休息区可选择距主要入口较远处，并与文娱活动区、体育区、儿童区有一定隔离，但与老年人活动区可以靠近，必要时老年人活动区可以建在安静休息区内。

（4）儿童活动区

据测算，公园中儿童占游人量的15%~30%。上述百分比数与公园所处的位置、周围环境、居民区的状况有直接关系；也跟公园内儿童活动内容、设施、服务条件等有关。

在儿童活动区规划过程中，不同年龄的少年儿童要分开考虑。一般考虑开辟学龄前儿童和学龄儿童的游戏娱乐。

活动内容主要有少年宫、迷宫、障碍游戏、小型趣味动物角、植物观赏角、少年体育运动场、少年阅览室、科普园地等。近年来，儿童活动内容增加了许多电动设备，如森林小火车、单轨高空电车、电瓶车等内容。

（5）老年人活动区

随着社会发展，中国老年人的比例不断增加，大多数退休老年人身体健康、精力仍然充沛，在公园中规划老年人活动区是十分必要的。目前，大量的退休老干部、老职工已形成社会上一个不可忽视的阶层。大量老年人，早、晚两次到公园做晨操、练太极拳、打门球、跳老年人迪斯科等。老人活动区在公园规划中应当考虑在安静休息区内或安静休息区附近，同时要求环境优雅、风景宜人。

供老年人活动的主要内容有：老年人活动中心，开办书画班、盆景班、花鸟鱼虫班；组织老年人交际舞、老年人门球队、舞蹈队。

（6）体育活动区

体育活动区、儿童活动区等应根据公园等其周围环境的状况而定。如果公园周围已有大型的体育场、体育馆，就不必在公园内开辟体育活动区。例如杭州花港观鱼附近不远就有儿童公园，所以该公园规划时，就不另辟儿童活动区。

体育活动区除了有条件的公园举行专业体育竞赛外，应做好广大群众在公园开展体育活动的规划安排。夏日游泳，北方冬天滑冰，或提供旱冰场等条件。条件好的体育活动区设有体育馆、游泳馆、足球场、篮排球场、乒乓球室、羽毛球、网球、武术、太极拳场地等。

（7）公园管理区

公园管理工作主要包括：管理办公、生活服务、生产组织等方面内容，一般该区设置在既便于公园管理，又便于与城市联系的地方。由于管理区属公园内部专用地区，规划考虑适当隐蔽，不宜过于突出，影响风景游览。

公园管理区内，可设置办公楼、车库、食堂、宿舍、仓库、浴室等办公、服务类；在该区视规模大小，安排花圃、苗圃、生产温室、冷窖、荫棚等生产性建筑与构筑物。

为维持公园内的社会治安，保证游人安全，公园管理还包括治安保卫、派出所等机构。

## 2.5.2 景观轴线的组织能力

轴线控制手法是快题设计过程中重要的规划设计方法，也是组织景观空间秩序的经典设计手法。轴线作为快题设计的基本方法，也是解读空间并赋予其意义的一种经典设计手法，与景观设计的方方面面都有着密切的联系。

景观轴线有着较为突出的应用：

轴线形式有以下几种形式：

（1）按数量分划

1）单轴是由一条单一的轴线组织园林空间要素形成一条纵向的线性园林空间序列。单轴通过一条基准线组织园林要素，单轴是最基本的园林轴线类型。

2）组合轴线顾名思义就是指由若干组单轴组合而成的轴线系统。组合轴线的构成单元是单轴，这些单轴的线性状态在组合轴中依然得到保留。

a. 主次轴线（图2-11）

单轴限定园林空间前后纵向发展，缺乏左右横向的维度。单一轴线形成的空间由于缺乏横向的维度给人的感觉比较单薄，因此为了加强园林轴线空间的层次及强调横向空间对于纵向空间的衬托，通过单轴组合衍生出主次轴线的园林空间结构。

b. 十字轴线

十字轴线是由两条垂直相交的轴线构成的空间结构。十字轴线的两条垂直轴不分主次，具有明确的几何方位感和十分均衡的秩序状态，形成的空间形态前后左右对称。

c. 辐射轴线

辐射轴线是指若干条单一轴线以一个核心空间作为中心向四周放射，形成由内而外不断衰减的具有强烈辐射感的轴线空间结构。

d. 平行轴线

平行轴线是由若干条相互平行的单轴组合而成的空间结构。构成平行轴线的单轴相对比较独立，这些单轴之间相互平行，以相同的方向控制园林空间的走向以及观者的视觉方向。

e. 网格轴线

网格轴线是指多组单轴之间通过相互平行或相互交错构成的空间结构。网格轴线通过网格结构来控制平面构图，是一种秩序图示，表明了事物部分与部分、部分与整体之间的内在关系。

f. 多轴并置

多轴并置是指多根轴线以并列、交叉、转折等多种方式组合成网状的多轴系统。在一块场地内，多根轴线通过相互交错叠置产生相互关联进而形成了"群集效应"构成具有特殊趣味的多轴空间形态。

（2）按感知划分

1）虚轴。有时连接构成轴线的物质实体要素太弱，但是通过视觉和心理的暗示可以形成轴线所必需的连续性，形成强烈的轴向感，我们把这种轴线称为虚轴。齐康先生认为"虚轴一般出现在两个或多个相距一定距离的群体各组成部分之间，群体要通过轴线关系将部分统一为一个整体，但各部分之间的领域缺乏必要的连续性限定因素，致使各部分之间的轴线关系很弱，这时观者的视觉与心理就会起作用，使各部分之间建立较强的心理联系"。

2）实轴。实轴是指轴线的组成要素连续不间断的分布，轴

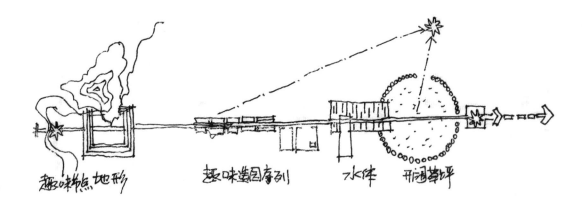

图2-11 主次轴线表达

线呈现出有形的连续性，可以被人们直接感知。实轴通过园林要素之间的连接或对称构成两种方式形成，在园林空间形态的组织上起到基准的作用。

（3）按内涵划分

1）空间轴线（图2-12）。空间轴线很好地体现空间价值，通过轴线将不同的空间类型组织在一起，形成一个完整的空间序列展现给观者，通过空间的营造给观者提供一个完美的空间体验。

2）历史轴线。突出场地的历史文化价值，通过轴线形成的空间序列把该场地的文脉"编印"出来，任何一处园林场所本身具有特殊性，在漫长的历史过程中沉淀了大量的个性化特征，景观师在设计中发掘利用既有的场所特征，以场地的历史为线索，用园林轴线组织空间，将场地与新建立的景观空间环境相结合，共生共荣，既延续了场所的历史印记，又赋予其全新的功能，从而创造出特色化的景观环境。历史轴线不仅体现着场所的变迁过程，更是历史时空的载体。

3）时间轴线（图2-13）。在很多园林场地设计中，常常用时间作为编排空间的轴。时间不仅仅依附于空间被动的存在，除了交融在线性空间这个最基本的要素，也有其自身的一套体系，通过回忆、顿悟、想象，不断地变化到过去、现在与未来，让人在运动中产生复杂的感知，超越线性的时空。

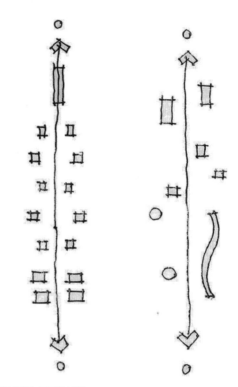

图2-12 对称轴线与不对称轴线

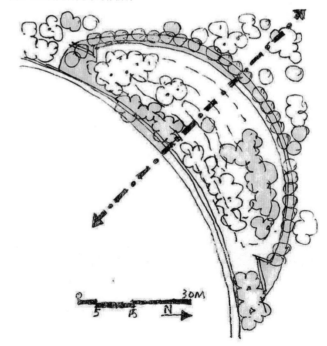

图2-13 时间轴线

## 2.5.3 路网骨架的组织能力

环路、树枝状路、拓扑式路网。

路网骨架的组织是园林设计的组成部分，起着组织空间、引导游览、交通联系并提供散步休息场所的作用。它像脉络一样，把园林的各个景区联成整体。园路本身又是园林风景的组成部分，蜿蜒起伏的曲线，丰富的寓意，精美的图案，都给人以美的享受。

（1）布局形式

快题园路布局要从使用功能出发，根据地形、地貌、风景点的分布和园务活动的需要综合考虑，统一规划。园路须因地制宜，主次分明，有明确的方向性。园路的布置应考虑：

1）回环性。园林中的路多为四通八达的环行路，游人从任何一点出发都能遍游全园，不走回头路。

2）疏密适度。园路的疏密度同园林的规模、性质有关，在公园内道路大体占总面积10%~12%，在动物园、植物园或小游园内，道路网的密度可以稍大，但不宜超过25%。

3）因景筑路。园路与景相通，所以在园林中是因景得路。

4）曲折性。园路随地形和景物而曲折起伏，若隐若现，"路因景曲，境因曲深"，造成"山重水复疑无路，柳暗花明又一村"的情趣，以丰富景观，延长游览路线，增加层次景深，活跃空间气氛。

5）多样性。园林中路的形式是多种多样的。在人流集聚的地方或在庭院内，路可以转化为场地；在林间或草坪中，路可以转化为步石或休息岛；遇到建筑，路可以转化为"廊"；遇山地，路可以转化为盘山道、磴道、石级、岩洞；遇水，路可以转化为桥、堤、汀步等。路又以它丰富的体态和情趣来装点园林，使园林又因路而引人入胜。

快题中常见的三种路网形态：自然式、规则式和混合式。

对于含有自然风景的场地等，通常采用自然式路网，并且只要地形不是过分限制的，宜选用套环式路网，这种路网主次分明，建立起多向的网络。建议考生在练习时，需要注意交通流线的合理性、路网的疏密度、线条的柔顺。

规则式路网所采用的放射式和对称式构图，具有庄重、大气、纪念性强的特点，在当代的城市中心区、大学校园、公园的设计中经常使用。这种路网需要注意尺度得当、网络简洁清晰、与周边景观元素有机融合。

混合式路网兼有自然和规则2种形式，在大型公园常常使用。

公园的主路至少要满足消防车通行（4m），一般要考虑少量机动车对行的可能，以6m左右为宜，支路2~3m，小路1.5m左右。虽然在快题考试中表现相对粗放，但是道路的等级要有明显的区分。

（2）园路结构

园路一般分为：

1）主路。联系园内各个景区、主要风景点和活动设施的路。通过它对园内外景色进行剪辑，以引导游人欣赏景色。

2）支路。设在各个景区内的路，它联系各个景点，对主路起辅助作用。考虑到游人的不同需要，在园路布局中，还应为游人由一个景区到另一个景区开辟捷径。

3）小路。又叫游步道，是深入到山间、水际、林中、花丛供人们漫步游赏的路。

4）园务路。为便于园务运输、养护管理等的需要而建造的路。这种路往往有专门的入口，直通公园的仓库、餐馆、管理处、杂物院等处，并与主环路相通，以便把物资直接运往各景点。在有古建筑、风景名胜处，园路的设置应考虑消防的要求。

## 2.5.4 景观节点的布置

园林节点的布局形式是快题设计中一个很关键的方面，好的节点布局形式能让整个图面看起来收放有度，富有韵律与张力。而呆板均匀的节点布局则会让人感觉缺乏活力与设计感。景观节点布局主要有以下布局形式：均匀式布局、集中分散式布局与组团式布局3种形式。

（1）均匀式布局

均匀式布局顾名思义即二级节点的平面形式呈均匀对称式的放置。这样的布局形式一般出现在行政区前绿地或小区中心绿地的规划设计中。但这类布局形式较难体现出考生的平面构成能力，所以这类快题较少，这种布局形式应用也不普遍。

（2）集中分散式布局

集中分散式布局看起来是有些矛盾的，"集中"指的是快题中核心位置的节点布局要集中布置，"分散"指的是其他区域的布局要疏散布置，这就跟国家的城市乡镇建设一样，城市往往集中在一个区域，而乡镇则分散于广大地区，这样既有利于合理整合资源，同时又减少了一定程度的人开发建设。这种布局形式也称为"城市乡镇式"布局。整个画面看起来收放有度，富有韵律与张力。这是快题设计中极其常见的布局形式。也是非常考察考生设计能力的一种布局形式。

（3）组团式布局

组图式布局是一种较为特殊的布局形式，组团式布局即整个平面的节点布局呈一个组团的形式，没有绝对的中心地带。组团式布局往往是因为以下2种情况：一是因为场地内有山体水体道路等阻隔分成了几个片区；二是因为场地面积较大，一般在10hm²以上，场地根据设计需要分为几个功能分区。每个功能分区的节点集中布局，这样就出现了一个个的组团式节点。

## 2.6 快题命名

快题命名也是考前需要准备的一大素材。好的快题名景点名会有点睛的作用，不仅可以确切地传达出设计意图，而且可以完善提高快题设计，有时甚至有化腐朽为神奇的功效。下面我们列举下比较优秀的快题命名。

### 2.6.1 功能分区命名

文化娱乐区、观赏游览区、安静休息区、儿童活动区、老年人活动区、体育活动区、公园管理区等。

### 2.6.2 景观轴线及节点命名

1）景点：洞天深处、缕月云开、菇古涵今、山高水长、上下天光、菊院荷风、坐石临流、武陵春色、柳浪闻莺、水木明瑟、西峰秀色、菱荷香、紫碧山房、鱼跃鸢飞、三潭印月、平湖秋月、雷峰夕照、接秀山房、观鱼跃、别有洞天、南屏晚钟、夹镜鸣琴、一碧万顷、湖山在望、万景山庄、古木交柯、海棠春坞、梧竹幽居、柳荫路曲、听松风处、花溪叠瀑、碧波观景、芦花飞雪、渔鼓道情、一镜衔天、冠云落影、夕阳落日、云影清松、明月间照、清泉石流、岗山枫径、杏荫鹤舞、曲港汇芳、盎然情趣、梅香樱艳、花海融春、凝霞秋色、竹深荷静、清泉石涧、浣溪叠石、满陇桂雨、清风竹影、河塘月色、碧草连天、谷阳三曲、梦泽飞鹭、古韵流芳、丹徒晨曦。

2）题名石：清如许、清虚山、寒山行。

3）园：倩园、茹园、建园、藻园、枇杷园、吟春园、倚春园、荷风园、丹枫园、霜红园、暗香园、集芳园、四宜园、凝翠园、紫竹院、樱花园。

### 2.6.3 园林建筑物及构筑命名

1）亭：松涛亭、耦香亭、百花亭、木香亭、怡红亭、听泉亭、探月亭、扇面亭、桂香亭、青枫亭、迎春亭、翼然亭、望荷亭、沁芳亭、赏心亭、知春亭、流杯亭、鉴碧亭、神秀亭、可中亭、仙弈亭、兰亭、春光亭、可亭、冠云亭、天泉亭、放眼亭、涵青亭、倚虹亭、待霜亭、雪香云蔚亭、荷风四面亭、笠亭、塔影亭、宜两亭、得真亭、静深亭、对照亭、真趣亭、飞瀑亭、湖心亭、月到风来亭、冷泉亭、荷风柳浪亭、生云亭、挹芳亭、养虚亭、琼蕊亭、山色亭、远香亭。

2）台：多景台、牡丹台、起云台。

3）楼：含辉楼、四宜楼、碧桐花楼、法源楼、清旷楼、储水楼、烟雨楼、西楼、见山楼、倒影楼。

4）阁：环翠阁、若帆之阁、清音阁、冷香阁、远翠阁、浮翠阁、留听阁、白梅阁、修竹阁、濯缨水阁、凌虚阁。

5）榭：朝霞榭、芙蓉榭、沁芳榭、湖光榭。

6）廊：画廊、曲廊、夕照廊、波形廊。

7）殿：凝辉殿、正大光明殿。

8）堂：中和堂、集福堂、蔚藻堂、清夏堂、畅和堂、沉心堂、慎德堂、澹怀堂、含经堂、泽兰堂、兰雪堂、远香堂、绣绮堂、立雪堂、心远堂。

9）馆：涵秋馆、如意馆、长春仙馆、杏花春馆、玉玲珑馆、竹香馆、清风池馆、五峰仙馆、秫香馆、清韵馆。

10）斋：春泽斋、思永斋、淳化斋、蕴真斋、静性斋。

11）轩：绿满轩、多嫁轩、深晨轩、君子轩、三支轩、闻木樨香轩、揖峰轩、听雨轩、南轩、小山丛桂轩、竹外一支轩。

12）房：寒碧山庄、玉兰山房。

13）娱乐与饮食：碧萝餐厅、松陵酒家、茅舍接待室。

14）其他建筑：栖龙别墅、山庄会堂、咖啡茶座、芳桃居、锦菊居、翠竹居、香梅居、雅兰居、雅梦别墅、滨水休憩室、风味餐厅、水上吧台、露天茶吧、休闲茶吧、"栖风"茶坊、绿荫廊架、艺术走廊、竹风亭、景观柱廊、怡秀亭、陶然亭、栖霞亭、风雨连廊、悟奕亭、听歌台、绿影长廊、风雨长廊。

### 2.6.4 其他命名

1）桥：飞虹桥、石板桥、绿荫桥、枕流桥、青枫桥、凌波桥、九孔桥、颐波桥、迎客桥、小飞虹、引静桥、涵芳桥、烟霞桥、落虹桥。

2）广场：雾森广场、节庆广场、下沉广场、晨练广场、琴韵广场、诗韵广场。

3）水景：曲水流觞、叠水迎宾、银珠叠泉、柱廊叠水、夹道涌泉、矮墙叠水、曲水流香、叠水映楼、喷泉水景、水月观景台。

4）水体：水禽池、银锄湖、白莲池、颐静湖。

5）其他：明月湖、听涛码头、愚人码头、游船码头、曲径通幽、健康步道、观景台、情侣角、亲水木栈道、碧莲屿、波纹铺地、踏地故事、溅水桥、日影桥、水漾桥、听泉桥、一衣带水、蓝色海湾、江南春早、梅亭岁寒、棕榈夕阳、幽谷玫瑰。

## 2.7 经济技术指标

经济技术指标也是快题中的重要组成部分，常见的指标有场地面积、绿地率、游客量、水体面积率、道路面积率、建筑面积、建筑密度、容积率、停车位等。详细指标罗列如下：

（1）基本指标

基本指标是城市用地中各类公园绿地的基本数量和质量的衡量指标。

1）绿地面积：指各种绿地的总和。

2）绿地率：指在一定区域范围内，上述园林绿地面积占总面积的比例。

3）绿化覆盖面积：在城市一定范围内所有用于绿化的乔、灌木和地被、多年生草本植物的垂直投影面积，也包括园林绿地以外的单株树木等覆盖面积。乔木树冠下的灌木和地被、草地不重复计算。

4）绿化覆盖率：在城市一定区域范围内绿化覆盖面积占区域总面积的百分比。

5）屋顶绿化面积：指各类建筑屋顶、地下和半地下建筑顶层的绿化面积，即屋顶花园面积。

6）垂直绿化面积：指建筑墙面、栏杆、柱体、高架道路和立交桥体等竖向绿化覆盖的面积。

7）室内绿化面积：指建筑室内花园、中庭和层间绿化、阳台绿化等面积。

8）绿化三维量：指绿地中植物生长的茎叶所占据的空间体积的量，以立方米为单位计算。弥补现用绿量指标都是平面绿量的不足。

以上八项指标反映了城市绿色环境所占的平面与立面及绿色空间所占的面积和体积的绿色量。

（2）绿化结构指标

绿化结构指标反映城市各类公园绿地的绿化结构：乔木、灌木与地被草坪的数量；反映绿地结构特征，常绿乔木、落叶乔木的数量与比例；以及古树名木与园林植物种类数量等特点的指标。

1）乔木量：指一定范围绿地面积内乔木株数。

2）灌木量：指一定范围绿地面积内灌木株数。

3）地被草坪面积：指一定范围绿地面积内地被草坪面积，即植株高度为0.15～0.5m的低矮、蔓生植物的覆盖面积。

4）常绿乔木量：指一定范围绿地面积内常绿乔木株数。

5）落叶乔木量：指一定范围绿地面积内落叶乔木株数。

6）古树名木量：指一定范围内保存百年以上的树木和名贵、稀有的树种、品种，以及具有历史纪念价值的树木总株数量。

7）园林植物量：指一定范围绿地内拥有的植物种类、品种的数量，包括珍稀植物和观赏植物的种类和品种的总数量。

8）水体面积：指一定范围内水体所占面积。

9）水体面积率：指一定范围内水体面积占总面积百分比。

（3）游憩指标

1）公园面积：指各级、各类公园、小游园和街头绿地等开放的公园面积之和。

2）公园面积率：指一定区域范围内公园面积占总面积的百分比。

3）公园服务半径：指各类公园为市民服务的距离，也就是服务距离。

4）游人量：指各类公园收费游人量和不收费游人量。

5）最高日游人量：指各类公园游人量最高一天的游人数量。

6）国外游人量：指外国入境的游人量，包括有组织的旅游考察及零星游人。

7）出游率：指游人量占城市人口的百分比。

以上七项指标反映各类公园被使用的情况。

8）游人活动面积率：指公园为市民提供自由活动的面积占公园总面积的百分比，包括公园道路、游戏场、林下或露天铺装场地等面积。

9）游憩设施完好率：各类公园内游憩设施保存、管理的完好设施占建造设施的百分比。

这两项指标反映公园为游人提供的活动条件和设施维护水平。

（4）人均指标

1）人均公园面积：指市民平均可享受的公园面积，即每人平均可拥有的公园面积（m²/人）。

2）人均绿地面积：指市民平均可享受的绿地面积，即每个人平均可拥有的绿地面积（m²/人）。

第三章　快题表现

快题考试通常要求考生在几个小时的时间内做出一套方案，通常包括总平面图、立面图、剖面图、鸟瞰图、透视图、各类分析图，甚至要求铺装或植物配置的节点放大图等图纸。因此，熟练掌握操作步骤能够争取充足的考试时间，达到事半功倍的效果。

本章将从图纸要求及命名、设计说明、地块规模等方面对快题步骤进行详细讲解，帮助考生理清思路。

## 3.1 总平面图概述

总平面图绘制原则：绘制总平面应该清晰明了，突出设计意图，具体要注意以下几个方面（图3-1）。

（1）恰当的比例是总平面图的基本原则

所选图例不仅美观，还要简洁，以便于绘制，其形状、线宽、颜色以及明暗关系都应有合理的安排。

在设计和表现时，如采用不当的图示虽未必能影响总体功能布局和景观的合理，但与常理不合的图示在专业人士看来是非常刺眼的，会影响他对图纸的第一印象。

（2）元素关系明确，表达清晰

平面图相当于从空中俯瞰场地，除了通过线宽、颜色和明暗来区分主次，还可在表现中通过上层元素遮挡下层元素，以及阴影来增加平面图的立体感和层次感。画阴影时要注意图上的阴影方向一致。阴影一般采用45°角，北半球的阴影朝上（图纸一般是上北下南）合乎常理。但是从人的视觉习惯看，阴影在图像的下面更有立体感，所以在一些书刊上出现阴影在下（南面）的情况也并非粗心马虎，而是为了取得更好的视觉效果。

一般来说，中小尺度的场地尤其是景观节点平面增加阴影可以清楚地表达出场地的三维空间特点，寥寥几笔阴影，费时不多，效果却很明显。有些初学者对于阴影的画法很不重视，除了有阴影的方向不统一的问题，在绘制稍微复杂形体时还可能出现明显的错误，实际上通过几次集中的练习，即使是较复杂的硬质构筑物的平面阴影也是很容易绘制出的。

（3）主次分明，疏密得当

图中重要场地和元素的绘制要相对细致，而一般元素则用简明的方式绘制，以烘托重点和节约时间。有的学生树例画的非常细致，单株效果很好，但是耗时太久而且容易削弱图面的整体效果。一般来说，总图上能区分出乔灌木、常绿落叶即可，专项的种植设计需要详细些甚至需要具体到树种。对于快题考试而言，重在考查种植整体构思，大多不必详细标出树种名所以图上宜以颜色变化为主，辅以不同轮廓、尺度来区分不同的树

木，对少数孤植树重点绘制。

（4）内容完善且有没有漏项

指北针、比例尺和图例说明一定不能忘记，要注意一般图纸都是以上方为北，即使倾斜也不宜超过45°。指北针应该选择简洁美观的图例，有些考生认为采用某些学校惯用的指北针形式会博得阅卷老师的认同感，笔者认为大可不必。此外，在不知道当地风玫瑰的情况下，不要随便画上风玫瑰，严谨的设计师和阅卷老师会对这种画蛇添足的做法很反感。

比例尺有数字比例尺和图形比例尺2种，图形比例尺的优点在于图纸扩印或缩印时，仍与原图一起缩放便于量算，一般在整比例（如：1∶100、1∶200等）的图纸下面最好再标上数字比例尺，便于读图者在查验尺度时转换。数字比例尺一般标在图名后面，图形比例尺一般标在指北针下方或者结合指北针来画。

上述问题都是表现中的基本问题，但正是从这些基本问题可能会影响到设计过程的顺畅、设计成果的规范性，也影响阅卷老师对考生的印象。

总平面图是所有图纸中最重要的，在某些高校的试卷中甚至明确写着总平面图占到90分等字样，这不仅仅由于总平面图是其他所有图纸的母图与基础，也由于总平面图是大部分场地信息的反映与集合，在实际项目中显得尤为突出。老师在阅卷的过程中，总平面图的好坏直接决定了该卷的档期走向，这不仅仅是由一个好的总平面图表现决定的，更是由一个好的方案决定的。

下面我们将总平面图在快题中的画法进行集中讲解，按照不同的面积，可以将总平面图分为2类，大地块与小地块，以1hm²为界，两类地块在快题中的切入点与表现方法差异较大。考生按照下面的快题思路与绘制顺序加以训练并举一反三可起到事半功倍的效果。

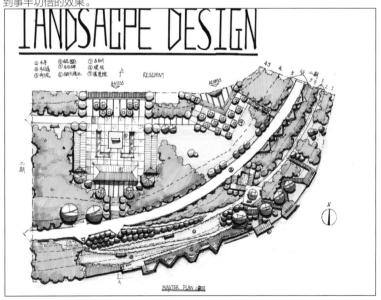

图3-1 快题平面示意图

## 3.2 大地块（面积大于1hm²）设计方法

大地块是近年来建工类院校考研快题的主流题型，因为建工类院校的景观专业往往是由城市规划专业发展而来，景观设计往往由风景区规划演变而成，基于这种发展背景，考研时地块的面积不会太小，往往在1hm²以上，考试比较注重考察学生的宏观规划能力，具体体现在对路网结构、景观结构、空间关系等方面的把握能力（图3-2）。

（1）分析周边地块用地性质与环境

1）考试时对周边环境的解读对考生而言极为关键，这是非常重要的一步，直接关系到后面整体构图的问题。考试时考方为防止考生硬性背题套用方案，会在周边设置不同用地性质的场地进行限制，下面我们按照城市用地的分类标准对周边环境进行剖析：周边用地类型一般为公共管理与公共服务用地、商业服务业设施用地、居住用地和绿地与广场用地，这里估计很多同学不是很清楚，通俗讲就是行政办公用地、商业用地、居住区用地、绿地。

2）在选择场地的主入口时，有这样一个原则，行政办公用地优于商业用地、优于居住用地、优于绿地。同时与行政办公用地类似的用地有广场用地、文化设施用地、教育科研用地、体育用地、医疗卫生用地、社会福利设施用地、文物古迹用地、外事用地、宗教设施用地，如果出现这类用地，它的先后顺序以刚刚列举的顺序以及用地面积为准；商业用地有商务用地、娱乐康体用地等用地类型。

3）如果出现工业用地等同于商业用地，但要后于商业用地。如果出现仓储用地则要后于居住用地。

4）行政办公用地前的主入口一般为规则式入口，以对称中轴线通往基地深处，同时左右对称布有大量停车位；商业用地类主入口往往有大面积铺装与大量停车位。

（2）分析周边道路等级

1）周边道路等级也是主入口选择的重要影响因素，一般主入口开在主干道旁，但是如果主干道是国道、省道、县道则要慎重考虑，因为疾行的车辆往往会对主入口的人流造成安全隐患。

2）周边道路要绘制中心线，用点划线表示，点划线交界处不能是点对点。

3）基地与道路间要留5m的人行道空间，也就是说基地边缘是双线，间隔是5m。

（3）确定主入口位置

1）根据第一步与第二步我们便确定了主入口，主入口往往是开在行政区或商业区对面并且旁边是主干道的位置。

2）主入口大致分为2种类型，为硬质铺装型或者生态绿化型，具体要看题目与需要来决定。

3）主入口面积一般为场地总面积的1/9到1/12，场地越小则主入口比重越大。主入口面积小于场地面积的1/15则很难在总平面图中识别。

4）用一条中轴线连接主入口与主广场，这样的中轴线设计往往是比较醒目清晰的，使整个场地显得布局不混乱，也是考生比较容易掌握同时快题绘制又比较有效率的一种方式。

5）中轴线可以是等宽的，也可以是某一端膨大，也可以是中间膨大成梭形，也可以是与主广场或主入口结合作为主入口或主广场的一部分。

（4）确定主广场位置

1）确定主入口后则要确定主广场，主广场一般位于场地中心远离

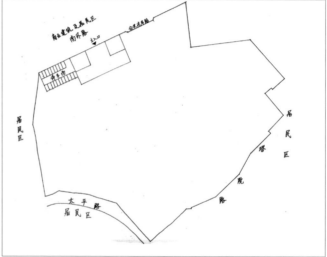

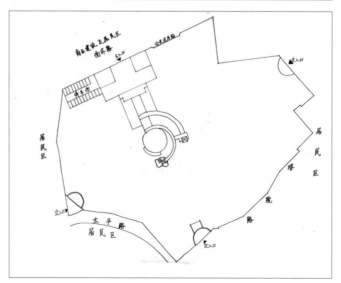

图3-2 大地块设计流程示意图A

主入口一侧或者位于场地的重心位置，往往居于场地腹地。

2）主入口面积一般为场地的1/6至1/9之间，场地越小主广场概念越模糊。面积小于场地的1/12则很难在总平面图中识别。

（5）确定次入口

1）次入口原则上每边一个，但是也要视实际情况而定，一般长度少于100m则只设一个次入口，若大于200m则可设两个次入口。

2）两个次入口间距大于70m为宜，主入口与次入口之间大于100m为宜。保证场地中各个出入口的布局是均衡稳定的。

3）若场地对面为道路或道路出入口则本场地也开次入口为宜，有路的要相应开路，形成十字路网而不是丁字路口，这样也符合城市规划的相关准则。

4）1~4hm²次入口数量1~2个，4~9hm²次入口数量2~3个，9~16hm²次入口数量3~4个。

5）次入口面积不宜大于主入口，为场地面积的1/18为宜，次入口大小面积可大小不一，以免显得图面较为呆板。

（6）定水体

1）由于场地面积较大，考虑到工程造价等经济因素，一般设计自然式水体，水体的形状要收放有致，做到粗可看海，细可断流的程度。

2）自然式水体一般绘制三条线，从外到内依次为丰水期线、常水位线、枯水期线，常水位线加粗。三条线的间距要收放有致，显得图面灵动不呆板，一般缓坡草地处三条线的间距要大一些。若水体边为硬质护坡则绘成一条线。

3）根据公园设计规范，离水边5m处水深不得超过0.5m，水最深处原则上要满足场地的土方平衡，一般不超过2.5m。

4）好的自然式水体对整个场地具有重大的提升作用。

（7）定山体

1）山体与水体一样，是整个场地的骨架所在，可以说一个是场地的动脉，一个是场地的静脉。所以一个形状优美的山体对整个场地的构图也是至关重要的。山体一般都有山峰、山脊、山谷。绘制的山体也应具备这些山体特征。山峰一般为2~3个不等。山脊线要延绵出去，山谷线要凹陷进去。

2）场地内不宜布置高大山体，高度控制在3m之内，以不完全遮挡为宜，使场地视线有若隐若现感。同时力争让场地土方量平衡。

3）场地内存在的山体不宜铲平，高大山体上不宜做建设。若山体坡度超过8%宜铺设台阶代替坡道。

4）山体一般离水体较近，减少土方运输距离，同时山体一般位于场地腹地，离主入口较远。

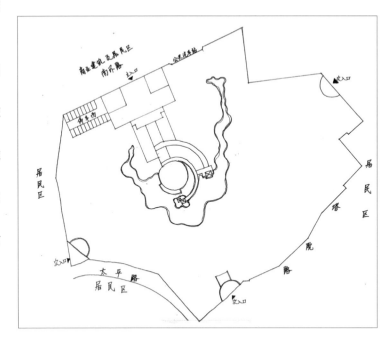

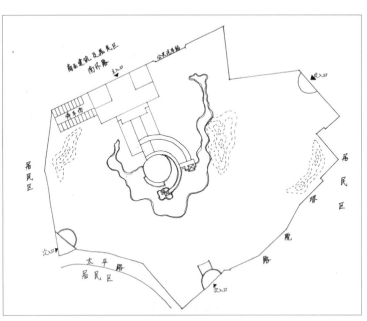

图3-2 大地块设计流程示意图B

5）整个场地的自然式水体一般只有一个，要兼顾到整个场地的布局，形成"水中有岛，岛中有景"的格局会更好。

6）按照文化地形学的角度或者从中国大的地理格局角度出发，山体宜布置在场地的西北部，这样既满足风水的要求，同时也可抵御冬日的寒风。

7）场地内造的山体以三个为宜，一般西北方山体较为高大，东南处与东北处有2座小山，这样的画面灵活而又布局清晰，同时与整个场地的大水体形成"一池三山"的格局。

（8）确定一级园路的位置及绘制

1）一级园路是整个场地的脊梁。一级园路要形成环路，行成一条有韵律的富有弹性与张力的道路。

2）一级园路的轨迹要有一定的波峰波谷，每个波峰或每个波谷的弧度不宜过大，形成"大环上套小环"的格局。

3）小环的数量不宜过多，一般与出入后的数量相一致，这样的园路显得不会过于单调或过于繁琐。

4）一级园路不宜与主水体交接过多，一般以一次为宜，这样减少桥的数量，减少工程造价。

5）一级园路应避让山体，若场地限制等因素不能完全避让山体应平行于等高线来布局，要保证一级园路的道路坡度不超过8%。

6）一级园路的轨迹往往离各个入口较近，离主广场较远，离主水体较近，穿过水体与最大的山体之间。

7）一级园路不宜与场地外道路过于平行或距离过近，否则会给人一种道路功能重复的感觉。

8）一级园路的宽度在6m左右，可通车，满足消防车的通车需要，若场地小于2hm²，则可不必过多考虑消防车的通车问题。在快题中为了表现的需要，往往会将道路适当加宽。

9）一级园路画双线为宜。

（9）定二级节点

二级节点也是设计的重点所在。其布局与形状是极其讲究的。如果说前面的八步做好了可以拿到一个基本分，那么从第九步开始就是一个提分加分的过程了，也可以说是细节的竞争，而细节也往往是决定考试成败最主要的因素。所以考生要格外注意这个问题。

1）二级节点的布局是极其有规律的，往往在一级园路凸出的地方二级节点在其凸出对面的位置，一级园路凹陷的地方二级节点在其凹陷对面的地方。当然二级节点的与主干道的距离不是等距的，这也要视图面美观来定。

2）二级节点的数量一般与面积是呈正相关的，一般面积越大二级节点越多，平均有多少公顷就有多少个二级节点，当然这不是定式也要看具体题目具体场地来定，场地越小平均每单位面积内的节点就越多。这样场地的游憩功能可以得到很好的释放，同时又不会由于节点过多而显得场地较为拥堵。

3）中心水体旁一般会有三个节点，分别为两个茶室与一个码头，或者还会有亲水平台、钓鱼台、木栈道、湿地等景观元素。

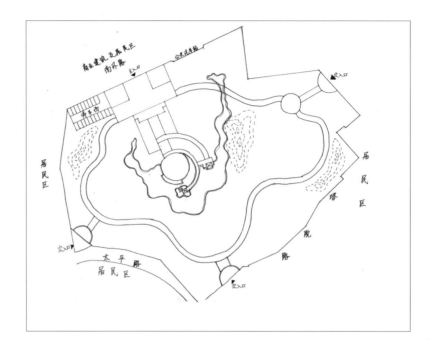

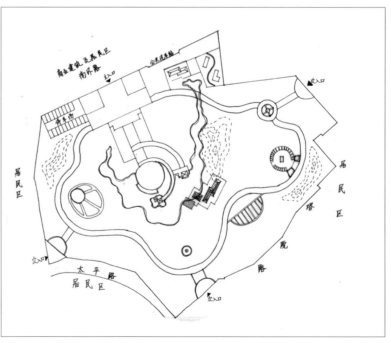

图3-2 大地块设计流程示意图C

4）在山体处设计二级节点，一般会在山顶处有一个观景亭，或者在半山腰处设计一个二级节点。

5）二级节点的类型比较多样，一般会有建筑类、现代景观类建筑或构筑物、古典园林类建筑、广场类及其他类5种类型。

6）建筑类二级节点往往有居民活动中心、展览厅、茶室、咖啡馆等建筑的设计。这类建筑要严格按照其相应的建筑规范来执行，同时注意要有相应的道路（最好为车行道）通向建筑，建筑旁要有相应的铺装面积。

7）现代景观类建筑，这类建筑种类比较多样，一般有各种茶室、居民活动中心等。

8）古典园林类建筑，一般以传统的亭廊楼榭为主，设计时要严格按照古代园林类建筑的营造法式来做，可以在古典园林柱式的基础上增加现代景观设计元素。

9）广场类景观建筑，一般以小型广场为主，形式可以多样，小广场最好不超过3个，这样画面构图会比较稳定。

10）其他二级节点形式，一般以树阵广场、孤植树、码头、湿地等景观元素为主，这些二级节点的数量及布局要根据画面构图来定。使整个画面显得活泼而不失灵动。

11）二级节点要"软硬结合"，比例适中，即要使建筑类的二级节点与景观类的二级节点数量相当为宜。

（10）定二级园路

1）二级园路是根据二级节点与一级园路的位置来确定的。考生要格外注意，往往会先画二级园路再画二级节点，这样做是极不科学的，在景观快题中，考生要定点，再定路。

2）二级园路是一级园路的镜像反射。一级园路突出的地方二级园路凹陷，一级园路凹陷的地方二级园路突出。

3）所有二级园路成环。每条二级园路最好能与周边的二级园路有一个交点，既可以形成一个个的十字路口而不是丁字路口。

4）二级园路宽度在1.5~3m为宜，在快题中为了表现的需要，道路往往会画成3m。二级园路宜为单线表示。

（11）各节点深化

1）在各个点与道路的位置定好后，就要进行节点的深化了。这步也是极为重要的环节。因为这也是一名考生综合能力的体现。

2）各出入口深化。出入口深化要注意以下几点：

① 铺装边缘要画双线；

② 铺装不宜画成规则式的矩阵形状，如若要画成矩阵型铺装，可以适当虚化掉部分铺装；

③ 铺装不宜画的过大，这个也是当今考生的通病，不太注意铺装尺度，现在最普通的火烧砖块尺寸一般是150mm×120mm，画的时候可以适当扩大铺装比例但不宜过度，否则会给阅卷者比例失调的感觉或者认为考生对考题比例把握不好的感觉；

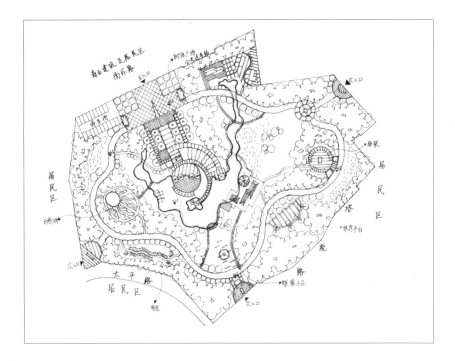

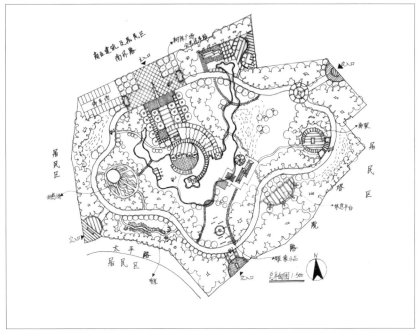

图3-2 大地块设计流程示意图D

④ 广场往往会有高差，不宜将整个广场做成平的，广场在竖向上凸出或下陷的位置要注意有不少于三级的台阶进行连接，同时要设置无障碍通道连接；

⑤ 出入口若面积允许宜采用较为生态的做法，例如广场中种植一定数量的树木或排列一定数量的树阵；

⑥ 出入口尤其是主广场主入口往往会与停车位结合在一起。停车位分布在主入口的两侧，从主入口有车行道通入并且从另一方向驶出居多。

3）各广场深化。广场深化与出入口深化有异曲同工之妙，基本手法一致，不同的是广场面积更大，广场中可能还会有草坪、沙滩、亲水平台等景观要素，同时不会设置停车位等出入口设施。

4）建筑类节点深化。建筑类节点要按照建筑设计的规范来画。建筑的外轮廓线要加粗；同时建筑旁要画有一定面积的铺装；如若建筑面积较大或为重要的公共建筑或文物建筑，则建筑外围要建立环形的车行道进行防火保护。

5）其他景观节点深化。其他节点参照建筑节点的规范来做，也是要画细致到位。

6）其他景观要素绘制。其他景观要素基本上以树丛为主，树丛在绘制时要疏密得当，要达到"疏可跑马，密不透风"的格局，只有这样才能达到一个好的效果；树丛以"四周多，中心少"为布局原则，起到围合整个场地的作用。

（12）标场地高程标高程是后期深化极其重要的一部分，因为高程是竖向规划中的核心，直接关系到后面的剖立面图的画法。在实际项目中，高程点还关系到后面的给排水规划以及园林工程施工。竖向是根据设计平面图及原地形图绘制的地形，它借助标注高程的方法，表示地形在竖直方向上的变化情况及各造园要素之间位置高低的相互关系。它主要表现地形、地貌、建筑物、植物和园林道路系统的高程等内容。它是设计者从园林的实用功能出发，统筹安排园内各种景点、设施和地貌景观之间的关系，使地上设施和地下设施之间、山水之间、园内与园外之间在高程上有合理的关系所进行的综合竖向设计。在总体规划中起着重要作用，它的绘制必须规范、准确、详尽。

1）高程表示方法。高程点以倒置空心黑三角表示，上面标注场地高程，以小数点后一位为宜，单位米。

2）需要标高程的点。高程点的标注原则一般是在节点中心、高度有变化处、变坡点处标注。

3）标注位置以整个场地的布局美观得体为第二原则，整体感觉节点处标注稠密，其他区域标注稀疏。

4）绘图比例及等高距。平面图比例尺选择与总平面图相同。等高距（两条相邻等高线之间的高程差）根据地形起伏变化大小及绘图比例选定，绘图比例为1：200、1：500、1：1000时，等高距分别为0.2m、0.5m、1m。

5）地形现状及等高线。地形设计采用等高线等方法绘制于图面上，并标注其设计高程。设计地形等高线用细实线绘制，原地形等高线用细虚线绘制。等高线上应标注高程，高程数字处等高线应断开，高程数字的字头应朝向山头，数字要排列整齐。假设周围平整地面高程定为0.00，高于地面为正，数字前"+"号省略；低于地面为负，数字前应注写"−"号。高程单位为m，要求保留两位或一位小数。

6）其他造园要素。

① 景观建筑及小品：按比例采用中实线绘制其外轮廓线，并标注出室内首层地面标高。

② 水体：标注出水体驳岸岸顶高程、常水水位及池底高程。湖底为缓坡时，用细实线绘出湖底等高线并标注高程。若湖底为平面时，用标高符号标注湖底高程。

③ 山石：用标高符号标注各山顶处的标高。

④ 排水及管道：地下管道或构筑物用粗虚线绘制。并用单箭头标注出规划区域内的排水方向。为使图形清楚起见，竖向设计图中通常不绘制园林植物。

（13）标注景点名称

景点名称也是后期锦上添花的一笔，往往一个景点用手绘表现的不明确或者不好表现，用一个恰到好处的景点名就可以解决很多问题，这也体现出了中国文字的博大精深，所以考生在日常学习中要注意景点名的积累与运用。

1）景点名的景名选择原则是不矫揉造作，不无病呻吟，考生平时在做训练时往往会把一些比较悦耳的名字硬性套用到考研快题中，这样是非常不可取的，快题本身就是短时间内对一些概念的提取与表达，是一个有灵魂的整体，若套用与此快题不相关的内容则会使整个快题感觉体系比较混乱，给阅卷者留下不好的印象。

2）景点名的来源也是多种多样的，最行之有效的方法就是将平日见到的好的景点名分门别类熟记心中，日积月累便会卓有成效的。

3）如果要自造景点名，往往会来源于平日里的诗词、成语、现代语的改造。例如做秦汉时期的园林，那么就要多看看《诗经》《离骚》《汉赋》这样的文章；如果要做唐宋时期的园林，那么就要多看看唐诗宋词，从中提取出一定量的精彩词汇经过改造成为景点的名字。只有这样才是优秀的快题设计所需要的点睛之笔。

（14）植物配置表

植物配置是快题中一个非常重要的组成部分。有的学校的快题甚至要求植物配置单独成图或者单独计分，这就要求我们对植物配置有个深刻地了解与认识。首先是植物配置的表达，这里分两类来讲述，一类是植物配置与总平面图合在一起的，一类是植物配置图单独画的。前者在绘制的过程中要求学生只需要绘制行道树与树丛即可，不需要表示出灌木与草本。后者要求在表现以上植物的同时还需要绘制出灌木，以及标注草本的名称。

1）不同地区的植物种类不太一致，我们以气候区为依据分为三类地区：东北与华北地区，代表学校北林、东林；华中与华东地区，代表学校同济、东南、南林、华科、华农；华南与西南地区，代表学校为华南理工、华南农、西南林等学校。

2）东北与华北地区常见行道树有悬铃木、国槐、毛白杨，常见乔木有黄栌、垂柳、榆树、侧柏、泡桐等，常见灌木有黄杨、牡丹、丁香、迎春、月季等，常见草本植物以狗牙根、高羊茅、早熟禾居多。

3）华东与华中地区常见的行道树有悬铃木、香樟、广玉兰等，常见乔木有鹅掌楸、青桐、含笑、栾树、构树等，常见灌木有珊瑚树、小叶女贞、八角金盘、十大功劳、栀子等，常见草本有狗牙根、酢浆草、吉祥草等。

4）华南与西南地区常见的行道树有大叶榕、木棉、棕榈等，常见乔木有羊蹄甲、栾树、水杉、加拿利海枣、鱼尾葵等，常见灌木有鸳鸯茉莉、黄蝉、红花檵木、花叶假连翘、夜合花等，常见草本有酢浆草、文殊兰、可爱花等。

5）乔灌草表达要清晰明了，不可为了使植物表达清晰而破坏总平面的效果，这样就得不偿失、舍本逐末了。

6）行道树一般每七八米一棵，树与树之间留一米的间距。

（15）比例尺、指北针（图3-3）

比例尺与指北针也是快题后期的重要组成部分。这本是形式上的内容，但是考试时由于时间紧张许多考生都会遗漏这个部分，这样在阅卷时老师如若发现考生没有比例尺与指北针就会觉得考生缺少绘图常识，造成极不好的印象。所以考生要切记这一点。

1）比例尺

① 比例尺分1：200、1：300、1：500、1：1000几类。不同比例尺的绘制深度与要求都不太一样。

② 1：200的比例有些接近建筑设计或环艺设计的比例，画面需要比较精细，很多对象的细节需要勾画出来，例如树池铺装砖石等需要勾勒清楚。一般5000m²以下这种比例居多。

③ 1：300的比例与1：200的类似，不过这类比例的图纸在快题中很常见，适用于5000m²与3hm²之间的地块。这类快题需要表达出一定程度的细节，例如景观树要画出一定的枝干部分。许多结构线都需要画双线。

④ 1：500的比例，这是考研中最常见的一种比例形式，这也要求考生在平日里要多加练习这类尺度的题目，多找下感觉，以免尺度失衡。这类快题需要着重表现出一定的场地结构关系，各节点有一定程度的表达。行道树中心画点外画圈即可。

⑤ 1：1000的比例，一般8hm²以上的地块基本上需要这种比例。这类快题基本上考察考生的空间组织能力与分区能力，对单个节点的平面设计及造型设计的考察不大。

2）指北针

① 指北针需要注意的问题有，图纸的上方一定是北，树及其他物体的阴影要打到北面。

② 风玫瑰不需要画的很精细，但是要注意的是我国大部分地区一般是西北风与东南风居多，如果不是这么画的会让阅卷老师产生疑问。

（16）图名

1）最后总平面图画完了就要写图名了，这个也是考试时比较容易疏忽的地方。总平面图一般会写"总平面图 1：100"字样，如若已经画了比例尺，则不必在总平后标明比例尺了。

2）总平面图下方会加两条下划线，第一条线粗，第二条线细。

以上十六步是快题中大地块总平面图的画法，考生要牢记在心、熟加练习并举一反三，切勿顺序颠倒，只有明确思路才是一个有条理、有步骤并富有效率的快题过程。

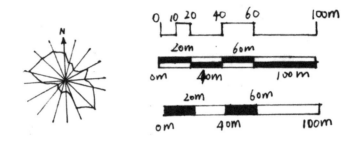

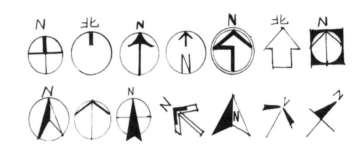

图3-3 比例尺、指北针示意图

## 3.3 小地块（面积小于1hm²）绘制方法

小地块的切入思路与大地块的差异性较大，这不仅仅是由于面积决定的，更是由出题背景决定的，考察考生的能力也不一样。小地块往往是农林类与环艺类院校最常见的题型，着重考察考生的植物造景能力、空间围合能力以及空间构图能力。

小地块基本上不讲求功能分区与园路等级，主要看重平面构成能力与细节体现能力，随着地块的增大，场地的铺装率降低，绿化率提高，功能分区与园路等级体现的就尤为明显。具体绘制方法参照第二章的方案构思方法，在功能立意的基础上进行形式上的构成。

农林类院校的快题往往是由植物造景或植物配置专业发展而来，所以一般面积都不太大，着重考察考生的植物认知能力、植物搭配能力、空间营造能力，对建筑规划的规范考察不多。

环艺类院校着重考察的是考生组织平面的能力。而对功能分区与植物造景等方面的要求不多。所以考生如果报考环艺类的院校，分为临摹与设计2个环节。

（1）临摹阶段

应着重选取小面积的优秀作品或大面积地块中的优秀节点进行临摹与借鉴。同时在临摹时绘制一幅平面结构图。所谓平面结构图就是将平面中的主要线条进行圆与方的抽象并映射到结构图中。通俗点讲，就是把复杂平面符号化，如下图所示：

（2）设计阶段

这样积累到一定程度后可进行自我的总结与设计，设计时要遵循以下设计原则：

1）黄金分割点原则；

2）方与方穿插分割原则；

3）圆与圆穿插分割原则；

4）圆与方穿插分割原则。

根据这四个原则勾勒出大致平面后则要进行平面的深化。简单点讲，就是先把平面符号化，再进行深化，与临摹环节恰好相反。但是近年来由于高校快题的发展，建工类院校不再在大地块上做文章，也渐渐地向环艺类的题目整合；农林类的快题已经不再拘泥于小地块的考察，也逐步向建工类院校的试题发展；出现快题融合性多元化的发展趋势。

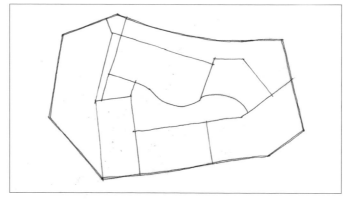

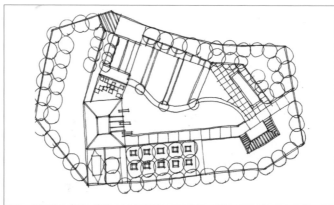

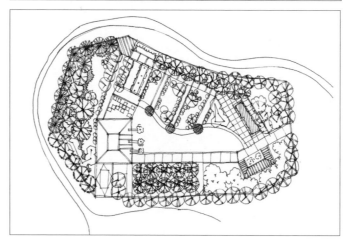

图3-4 小地块设计流程示意图

## 3.4 上色示意

前面十五步讲的都是快题钢笔线稿的问题，现在着重开始介绍快题上色的问题。上色是快题整个过程中极为重要的一环，上色的好坏直接影响到全卷的分数。前面钢笔线稿没画好或没画细致不要紧，好的色彩可以极大地弥补这一劣势甚至可能因为色彩到位而获得另一种感觉。

1）经常有考生会问考研时老师比较喜欢哪一种风格，是小清新、色彩斑斓，还是灰色调，在这里告诉各位考生，这个是没有定式的。阅卷老师大多经验丰富，见过各种风格的平面及方案，不会因为个人的喜好问题来决定一份考卷的命运，同时阅卷时一份考卷也会被多位老师审阅，所以老师的个人喜好对考卷的影响不大。

图3-5 快题上色流程示意图1

2）如若真的要讨论老师比较喜欢的风格，还是以成熟稳重且色调统一为宜。因为阅卷老师一般为院校景观专业教授，并且已经积累了相当数量的实际项目的经验，这些老师其实更多是想看学员的一个设计综合能力，并不是想去看你秀自己的艺术及很多颜色的表达，因为太多颜色或者太多艺术会盖掉很多原有的设计。院校招生招的是综合设计能力的学生，如果图面亮度较高的话，则会给老师留下审美观较弱的印象，当然这也不是绝对的，美学的标准本身就不是绝对统一的。

图3-5 快题上色流程示意图2

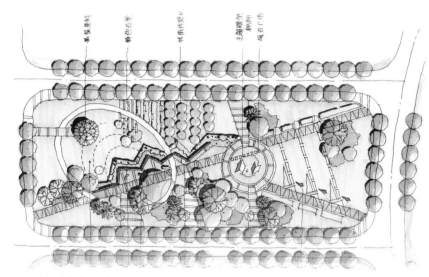

图3-5 快题上色流程示意图3

3）考试时学员把重心放到平面的设计上，而不是在整个色彩表达上，马克笔上色是给整个方案增光添彩，所以如果本身就是一个好的设计方案，从美学以及形式上来看已经很吸引人了，并不是用颜色来表达自己的设计，所以整个考研中，一般用颜色把主要的形式及节点用有代表性的颜色表达给老师就够了，行道树以及草地用一个统一的颜色去表达就够了。

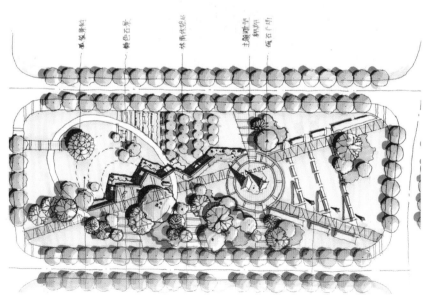

图3-5 快题上色流程示意图4

## 3.5 立面图与剖面图

景观的剖立面图主要反映标高变化、地形特征、高差的地形处理以及植物的种植特征。建议画出最有代表性、变化较丰富的立面图与剖面图。有些考生为了节约时间，往往会选择最简单的立面图和剖面图，甚至在考前的练习中也避重就轻。但实际上，在构思平面图时已经考虑到竖向的划分，那么在平面图定稿后，绘制复杂的立面图或剖面图也不会花费很多时间。在紧张的考试中，平面图上常有表现不完全之处，那么在绘制立面图或剖面图时可以弥补平面图上的不当或者不易表现之处，甚至为整个方案锦上添花，也可以让阅卷人了解你训练有素的设计素养。

设计中理想的状态是平面图、立面图、剖面图同步进行、相互参照。然而，很多考生难以在短时间内把平面和竖向关系处理的面面俱到，往往只是经过简单的草图构思后，画完平面图再画立面图。这样在画剖面图时常常会发现平面图需要局部调整，但时间紧张的考试中再回头更改平面图已不可能，因此不妨把调整和优化后的立面图和剖面图画出，只要与平面图出入不大即可。平时练习时也应选择最有代表性的剖面图和立面图进行练习，练习几次后就能得心应手。立面图、剖面图中应注意加粗地平线、剖切符号，被剖到的建筑和构筑物一样要用粗线表示，图上最好有3个以上的线宽等级，这点往往是非建筑学专业学生容易忽视的。剖面图和立面图绘制的常见问题：

① 元素缺乏细部，甚至明显失真；

② 尺度不当。

需要注意的是：

① 地形在立面和剖面图中用地形剖断线和轮廓线来表示；

② 水面用水位线表示；

③ 树木应当描绘出明确的树形，注意不同树种绘制与配置、色彩变化与虚实的对比；

④ 构筑物与建筑制图的方式表示。平时要注重收集剖面类型，如道路横断面、驳岸、喷泉水景、小广场剖面图等。熟记一些常见的剖立面的景观元素，如各种形态的立面树的表达、各种水景的立面表达、亭廊的围合等。建议考生在考前对立面图和剖面图充分练习，景观设计中的剖面图虽然不像在建筑设计中那么重要，但是对于空间安排和功能布局有重要的辅助作用。时间充裕的情况下，即使考试没有做明确要求，也可以绘出剖面图作为平衡图面的要素，更会让阅卷老师感觉到你的成果分量充足。

（1）各元素剖立面绘制方法（图3-6）

1）树木

① 根据树木的高度和冠幅定出树的高宽比；

② 根据树形特征定出树的大体轮廓；

③ 根据受光情况，用合适的线条表现树木的质感和体积感。

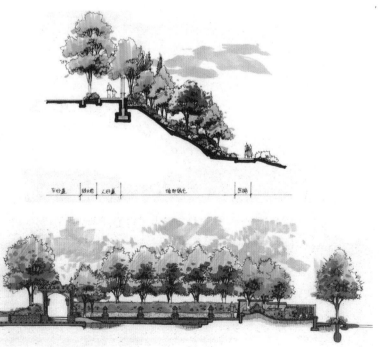

图3-6 景观元素剖面、立面绘制示意图

2）水体

① 用细实线或虚线勾画出水体造型；

② 线条的方向要与水体的流动方向保持一致；

③ 虚实变化。

3）建筑

立面是由建筑物的正面或侧面的投影所得的视图。线形表示如下：

① 粗实线——建筑物的立面轮廓线；

② 中实线——主要部分轮廓线；

③ 细实线——次要部分轮廓线；

④ 特粗线——地平线。

剖面是用假设的平行于建筑的正面或侧面的铅垂面将建筑物剖切开所得的剖切断面正投影。

线形表示如下：

① 粗实线——被剖切到的剖面线；

② 中实线——没剖到的主要可见轮廓线；

③ 细实线——其余。

4）地形

根据平面图的剖切位置，找出地形剖断线，并画出地形轮廓线，便可得到完整的地形剖面图。

地形的剖面图能准确表达出地形垂直方向的形态。

地形的剖断线要用粗实线表现。

做出地形剖面图后，如果再画出剖视方向的其他景观要素的剖面或立面投影，就可得到园景剖面图。

（2）园林景观立（剖）面表现墨线图的绘制步骤（图3-7）

① 根据剖面图各局部尺寸，勾勒出地形、水体、建筑物和景观构筑物的立（剖）面图；

② 根据各景观要素的尺寸，定出其高、宽之间的比例关系，用铅笔按一定比例画出各景观要素的外形轮廓；

③ 绘制前景和中景植物立面，用灵活的线条勾出植物的外轮廓；

④ 绘制背景植物立面，勾画出配景；

⑤ 画面整体关系的调整。

（3）园林景观立（剖）面色彩图的绘制步骤（图3-8，3-9，3-10）

① 绘制植物的亮面，近处植物用中绿马克笔上色，注意将植物的受光面留白，背景植物采用冷灰色，注意植物间色彩冷暖关系的调整；

② 将近处植物的暗部用深绿色马克笔着色，并将灌木、花草和后面针叶树的大色铺上；

③ 绘制近处的建筑、景观构筑物，详细表现景观的材料质感；

④ 水系统着色、配景着色；

⑤ 整体调整。

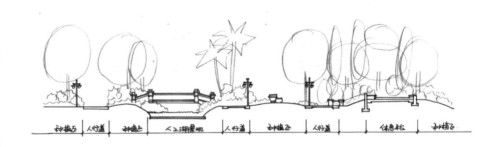

图3-7 景观剖面、立面表现墨线绘图步骤

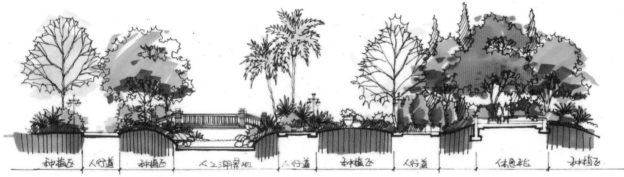

图3-8 景观剖面、立面表现墨线绘图步骤

图3-9 景观剖面、立面表现墨线绘图步骤

图3-10 景观剖面、立面表现墨线绘图步骤

## 3.6 鸟瞰图绘制方法

设计图纸要全面反映设计的各项成果，通过平面图、剖立面图、详图等技术性图纸的表达，使人们对设计有全面的认识与了解。平、剖、立面图是从多个视角反映物体的特征，即对设计方案的分解，但这些视图还需要借助人们综合的思考将分解的片段组合成一个整体。

快题考试中除了要求平面图、剖立面图，还要求绘制透视表现图。考试时根据时间安排需要选择正常视角的透视图或者鸟瞰图。鸟瞰图一般以场地的总平面为依据，全面地表达设计的各个细节元素，体现设计的总体效果。可以度量的鸟瞰图就是轴测图。轴测图按照正式的尺寸绘制，必须精确、完整，互相遮挡的物体可以用透明体块或虚线表示。

1）在考试中，鸟瞰图的常见问题有：

① 视点仿佛悬在把空中，但又没有取得鸟瞰的效果，或者看上去像人眼透视，但地平线又高于人眼高度；

② 主空间尺度失真，主要元素的透视失真；

③ 一点透视中灭点位置太正，虽然不算错误，但是一般而言灭点偏离画面中心一定距离，使得灭点两侧有所侧重，效果会更好；

④ 配景元素不当，位置选择和繁简控制都有问题；

⑤ 缺乏景深感、明暗对比不当、构图欠佳也会影响整个画面的效果。

2）鸟瞰图的画法步骤：

① 根据平面图中相应位置、地块造型的大体关系，画出硬质景观透视关系。

② 画细化铺装。注意画出地面上不同材质。

③ 加入人物、植物等配景。植物的大小要根据平面图确定，人物要有聚有散，不要满点。

④ 上色，先画大面积色彩。

⑤ 画出植物、人物等配景色彩。植物用大面积的深绿色作为主色调，可在主要的景观节点点缀彩叶树。

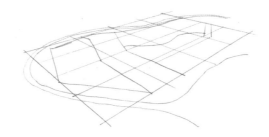

1.打出网格，定出主要道路及各功能区域

2.勾出形体，分出基本构筑物

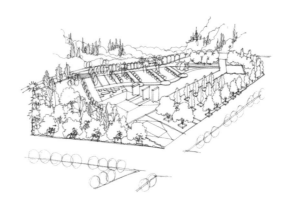

3.刻画周边场景，营造环境氛围

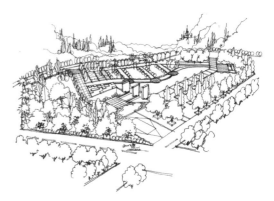

4.彩铅或者马克笔铺出大致色调

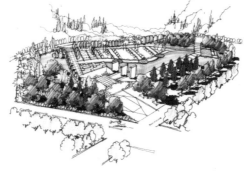

5.重色强调底部阴影，区分观赏树、行道树及云树颜色和笔触

6.整体打出网格，定出一级园路，以及入口水体，调整最终整体颜色

图3-11 鸟瞰图绘制上色步骤赏析1

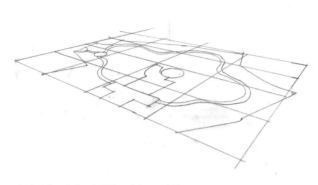

1.打出网格，定出一级园路、出入口、水体

4.画出植物类型、地面铺装、水体形状

2.画出植物类型、地面铺装、水体形状

5.大面积铺底色，用重色统一勾出阴影

3.细化周边场景、加出远景山体或建筑营造氛围

6.细化各个细节，刻画颜色的对比关系，最终完成.

图3-12 鸟瞰图绘制上色步骤赏析2

## 3.7 透视图示意

绘制透视图是可以先采用小幅草图来推敲构图、空间层次、明暗关系、前景中景和后景，这样在选择视点位置、视线方向以及画面构图时就可以抓住重点，节约时间。

同样一个场地的透视图，由于画面上的虚实空间和元素布置的不同，会有截然不同的效果。根据构图类型的不同，可将透视图分为以下几类：

（1）纵深式

画面中景物除了有一般的前后层次之外，更以视线较为通透的空间（如道路或者溪流）作为主景，该画面在纵深方向的遮挡较少，画面中的纵深感和贯通感很强，甚至有引人前行的感觉。

（2）平远式

画面的进深主要通过前后元素的遮挡、掩映来实现，这种透视突出的不是纵向的进深感，而是横向上的延展和开阔，适用于中景为开阔空间的场地以及自然空间。

（3）斜向式

画面上的主要空间要素为斜向的直线、折线或弧线（如滨水岸线、道路等），这种透视图的效果介于上述2种方式之间。万能效果图：分为景亭、游泳池、儿童游乐区、广场、水景透视5类，以及垃圾箱、座椅、路灯、路障等景观元素的设计创意。立意构思、透视准确、明暗色彩是衡量透视图优劣的主要方面。对于初学者而言，求快和求准的方法都值得掌握。

图3-13 马克笔效果图赏析2

图3-13 马克笔效果图赏析1

图3-13 马克笔效果图赏析3

图3-13 马克笔效果图赏析4

图3-13 马克笔效果图赏析5

图3-13 马克笔效果图赏析6（作者：李国涛）

## 3.8 分析图

分析图即用符号化语言传递设计思想、表达设计思路，分析图具有清晰、概括地展示方案的作用，以及简单明了、一目了然的特点。分析图绘制的原则是醒目、清晰、直观地提炼设计核心，用符号化的语言呈现，注重表达的设计感。通常可以先用马克笔绘制，用色宜选择饱和度高、色彩鲜艳、对比突出的颜色；再用针管笔勾边、塑形。景观规划设计中常见的分析图包括：功能分区图、景观结构图、交通结构图、视线分析图、空间分析图、高程分析图、土方平衡图等。

（1）功能分区图

功能分析图是在平面图的基础上以线框示意不同功能性质的区域，并给出图例或直接在线框内标注出区域的名称。功能分析图要求能够体现各功能区的位置及相互间的空间关系。功能区的形态根据表达的需要可以是方形、圆形或者不规则形，每个区域用不同的颜色加以区分，线框通常为具有一定宽度的实线或虚线。

（2）景观结构图

要分为出入口、景观广场、景观节点、景观轴线、主要道路、水系关系等。出入口可以用箭头表示；景观广场、景观节点可以用圆形图例表示；景观轴线、主要道路可以用直线、曲线表示；水系一般用蓝色线条勾出轮廓表示。

（3）交通结构图

交通结构图主要表达出入口和各级道路彼此之间的流线关系，包括基地周边的主次道路、基地内部的各级道路、出入口、集散广场等。绘制时，用不同的线宽与色彩标注出不同道路流线，用箭头标注出入口。

（4）视线分析图

视线分析图主要表达景点之间视线上的联系，包括主要观景点的视点、视线、视距、视角等。

（5）空间分析图

空间分析图主要表达不同空间类型的位置和之间的相互关系，概括基地空间的属性，表达场地空间的层次。一般根据功能分区的需要以及植物的配置情况，可分为开敞空间、半开敞空间、封闭空间等。

（6）高程分析图

高程分析图主要表达场地地形地貌的设计特征，可以通过等高线的方法表示。此图快题中往往不单独绘制与平面图结合在一起绘制。

（7）土方平衡图

土方平衡图是快题中较为少见的分析图，主要表示设计中的填挖方区域，往往挖方区域只有一处，而填方区域有三处，形成"一池三山"的格局，且挖方区域要略小于填方区域。土方量计算方法：用挖方的面积乘以0.5，即为填挖方量，因为景观中的水深平均为0.5m，所以这个方法大致为土方量的计算方法。填方量的面积要略小于挖方量的面积。

规则式功能分区

自由式功能分区

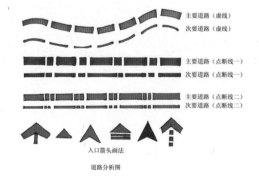

图3-14 分析图详细画法

## 3.9 设计说明与经济技术指标

（1）设计说明

设计说明应简洁扼要的表达设计意图，内容设计场地分析、概念立意、功能结构、交通流线、视觉景观、植物规划和预期效果等。每个要点一两句话概括即可；形式上排列整体、字体端正，每个段落可以提炼出一个关键词，或在段落前加上序号或符号，给人以思路清晰、条理分明的感觉。下文为一优秀的设计说明：

1）习家池是中国现存的最早私家园林，具有重要的文物价值，所以在快题设计中力图再现中国早期私家园林意境，突出魏晋郊野园林韵味。

2）以禊饮园、竹林、松林、果园、百花园和田庄表现魏晋园林景观，在设计中疏朗点缀楼、观、亭，达到建筑融入环境。

3）根据历史文献记载和描写习家池风景的诗歌，恢复或重建习家池中原有景点，从而增加习家池园林的文化底蕴。

（2）经济技术指标

经济技术指标也是快题中的重要组成部分，常见的指标有场地面积、绿地率、游客量、水体面积率、道路面积率、建筑面积、建筑密度、容积率、停车位等。

（3）排版及图纸命名

排版即将上述图纸组合在一起，版面布局是评图者在具体地辨识设计内容之前对设计者专业修养的第一印象。因此，不仅方案内容要好，排版也很重要。具体版面安排应该注意一下几个方面：

1）图纸大小与版面布局。试题若对图纸大小有明确要求，请务必遵守。若不明确，应与报考学校的研招办联系。如果没有特别要求的，建议采用大号图纸以便将全部内容表现在一张图纸上，这样做有利于节约时间、方便作图与老师评图（图3-15、16、17、18示意）。

2）图面排版匀称。任务书中要求的各分项的工作量、精彩程度各不相同，例如总平面图上要素最多，幅面最大；立面图和剖面图图面内容较少，多呈长条形；鸟瞰图、透视图而非常直观具象，往往最引人注意；分析图抽象概括，由几幅小图组成；文字部分要条理清晰，形式简洁明快，不能喧宾夺主；指标分析多以表格形式出现，文字和指标较为理性、概括，宜放在总平面或分析图旁边。

3）版面填空补白。在排版时各单项中间难免出现较大的空隙，尤其当基地形状不规则时，这时就要加以适当处理，避免凌乱之感。例如总平面图周围可以结合比例尺、指北针以及文字说明布置，透视图或鸟瞰图周围可以加以缩小简化的总平面图，并标明视点、视线和视角。当不同的立面图与剖面图上下排版时，如果有长短差别，可以通过采用等长的背景作为统一的手段，避免参差不齐。

4）考虑绘图方便。在快题考试中，排版除了要考虑上面所说的美观因素，还要方便合理，以利于节约时间。在景观快题考试中，总平面图最好与立面图或剖面图安排在一张图纸上，如果剖面图与水平线平行，即可用总平面图往下拉线并在立面图或剖面图上确定元素的水平位置。

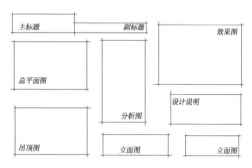

图3-15 A1图纸 排版样式示意图　　　　图3-16 A2图纸 排版样式示意图

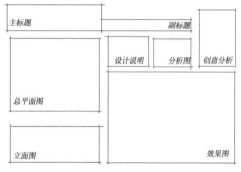

图3-17 A2图纸 排版样式示意图　　　　图3-18 A3图纸 排版样式示意图

图3-19 排版样式示意图

# 第四章　公园类快题设计

## 4.1 知识储备

公园分为全市性和区域性，全市性公园用地面积为10~100hm²，区域性公园用地面积一般为10hm²，此公园面积为3.3hm²，为区域性公园。每个游人在公园中的活动面积约为10~50m²/人。

（1）出入口设计

1）出入口对公园的影响体现在以下方面：

① 公园的可达程度；

② 园内活动设施的分布结构；

③ 大量人流的安全疏散；

④ 城市道路景观的塑造；

⑤ 游客对公园的第一印象。

2）出入口位置与分类

① 应综合考虑游人能否方便进出公园；

② 结合周边城市公交站点的分布；

③ 考虑周边城市用地的类型；

④ 避免对过境交通的干扰及协调将来公园空间结构布局等。

主要出入口：应设置在城市主要道路和有公共交通的地方；

次要出入口：一般设置在园内有大量集中人流集散的设施附近；

专用出入口：多选择在公园管理区附近或较偏僻不易被人发现的地方。

3）出入口规划设计

① 应充分考虑它对城市街景的美化作用以及对公园景观的影响；

② 其平面布局，立面造型，整体风格应根据公园的性质和内容来具体确定；

③ 一般公园大门造型都与周围城市建筑有较明显的区别，以突出其特色。

（2）布局原则

① 公园布局要有机地组织不同的景区，使各景区间有联系而又有各自的特色；

② 公园景色布点与活动设施的布置要有机的组织起来，在公园中要有构图中心；

③ 平面构图中心的位置一般设在适中地段，较常见的是由建筑群、中心广场、雕塑、岛屿、"园中园"及突出的景点组成；

④ 立面构图中较常见的是由雄峙的建筑和雕塑、耸立的山石、高大的古树及标高的景点组成；

⑤ 公园立体轮廓是由地形、建筑、树木、山石等的高低起伏而形成，常是远距离观赏的对象及其他景观的远景；

⑥ 地形平坦的公园可利用建筑物的高低、树木树冠线的变化构成立体轮廓。

（3）布局形式

公园规划布局形式有规则的、自然的、混合的3种：

1）规则的布局

特点：强调轴线对称、多用几何形体，比较整齐，有庄严、雄伟、开朗的感觉。

适用地形：有规则地形或平坦地形。

2）自然的布局

特点：完全结合自然地形、原有建筑、树木等现状的环境条件或按美观与功能的需要灵活布置的，可有主体和重点，但无一定的几何规律。

适用地形：有较多不规则的现状条件情况下采用自然式比较适合，可形成富有变化的风景视线。

3）混合布局

特点：部分地段为混合式，部分地段为自然式。

适用地形：在用地面积较大的公园内常采用，可按不同地段的情况分别处理。

（4）综合公园的功能分区

① 安静游览区——一般游人较多。但要求游人的密度较小，故需大片的绿化用地。

② 文化娱乐区——公园的主要建筑往往设置于此，常位于公园中部。

③ 儿童活动区——花草树木品种要丰富多彩，色彩艳丽。避免有毒、有刺、恶臭的浆果植物。

④ 园务管理区——对院内外应有专用出入口，不应暴露在风景游览的主要视线上。

⑤ 服务设施——设置在游人集中较多，停留时间较长的地方。

（5）公园建筑设计

① 公园建筑造型包括：体量、空间组合、形式细部，不能仅就建筑自身考虑，还必须与环境融洽，注重景观功能的综合效果；

② 小品设施（亭、廊、棚）因常位于艺术构图的中心，更应注意特有的功能和造型、色彩等；

③ 细部装修（挂落、天花、门扇等），通过这些细部设计，可组织框景，丰富景观，使空间有流动感，色彩有层次。

（6）绿化配置

① 植物配置要与山水、建筑、园路等自然和人工环境相协调；

② 要把握基调，注意细部。要处理好统一与变化、空间开敞与郁闭、功能与景观的关系；

③ 要选择乡土树种为公园的基调树种；

④ 植物配置要利用现状树木，特别是古树名木；

⑤ 重视景观的季节变化。

（7）游戏设置

园路功能主要是作为导游观赏之用，其次才是供管理运输和人流集散；必须统筹布置园路系统，区别园路性质，确定园路分级。一般园路分为：主园路、次园路、小径。小景与主园路关系基本有：串联式、并联式、放射式。园路规划常常以上3种基本形式混合使用，但以一种为主。

## 4.2 公园类案例评析

### 4.2.1 北方某公园设计

#### 一、场地概况

公园位于北京西北郊某县城中，北为南环路、南为太平路、东为塔园路，面积约为3.3hm²（图中粗线为公园边界线）。用地东、南、西三侧均为居民区，北侧隔南环路为居民区和商业建筑。用地比较平坦（图中数字为现状高程），基址上没有植物。

#### 二、设计要求

公园成为周围居民休憩、活动、交往、赏景的场所，是开放性公园。所以不用建造围墙和售票处等设施。在南环路、太平路和塔院路上可设立多个出入口，并布置总数为20～25个轿车车位的停车场。公园中要建造一栋一层的游客中心建筑，建筑面积为300m²左右，功能为小卖部、茶室、活动室、管理、厕所等，其他设施由设计者定。

#### 三、图纸要求

提交两张A1（594mm×841mm）的图纸。

（1）总平面图1：500，表现形式不限，要反映竖向、画屋顶平面，植物只表达乔木、灌木、常绿落叶等植物类型，有设计说明书。

（2）鸟瞰图（表现形式不限）。

#### 四、题目解读

（1）背景条件：场地位于北京西北部，考虑到北方用水紧张且场地内无水体，可考虑不做大面积水体，植物使用北方植物为宜。

（2）面积：场地为不规则多边形，图中每个小格代表30m×30m共900m²，共计3.3万平方米。

（3）地形：场地整体四周高，中心低，最高处与最低处高程相差约2.5m，考虑到这么大的场地，可忽略不计。中心广场可考虑做下沉式广场。

（4）周边环境：场地北部为商业区，周边为居民区，根据主入口商业区优先于居住区的原则，同时北部南环路较其他道路等级较高，故可考虑场地北部设置主入口，其余位置可设置2～3个次入口。其中太平路上宜设置一个出入口，塔园路对面路口处可设置一个次入口形成小型十字路口，东南部居民区考虑到交通需要可设置一个小型出入口。

（5）公交汽车站旁20m内不宜设置公园出入口，大量人流易造成出入口交通拥堵。办公建筑不宜与公园打通，宜通过出入口与公园发生交通关联。

（6）停车位宜布置在主入口附近为宜，既可满足到公园人流的需要，也可满足北部商业区的停车需要。

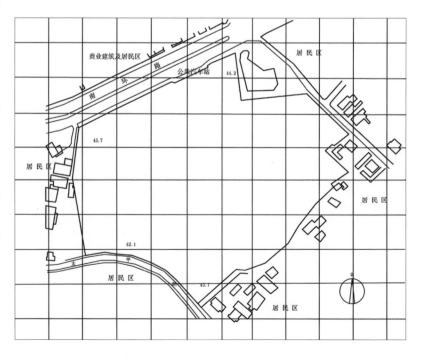

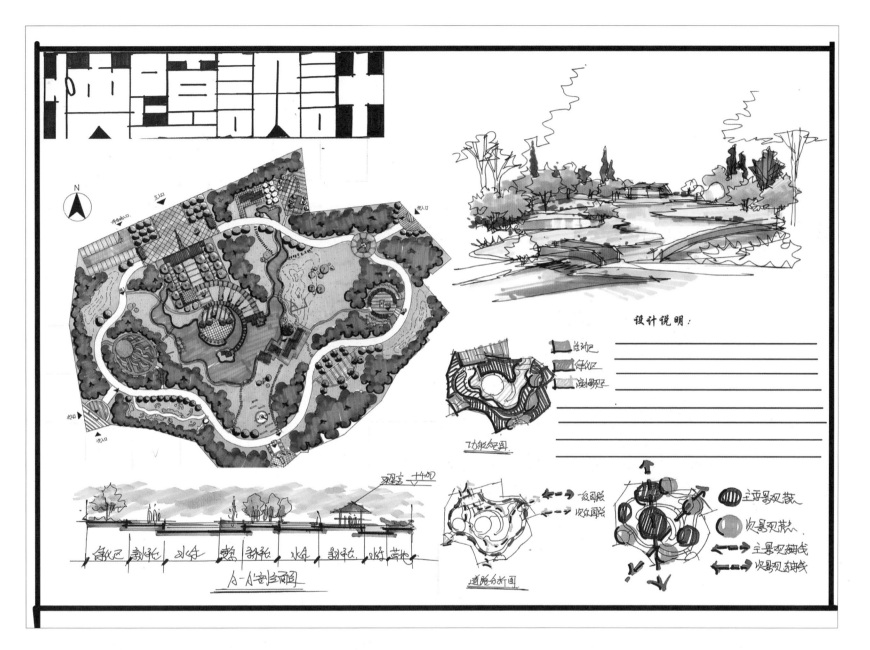

设计说明：

功能分析图

道路分析图

主要景观节点

次要景观节点

主景观轴线

次景观轴线

A-A剖立面图

**实例4-1**

作　　者　李 攀
学　　校　河南科技大学
作业时间　6小时
录取院校　华中科技大学
学习时间　绘世界暑期方案强化班

**设计评价**

　　此快题功能较合理，布局完善，较好地完成了题目的要求。空间布局很丰富，各类广场有机地结合在一起，体现了考生优良的空间组合能力，可以很好地满足居民的游乐观赏需求。很多细节设计有良好的人体工程学尺度。铺装面积过大，需减少一些广场的硬质铺装改为植草砖或草坪。

　　整体表现鲜明，色彩使用比较得当。对于公园式景观设计做了很好的诠释，环形的园路、全园构图稳定，从北部主入口进入后是一个集散广场，然后经过富于变化的树阵广场便进入了场地中心广场，中心广场临水、生态盎然。从场地西东南三部各有一个入口与外界交接。

**实例4-2**

作　　者　刘　璐
学　　校　华中农业大学
作业时间　6小时
录取院校　华中科技大学
学习课程　绘世界暑期方案强化班

**设计评价**

　　此方案充分考虑内外环境，功能合理，布局巧妙。轴线明确，路网清晰，主次分明。景观空间上组织有序，衔接巧妙。设计者对造景手法的运用也非常娴熟，对题目中建筑方面的要求处理的游刃有余，无论是建筑选址，周边景观，交通组织，都较好地与整体衔接为一体。自然式水景的设计较好地衔接了各个重要观景空间，交通与水体的衔接也处理得可圈可点，表现上色调统一，整体效果丰富。

**实例4-3**

作　者　熊天智
学　校　海南大学
作业时间　6小时
录取院校　华南理工大学
学习课程　绘世界暑期方案强化班

**设计评价**

　　此快题立意准确，功能合理，布局完善，很好地完成了题目的要求。路网体系完善，可以看出一级园路穿过了全园的大部分地区，路网密度适中，空间组织丰富，考生对公园设计的把握较好。树丛空间围合感较好。线条略显拘谨有待加强。水形略显呆板，宜将水系延长。主广场孤悬水中造价过高，宜加强与陆地的联系。线稿清晰，但色彩过于亮丽，有些影响整体画面设计，若整体颜色降低一个色调，作为考试试卷还算是不错的一套图。

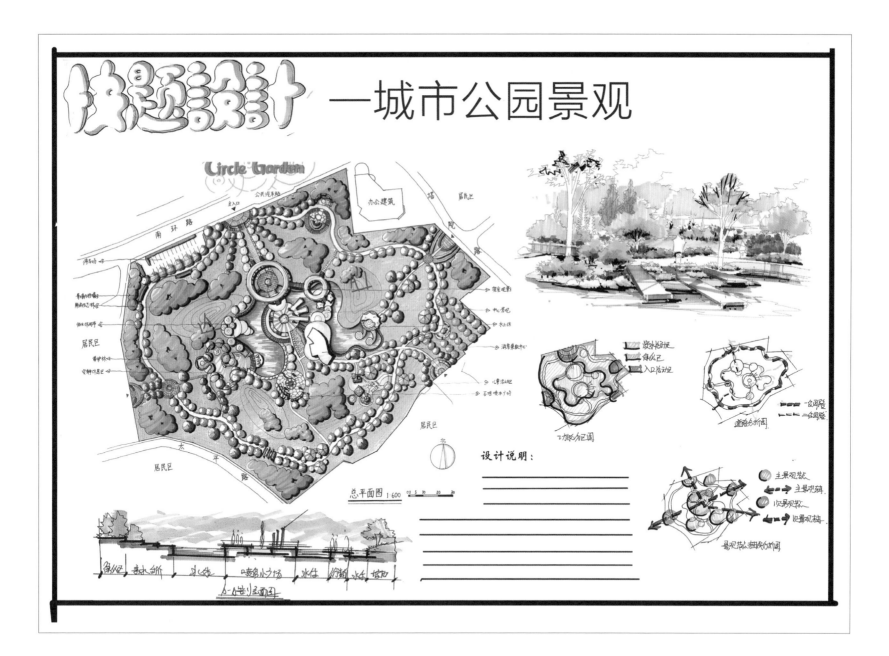

## 4.2.2 某滨水公园景观设计

### 一、场地概况

华北地区某城市市中心有一面积60万平方米的湖面，周围环以湖滨绿带，整个区域视线开阔，景观优美。近期拟对其湖滨公园的核心区进行改造规划，该区位于湖面的南部，范围如图，面积约6.8万平方米。核心区南临城市主干道，东西两侧与其他湖滨绿带相连，游人可沿道路进入，西南端接主入口，为现代建筑，不需改造。主入口西侧（在给定图纸外）与公交车站和公园停车场相邻，是游人主要来向。用地内部地形有一定变化，一条为湖体补水的引水渠自南部穿越，为湖体常年补水。渠北有两栋古建筑需要保留，区内道路损坏较严重，需重建，植物长势较差，不需保留。

### 二、设计要求

（1）核心区用地性质为公园用地，建设应符合现代城市建设和发展的要求，将其建设成为生态健全、景观优美、充满活力的户外公共活动空间，为满足该市居民日常休闲活动服务，该区域为开放式管理，不收门票。希望考生在充分分析现状特征的前提下，提出具有创造性的规划方案。

（2）区内休憩、服务、管理建筑和设施参考《公园设计规范》的要求设置。

区域内绿地面积应大于陆地面积的70%，园路及铺装场地的面积控制在陆地面积的8%～18%之间，管理建筑应小于总用地面积的15%，游览、休息、服务、公共建筑应小于总用地面积的5.5%。

除其他休息、服务建筑外，原来的两栋古建筑面积一栋为60m²，另一栋为20m²，希望考生将其扩建为一处总建筑面积（包括这两栋建筑）为300m²左右的茶室（包括景观建筑等辅助建筑面积，其中室内茶座面积不小于160m²）。

此项工作包括两部分内容：茶室建筑布局和为茶室创造特色环境，在总体规划图上完成。

（3）设计风格、形式不限。设计应考虑该区域在空间尺度、形态特征上与开阔湖面的关联，并具有一定特色。地形和水体均可根据需要决定是否改造，道路是否改线，无硬性要求。湖体常水位高程43.2m，现状驳岸高程43.7m，引水渠常水位高程46.4m，水位基本恒定，渠水可引用。

（4）为形成良好的植被景观，需要选择适应栽植地段立地条件的适生植物。要求完成整个区域的种植规划，并以文字在分析图上进行总概括说明（不需图示表示），不需列植物名录，规划总图只需反映植被类型（指乔木、灌木、草本、常绿或阔叶等）和种植类型。

### 三、图纸要求

考生提交的答卷为三张图纸，图幅均为A3，纸张类型、表现方式不限，满分150分，具体内容如下。

（1）核心区总体规划图：1∶1000（80分）。

（2）分析图（20分），考生应对规划设想、空间类型、景观特点和视线关系等内容，利用符号语言，结合文字说明、图示表现，分析图不限比例尺，图中无需具体形象。此图实为一张图示说明书，考生可不拘泥于上述具体要求，自行发挥，只要能表达设计特色即可。植被规划说明书应书写在图中。

（3）效果图两张（50分），请在一张A2图纸中完成，如为透视图，请标注视点位置及视线方向。

### 四、题目解读

（1）背景条件：场地位于华北地区，考虑到北方用水紧张，且绿地率要求较高（70%以上），场地内不宜做大面积水体，植物以北方植物为宜。

（2）面积：场地为不规则多边形，共计6.8hm²。

（3）地形：场地整体平坦，在场地西南部有一定面积的地形突出，高差为4m。考虑场地较大，设计时高差可忽略不计，但此处丘陵不宜推平，不宜设计车行道通过此处。另外两处小丘陵可忽略不计。

（4）周边环境：场地北部为城市湖泊，南部为城市主干道，东部与西部皆为滨水用地，设计时应充分利用场地东部、西部与西南部的入口作为公园入口并在场地内形成环路，场地西南部的公园出入口为公园主出入口。

（5）引水渠为湖体的供水渠道，可做引水渠道将渠水引入湖体，在公园内布置一定形状的水体并最终流入湖体。原渠道也应保留继续维持其供水的功能。

（6）滨水处宜做成一系列的滨水空间供游客使用需要，形成北部景观群。

（7）场地内建筑宜改造成位于水体旁的茶室，并位于主干道的旁边满足茶室的原材料进入需要。

（8）停车位宜布置在主入口附近，既可满足公园人流的需要，也可满足南部主干道的车流需要。

（9）公园宜为自然式布局。

（10）公园面积较大，场地内可考虑设置厕所等相关园务设施，位于较隐蔽的地段。

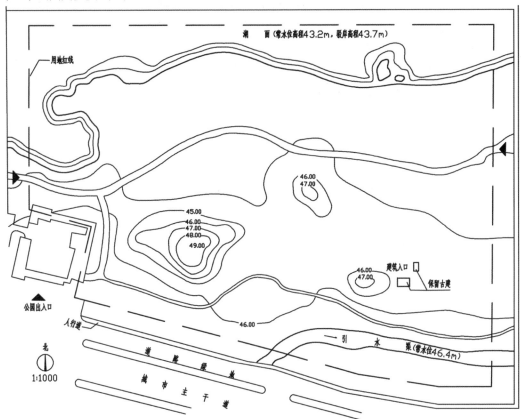

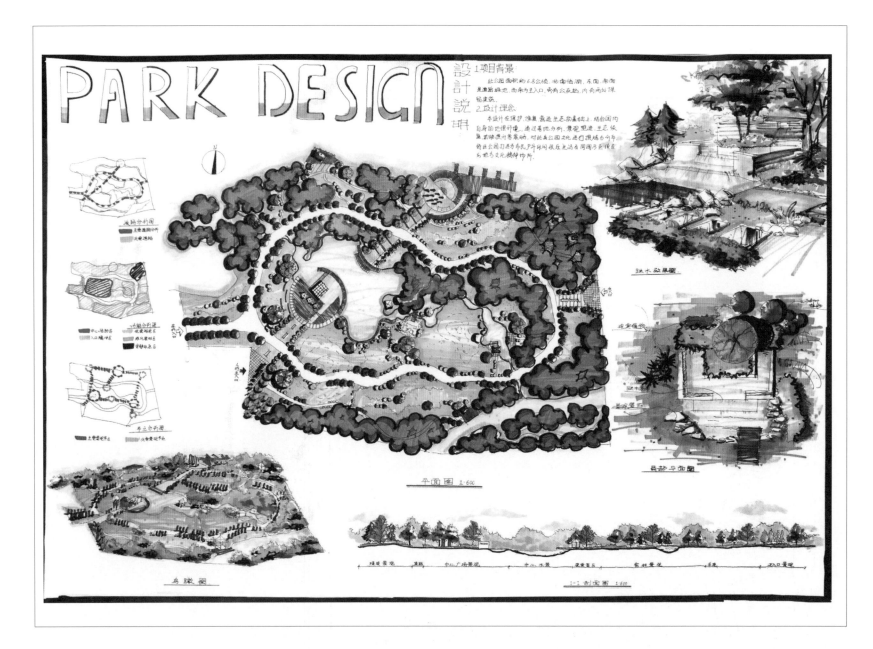

**实例4-4**

| | |
|---|---|
| 作　　者 | 刘　全 |
| 学　　校 | 湖北美术学院 |
| 作业时间 | 6小时 |
| 图纸尺寸 | 2号绘图纸 |
| 学习课程 | 绘世界暑期方案强化班 |

**设计评价**

　　公园面积约6.8hm²，北面临湖、东面、南面是道路绿地，西南为主入口，旁有公交站，内有两处保留建筑；平面构成能力极强，是一幅偏"解构主义"的公园设计作品，体现出考生极强的空间塑造能力，很有现代公园的风格特点。公园路网体系发达，人在其中可以非常便利地到达全园的各个地方。但同时也造成了水体面积略大、公园的功能性有待加强的缺点。平面图色彩干净利落。场地鸟瞰图气势恢宏，将场地大的关系淋漓尽致地表现出来。

总平图

比例尺 0 10 25 50

**实例4-5**

| | |
|---|---|
| 作　　者 | 徐贝蕾 |
| 学　　校 | 武汉工程大学 |
| 作业时间 | 6小时 |
| 图纸尺寸 | 2号绘图纸 |
| 学习课程 | 绘世界暑期方案强化班 |

**设计评价**

方案设计阶段考虑了视线分析，高程设计，空间细部设计内容较为丰富。如能梳理各空间的主次关系，并组织好各空间的衔接就更好。此案已经限定入口，首要解决入口集散及主要人流导向关系；场地内入口附近高地景观设计也应一并考虑。

造景时应充分考虑人流来向，考虑景观的主次关系，最佳观景位置等。如能组织好以上各部分关系，此案将更加完善。表现方面能够抓住主要颜色使色调统一。

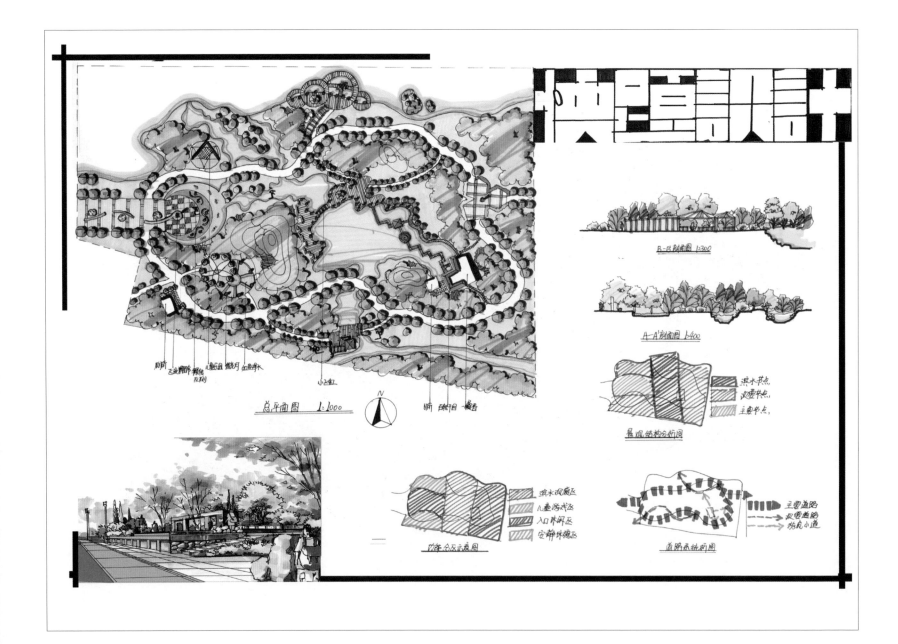

总平面图 1:1000

B-B 剖面图 1:300

A-A' 剖面图 1:400

景观结构分析图

功能分区及示意图

道路系统分析图

## 实例4-6

| 作　者 | 胡晓婧 |
| --- | --- |
| 学　校 | 泉州师范学院 |
| 作业时间 | 6小时 |
| 图纸尺寸 | 2号绘图纸 |
| 学习课程 | 绘世界暑期考研方案班 |

## 设计评价

　　此方案轴线明确，交通路网清晰，功能合理，定位清晰，景观设置上主次分明。从题目考点来说，入口外环境考虑欠缺，刻意设置的轴线空间有些僵硬。建筑扩建部分处理的较为仓促，尽量考虑人流来向的建筑立面效果。滨水空间的利用率以及交通组织可以再斟酌一下。

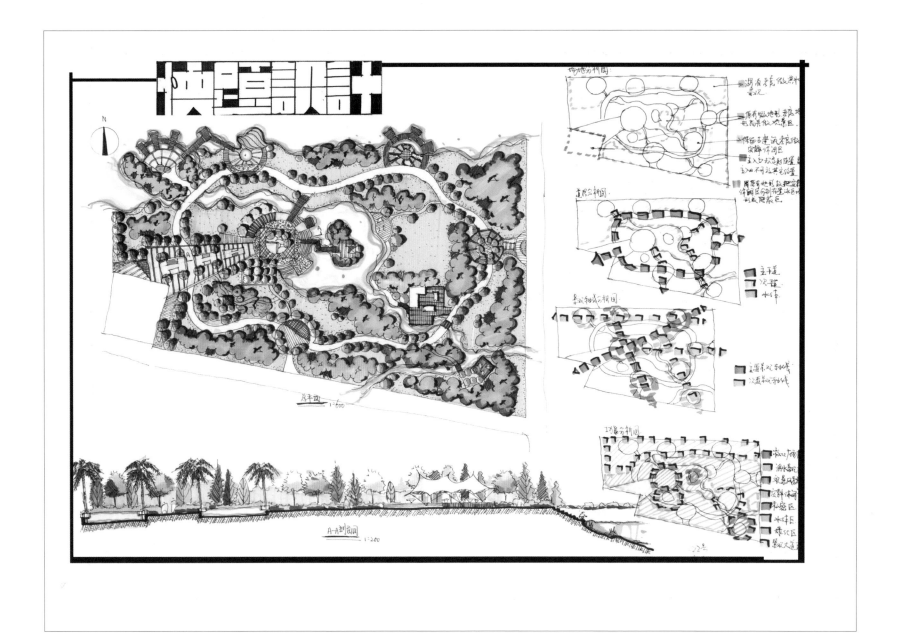

---

**实例4-7**

作　　者　赖小英
学　　校　漳州师范学院
作业时间　6小时
图纸尺寸　2号绘图纸
学习时间　绘世界暑期方案强化班

**设计评价**

　　此方案基本框架较好，基本能抓住考题重点。景观元素搭配较为丰富。可在空间设计上增加空间的层次；次要交通的引流可从多角度考虑一下。一般在自然式水体设计上，考虑整体开合有度后，应设置大面积开放水域作为水景观赏，从而打开视线，形成轴线节点空间上的多个景观视线。节点设计稍微显得粗糙了一些，多从形式、交通、空间、视线角度景观元素上下工夫。

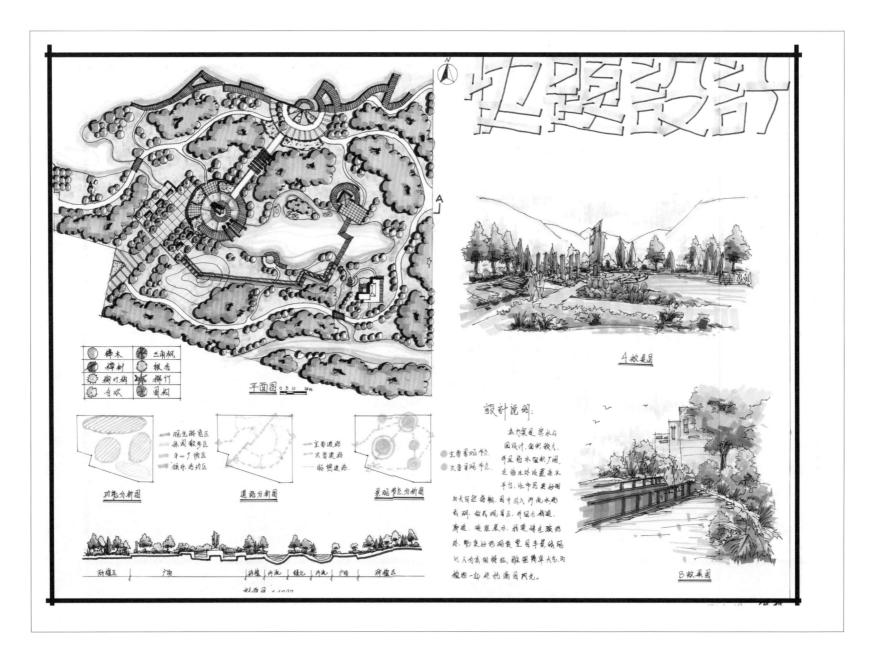

## 实例4-8

| | |
|---|---|
| 作 者 | 孙 桂 |
| 学 校 | 河北农业大学 |
| 作业时间 | 6小时 |
| 图纸尺寸 | 2号绘图纸 |
| 学习课程 | 绘世界寒假方案精品班 |

## 设计评价

此案脉络清晰，也抓住题目考点，图面整体感也较好。内部道路关系基本形成体系，滨水空间与内部的联系稍显欠缺。功能空间围合上有些散，滨水空间的层次也稍显苍白。水系与人的关系处理的较为普通，自然式水系的开合关系应与游人的活动产生紧密联系。

# 第五章　居住区绿地快题设计

## 5.1 知识储备

居住区在城市用地中一般占有40%~50%的用地面积，其绿地面积应占小区面积的30%以上。

（1）居住区绿地的定位

1）居住区绿地的作用

丰富生活，美化环境，改善小气候，保护环境卫生，避震保持坡地稳定。

2）居住区绿地在城市绿地框架中的内涵定义

广义上讲：住区用地范围内的公共绿地、住区内集中绿地、组团绿地、住宅旁绿地、供服务设施附属绿地、道路绿地等。

3）居住区规划结构布局及其绿地包括的内容

居住区由周边建筑、道路围合而成。建筑排列组合的方式、道路穿插的形态决定了居住区绿地的形状、规模及其附加资源条件（诸如架空城绿地、屋顶绿化、消防登高要求等）。

根据居住区规划的时态可概括为以下形式：

① 片块式布局；② 轴线式布局；③ 向心式布局；④ 围合布局；⑤ 集约式布局；⑥ 自由式布局。

4）居住区绿地的特点及其规划设计的原则

特点：

① 绿地分块特征突出，整体性不强；

② 分块绿地面积小，设计的创造性难度比较大；

③ 在建筑北面会产生大量的阴影区，影响植物的生长；

④ 绿地设计在安全防护方面（如防盗、亲水、无障碍设计）要求高；

⑤ 绿地兼容的功能多（如：交通、休闲、景观、生态、游戏、健身、消防等）；

⑥ 绿地中管线多，设计容易受制约；

⑦ 在大量的居住区中存在有"同质"空间；

⑧ 绿地和建筑的关联性强。

依据居住区绿地的规划设计特点，居住区绿地规划需遵循以下原则：

① 创造整体性的环境；

② 创造多元性的空间；

③ 创造有心理归属感的景观；

④ 创造以建筑为主体的环境；

⑤ 创造以自然生态为基调的生态环境；

⑥ 景观小品是居住区不可缺少的部分；

⑦ 景观环境设计要以空间塑造为核心；

⑧ 利用先进的设备改善绿地环境。

（2）居住区绿地规划设计的依据和方法

居住区绿地是居民日常生活的重要场所，在以整体性为原则。以空间塑造为核心的原则下，居住区绿地规划的平面布局就显得尤为重要。

1）住区规划设计的因素

① 影响绿地标准的因素：人体生理对环境绿地的需要；

② 改善自然生态环境的要求：以乔木为主题，构成乔、灌、草多层结构，形成功能多样性的植物群落；

③ 绿化和美化的要求：达到生态的科学性，布局上的艺术性，功能上的综合性，风格上的地方性。

2）居住区绿地规划的标准

居住区公共绿地的总指标应根据居住人口规模分别达到：组团0.5m²/人，小区1m²/人，居住区1.5m²/人；其他带状、块状公共绿地宽度不小于8m，面积不小于400m²；绿地率新区不低于30%，旧区不低于25%。

3）住区内的居民活动及其行为空间

① 功能性行为：人们在居住过程中必然和必须产生的行为，是以安全、有效、舒适为前提，包括交通、停车、消防、卫生。

② 休闲性行为：人在居住过程中充分享受环境和景观，释放自我的心理，不带明确的行为目的，主要满足居民的精神需求，包括观赏、休憩、运动、健身。

③ 交往性行为：交往和交际，包括闲谈、游玩、娱乐。

4）住宅类型绝对绿地设计的方式

① 不同类型的住宅和绿地的关系

a. 低层住宅：绿化面积大，私人院落在大面积的集中绿地外只有一些道路绿化和宅前绿化，组团绿化面积少，居民通过会所方式进行社交、健身、体育。

b. 多层住宅：绿化面积大，集中的绿化和组团的绿地中需要满足老人和少年儿童的活动设施。

c. 中高层住宅：要求集中绿地，对于宅前绿地则受到建筑高度阴影的影响可使用面积少。

d. 综合居住区：各种类型绿地都需要。

② 居住区绿地规划的风格特征

a. 自由式；b. 自然式；c. 主题式；d. 现代式；e. 情景式。

（3）居住区各区段的绿地规划

1）集中绿地

与总居民人数相适应。功能与城市公园并不完全相同，它是城发市绿地系统中最基本、最活跃的部分，是城市绿化空间的延续，同时又是最接近居民的生活环境：①构建居民户外生活空间，满足各种休息生活需要。②创造景观环境满足住区居民的心理需求。

按小区人口1万人计算，集中绿地面积至少在10000m²，服务半径300~500m，步行约2~3分钟可到达，服务对象是老年和青年人。

设施布置考虑功能分区：动静结合。

游戏场地设施：室内、室外。

① 集中绿地设计要点：a. 配合总体；b. 位置适当；c. 规模合理；d. 布局紧凑；e. 利用地形；f. 完善道路。

② 集中绿地设计的方法及特点：

a. 游园到小区各个方向的服务距离均匀，方便使用；

b. 居于小区中心的小游园较安静，受小区外界交通、人流影响小，使居民增强领域和安全感；

c. 小区中心的绿化空间于四周的建筑群产生明显的虚实对比、软硬对比，使小区空间有密有疏，富有层次感；

d. 游园位于社区几何中心，公园绿色空间的生态等各种效益可供居民充分享有。

③ 集中绿地布置形式：a. 自然式；规则式；b. 自然式；c. 规则式。

2）组团绿地

① 特点

a. 用地少、投资少、见效快、易于建设，一般用地规模0.1~0.2hm²，布局设施简单；

b. 服务半径小、使用率高，约在80~120m；

c. 利用植物材料既能改善组团的通风、关照条件，又能丰富组团艺术面貌，并能在地震时起到疏散居民和搭建临时建筑等抗震救灾作用。

② 设计要点

a. 满足居民交往和户外活动需要；

b. 利用植物种植围合空间；

c. 有不少于1/3的绿地面积在标准的建筑日照影印线范围外。

③ 布置类型

a. 周边式住宅中间；

b. 行列式住宅山墙之间；

c. 扩大住宅间的间距；

d. 住宅组团的一角；

e. 临街组团绿地。

④ 布置形式：安静休闲部分、游戏活动部分、生活杂务部分。

3）宅房绿地

① 空间构成：a. 近宅空间；b. 庭院空间；c. 余留空间。

② 特点：a. 多功能；b. 不同的领域；c. 季相特点；d. 多元空间特点；e. 制约形式。

③ 设计要点

a. 面积最大，分布最广，使用最高，对住宅环境和城市景观影响明显；

b. 结合住宅类型及平面特点，建筑组合形式、宅前道路区分公共和私人领域；

c. 体现住宅标准化和环境多样化的统一；

d. 树木栽植与建筑物、构筑物距离符合规范。

④ 单位专用绿地：公共建筑和公共设施内的专用绿地、医疗机构绿地。

⑤ 道路绿地：

第一级：居住区主要道路，在道路交叉口及拐弯处的树木不应影响行驶车辆的视距，行道树要考虑行人的遮阴和不妨碍车辆交通；

第二级：居住区次级道路；

第三级：居住小区内主要道路；

第四级：住宅小路。

## 5.2 居住区景观案例解析

5.2.1

# 居住小区环境设计

### 一、场地概况

华东地区某市为改善市民居住条件，新建了一处欧陆风格的居住小区。淡茶红色的墙面，白色塑钢窗框，浅绿色的玻璃。每户100~140m²，户型安排合理，房间均向阳。该小区北临城市干道，西邻城市次干道。小区由前后两排楼房组成，前排由3栋12层与绿地2层的裙楼组成，后排由3栋12层与2层的裙楼组成。其他地下为车库，一二层系公建、综合性商场、超级市场、连锁店等，小区实施封闭式管理。主入口设于东侧，紧邻居民委员会文化活动中心。次入口在南侧，为门廊式入口，主要作为消防通道，平时关闭。小区主要居住人群为一般工薪层，文化程度较高。

### 二、设计要求

（1）创造优质环境，既要满足户外休闲活动要求，又要体现其自身特色，不与一般小区绿化雷同；

（2）结合地形和建筑群的风格，承中国造园理念，创现代居住环境新形式；

（3）环境绿化率应在50%以上，植物材料宜采用当地能露地生长的本地气候带常用树种为主，不追求奇花异卉。

### 三、图纸要求

（1）总平面图1：500（要标出植被类型）；

（2）竖向设计图1：500；

（3）总体设计中重要局部，如主要景点、主入口等，面积2000m²左右，做技术设计图，图为1：100（应包含种植施工设计）；

（4）效果图若干。

### 四、题目解读

（1）背景条件：场地为华东地区，故小区内景观风格应考虑采用较为现代的风格以及采用长江中下游地区的植物。

（2）面积：场地为小区内两栋楼间，东西长约143m，南北间距约50m，场地总面积约0.92万平方米。

（3）地形：场地为小区内绿地，整体地势平坦。南高北低，最高处与最低处高程相差约1m，考虑场地较大，高差可忽略不计。

（4）周边环境：场地南部为12层中高层与2层中高层裙房结合，北部为12层中高层与两层裙房结合。中心场地呈围合状态。南部建筑有3个出入口与场地有交通联系，北部有2个出入口与场地有交通联系。场地东部紧邻居委会文化活动中心，场地东部人数较多，可考虑做一个小型广场。场地西部为主入口进入小区，南部有门廊式入口进入整个场地，要考虑消防通道的设置，考虑到小区的封闭性管理，场地西部不再设出入口与外部产生交通联系。场地西北部有一地下车库，故本场地不考虑通私家车的需要，也不再设地上停车场。

（5）内部环境：场地西部地下设有消防水池，其上部不宜设大型铺装或开发强度较高的设施防止地下消防系统损坏，同时应考虑消防车道可较便捷地取水用水。

（6）场地内景观建筑以及景观小品应采用粉色的形式以及

浅绿色的玻璃。这两类色调应贯穿全园与小区形成一个统一的风格。

（7）小区居民文化水平较高，可考虑建一些高雅的景观小品以满足居民日常文化生活需要。同时题目要求既要体现自身特色，又要承接中国造园理念，故布局可采用较为灵活的形式，同时景观要体现小区主题，例如江南水乡、文人园林等主题。

（8）场地内道路应满足进入各栋建筑的道路需求，不一定形成环路。

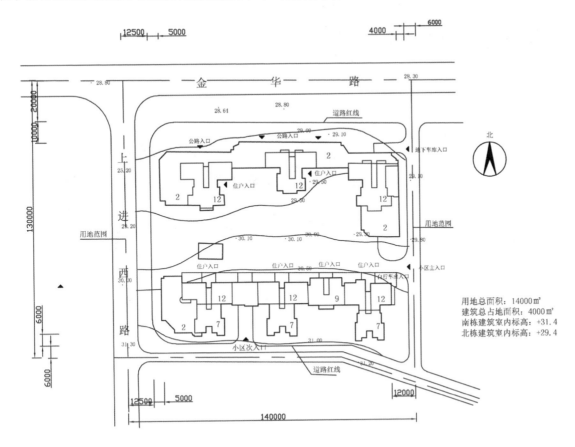

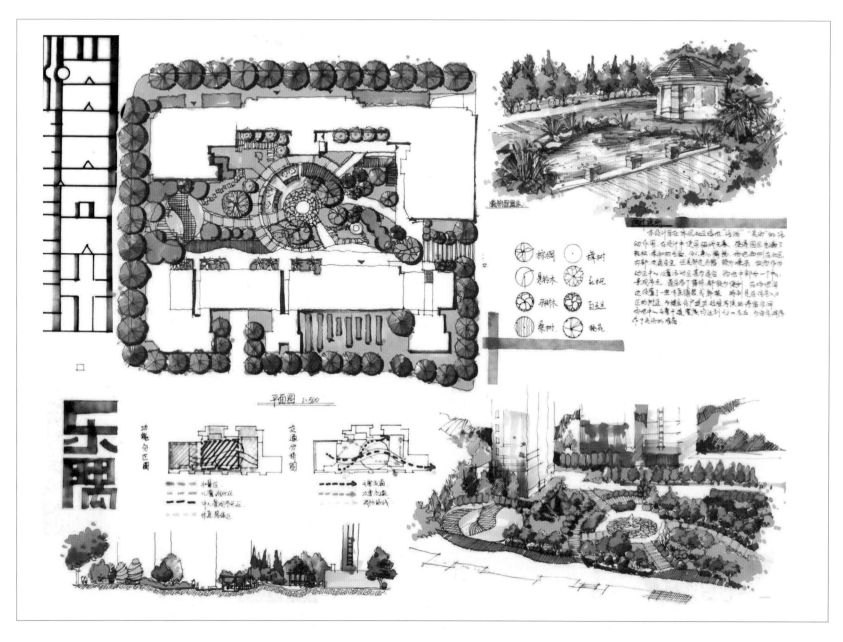

### 实例5-1

**作　　者**　李翱倍
**学　　校**　华中农业大学
**作业时间**　6小时
**图纸尺寸**　2号绘图纸
**学习课程**　绘世界暑期方案强化班

### 设计评价

　　在设计中使用弧线元素，使用园区充满了轻松、柔和的气氛，令人身心愉悦。场地西侧临近马路，较为嘈杂，故而作为社区中心儿童活动区甚为合适，场地中部为一个中心景观节点，通往各个楼栋都较为便利，在场地周边设置了一些木质铺装或廊架，特别是在住宅入口区的附近，为楼层住户提供短暂等候的停留空间。场地中心主要干道宽度均达到3.6m左右，为安全消防做了充分的准备，从主入口进入一个较复杂的中心广场，其层次丰富。是一处理想的休憩宅间绿地。存在的问题有入口处有一棵树挡着影响整个交通，进入广场的交通也略显不畅。

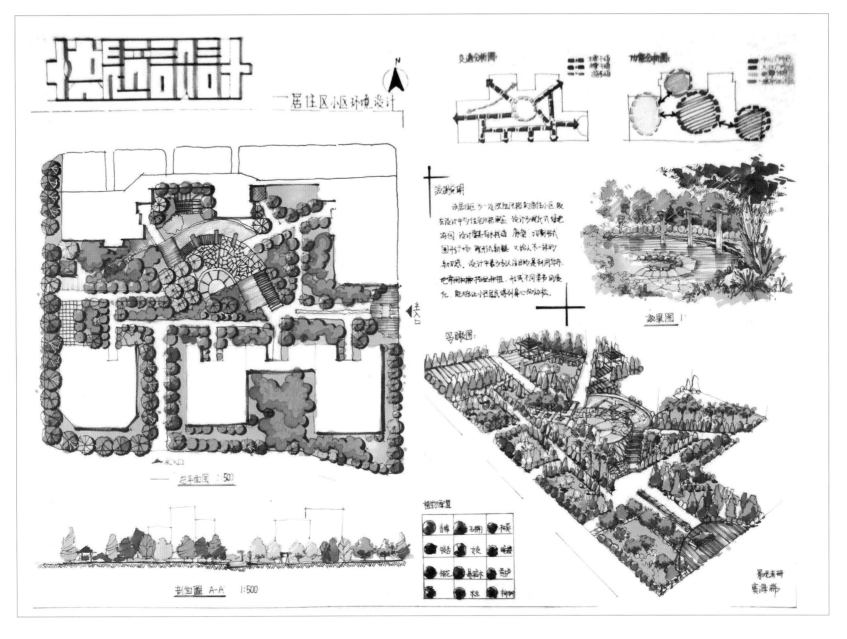

**实例5-2**

| | |
|---|---|
| 作　　者 | 窦海瑞 |
| 学　　校 | 华中农业大学 |
| 作业时间 | 6小时 |
| 图纸尺寸 | 2号绘图纸 |
| 学习课程 | 绘世界暑期方案强化班 |

**设计评价**

　　该居住区为一处欧陆风格的居住小区，故在设计中与住宅风格相呼应。设计为现代式绿地游园，设计要素有木栈道、廊架、切割形式圆形广场，即形式新颖，又给人不一样的亲切感。设计中最引人注目的是利用华东地区常用树种搭配种植，形成不同的季节变化，能够让小区居民得到身心的放松。平面构成能力较强，能够在如此紧凑的场地内做出相对面积较大的广场以及线条感较强的支路实属不易。这个设计既可以保证居民在楼中间充足的集散空间，也保证了一定面积的休憩空间。不足之处是主广场以及各个次广场刻画较单一，仍需加强细节的刻画。

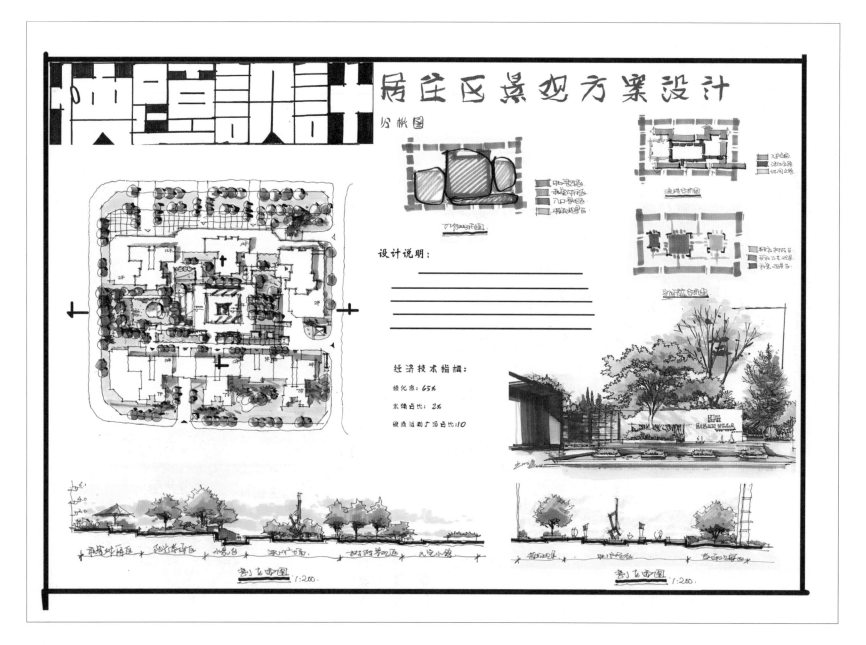

**实例5-3**

| | |
|---|---|
| **作　者** | 鲁甜 |
| **学　校** | 华中农业大学 |
| **作业时间** | 2小时 |
| **录取院校** | 同济大学 |
| **学习课程** | 绘世界寒暑假方案连报 |

**设计评价**

　　此案梳理内部交通入户功能后，最大限度使用了场地营造居住区景观。核心活动区的景观搭配也较为协调，场地利用率极高。充分考虑到居住区与外环境的隔离，保障了居民活动的私密性。围绕居民日常活动设置各活动场地，主次分明，空间层次丰富。节点设置上，考虑到入口景观，主体景观的引导性景观，衬托关系较好。各功能区景观主次关系也较好。

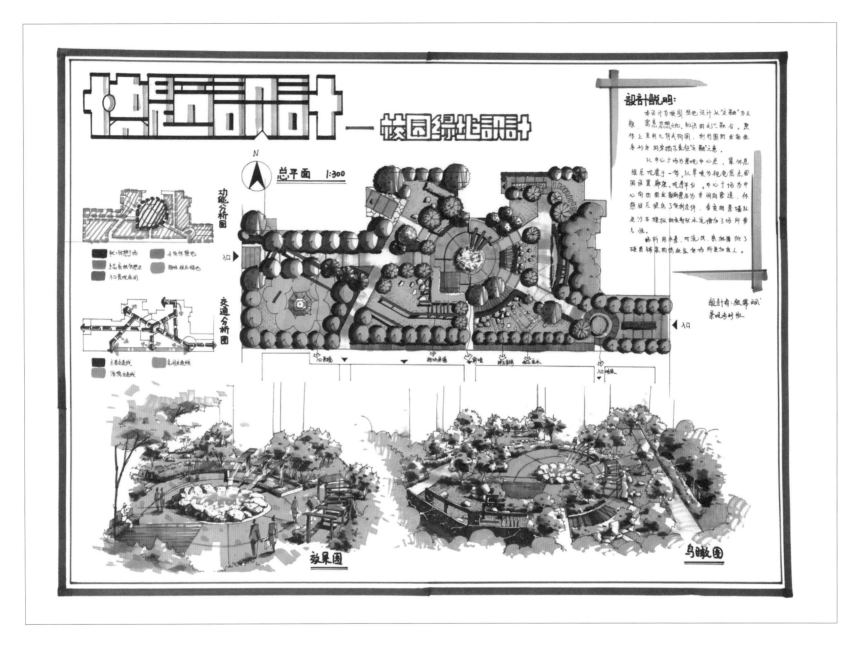

**实例5-4**

作　者　张常斌
学　校　海南大学
作业时间　6小时
图纸尺寸　2号绘图纸
学习课程　绘世界暑期方案强化班

**设计评价**

　　本设计为小区绿地设计，以"交融"为主题，寓意思想、文化、知识的交汇融合。整体上采用几何式构图，利用圆的发散性各形体的穿插来象征"交融"之意。以中心广场为景观中心点，集休息娱乐观赏于一体，以旱喷为视觉焦点，周围设置廊架、观景平台。中心广场为中心向四周发散的景石为空间的营造，休憩娱乐提供了便利条件，多变的景墙以及砂石模拟的放射性水流增加了场所的参与性。场所用水景，对流风、密林降低了硬质铺装的热效应使场所更加宜人。

# 居住小区中心绿地详细规划

## 一、场地概况

武汉某居住小区占地约20hm²。根据小区规划,其中心偏南位置为小区中心绿地,面积1.07hm²。

绿地四周道路均为步行系统,并与小区南北两主要入口及东西两侧宅间路相连通。南侧主入口为台地广场,有三条步行道可达中心绿地。小区北入口与南入口轴线相对,为车行与步行混合入口,至小区道路后以步行系统方式与中心绿地相连接。另小区内其他组团绿地中已安排标准篮球场,此中心绿地不再考虑此项设施。中心绿地北侧为小高层(11层),15、16栋底层架空后为公共活动空间。其他建筑均为多层(5~6层)。

## 二、设计要求

小区开发理念为:深深根植于对人类居住行为的理解。应在充分理解开发理念、具体分析现代居住行为对户外活动场地的需求后,以适宜的尺度,艺术性的表达各类活动场地及景观要素。具体要求如下:

(1)景观游泳池一处,水域面积800~1000m²,非规则岸线,并能满足儿童与成人戏水要求。游泳池周边需布置更衣间与存衣间100m²,冲凉间50m²,以及一定量的其他休息场地和设施。游泳池采取封闭管理方式,其出入口不宜朝向周边道路,并应利用造园要素达到围合游泳区的目的。其他要求参照国家相关规范。

(2)设能容纳50人左右的社区居民集体活动场地一处,供社区小型文艺晚会、老年人跳舞、集体晨练等社区居民活动之用。注意与周边景观协调。

(3)集中或分散布置儿童活动设施。必须布置的设施有:组合滑梯1组,秋千2组,跷跷板2组,沙坑1处。其他儿童活动设施自定,但必须自选2类以上进行布置。布置时应考虑儿童心理需求,在满足运动尺寸的条件下尽可能地节约用地。结合儿童活动场地,还需布置儿童看护人的休息区。

(4)需布置景观水体,其水深应满足《公园设计规范》要求,在图中应注明水深等参数。地下水为其水源,并应注明井位位置。景观水体面积不得大于总用地面积的12%。

(5)以中心绿地周边道路设计标高为参照,进行场地地形改造,以缓坡地形为宜,满足总体景观要求,其土方量的80%应来源于本场地,并进行土方平衡的粗略估算。

(6)植物种植设计应注意层次、季相变化与群体效果,还应满足活动场地与景观空间组织的需要,不宜布置规则式模纹。其绿化面积不应小于70%(树种选择以本人当地植被为基础)。

(7)根据中心绿地总体布局及景观要求,灵活布置其他适合小区的景观设施、休息设施及场地。

(8)园路应顺势通畅,并能方便小区居民多方位使用。主要园路及主要场地应满足无障碍设计规范要求。

## 三、图纸要求

(1)中心绿地修建性详细规划总图(1:300);

(2)中心绿地植物种植设计图(结合总图完成1:300);

(3)重要景点效果图(2处),一处为社区居民集体活动场地,另一处为自选重要景点;

(4)挖方、填方区域与量示意图(1:1000);

(5)不少于500字的设计说明。

注:①A1图幅,非铅笔线条、不透明方式绘制,其他表达方式不限。

②总图中应明确标注各类场地及设施名称,场地及主要园路

交叉点和重要变坡点的标高：游泳池和景观水体的水位与池底标高。

③所配置的植物以列表图例方式注明。

④土方平衡及主要经济技术指标用图表方式表达。

**四、题目解读**

（1）面积与大小：场地为小区入口广场，面积为1.07hm²。

（2）地形：场地整体地势平坦。最高处与最低处高程相差约0.2m，高差较小设计时可忽略不计。

（3）四周环境：场地东西两侧各为三排多层，南侧为小区临街多层并有2层的裙房建筑，北部为高层建筑。场地南部为台地广场，较场地高一些，有步行道与场地相连，场地南部入口应与台地广场相衔接。北侧中心为一小型游园。可考虑建一南北向的轴线南抵台地广场，北至小游园总贯全园。同时北部2栋高层底层为公共活动中心，人流量较大，场地北部入口面积应较大。故场地周边为环形步行道且略低于场地内部高程，其中东部与西部各有2个出入口与场地相对，故场地内可考虑相对处做相应的出入口。因均为步行道，故场地不考虑通车。

（4）背景条件：场地为武汉地区，故园内的植被宜使用亚热带植物，符合荆楚地区的文化需求。

（5）场地为居住小区中心绿地，故开敞现代的风格较为适宜，不宜做成中国古典园林的风格或者公园。

（6）同时本设计为详细规划，因此要求本设计要达到修建性详细规划的深度，具体体现在场地内要做无障碍设计，同时要场地内各节点与变坡点要有相应的标高。

（7）景观游泳池面积宜为1500m²，宜做成不规则形式，如下图所示。成人与儿童游泳池应有一定的水中台阶进行隔离，儿童游泳区宜临近游泳池出入口位置。游泳池建筑宜布置在临近出入口位置，同时与游泳池有一定的距离带，铺装宜采用色彩感较强明度较高的形式，不宜采用木质建筑。同时游泳池周边应有一定宽度的环形路，游泳池旁应布置一定数量的躺椅作为休憩设施。游泳池宜用一定宽度的绿篱进行隔离。布置在场地西北部较好，因场地面积较合适，太阳西晒较弱。

（8）题目要求建一个可容纳50人的集散广场，以每人占地5m²的指标计算，共需250m²，面积较小，故可跟场地主入口广场或中心广场结合设置，无需单独设置。可预留一定面积的场地

为小型文艺晚会使用，舞台采用可拆卸性的装置，舞台可结合地形做到前低后高。

（9）儿童活动区宜集中布置，并且与主广场结合或者位置较近为宜，儿童看护区不宜过远。采用活泼鲜艳不太硬质的铺装为宜，同时不宜配置色彩暗淡，有刺有毒的植物，例如夹竹桃、月季等。

（10）景观水体宜布置规则性水体，硬底人工水体的近岸2.0m范围内的水深，不得大于0.7m，达不到此要求的应设护栏。无护栏的园桥、汀步附近2.0m范围以内的水深不得大于0.5m。水井宜布置在场地较高的北部，并用一定面积的植被进行遮挡。

（11）场地内缓坡地形不宜过高。1m高差有半遮挡的作用，1.8m高差即有全部遮挡的作用。每0.3m一根等高线为宜。土方应做到平衡，缓坡地形面积与水体面积大体相当。

（12）综上所述，场地设计成南北成轴，主入口广场偏北为宜。

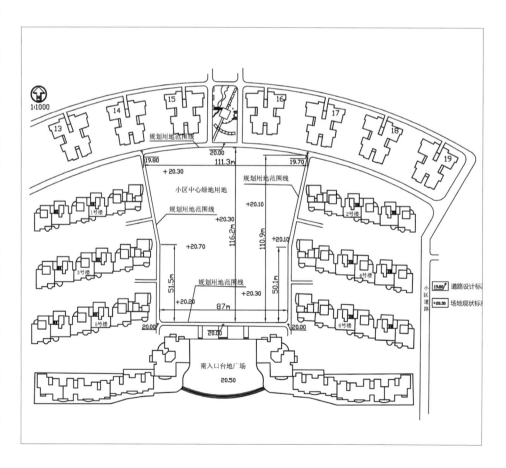

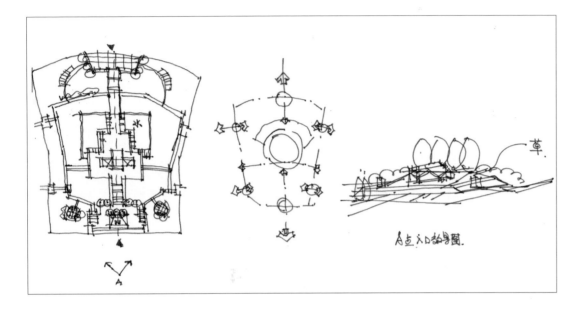

**实例5-5**

作　　者　　陈　志
单　　位　　绘世界考研研究中心
作业时间　　15分钟
图　　纸　　硫酸纸
示范时间　　绘世界课堂演示

　　此方案结构图稳定且脉络清晰，采用对称式多条轴线结构，轴线上空间处理的较为灵活。南北轴线节奏把控较好，轴线场地有较强的秩序感。

　　在此景观设计中合理将整体轴线与局部轴线组合应用，不仅能够提高园林景观的美感，同时还能够形成严密的轴线系统，对整个园林景观设计具有强大的控制力及约束力。垂直相交的轴线形成的十字轴线因其自身的垂直特征所固有的强化作用，比其他相交轴更具有秩序感。

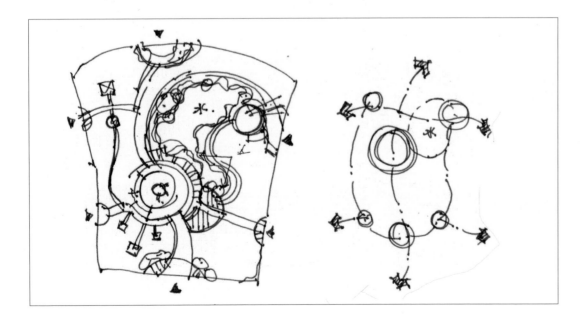

**实例5-6**

作　　者　　陈　志
学　　校　　绘世界考研研究中心
作业时间　　15分钟
图　　纸　　硫酸纸
示范时间　　绘世界课堂演示

　　此方案结构图较为均衡，节奏感好。采用多条实轴虚轴结合，轴线上空间处理的较为灵活。轴线场地及景观有较强的形式感。

　　轴线的虚实关系处理较好，时隐时现的轴线可在虚实变化当中充分展现出一种乱中有序的美。达到园林景观在初见时，会带给人一种凌乱、无序感，但当人们深入其中时却会发现，其整体是紧密且有序的。

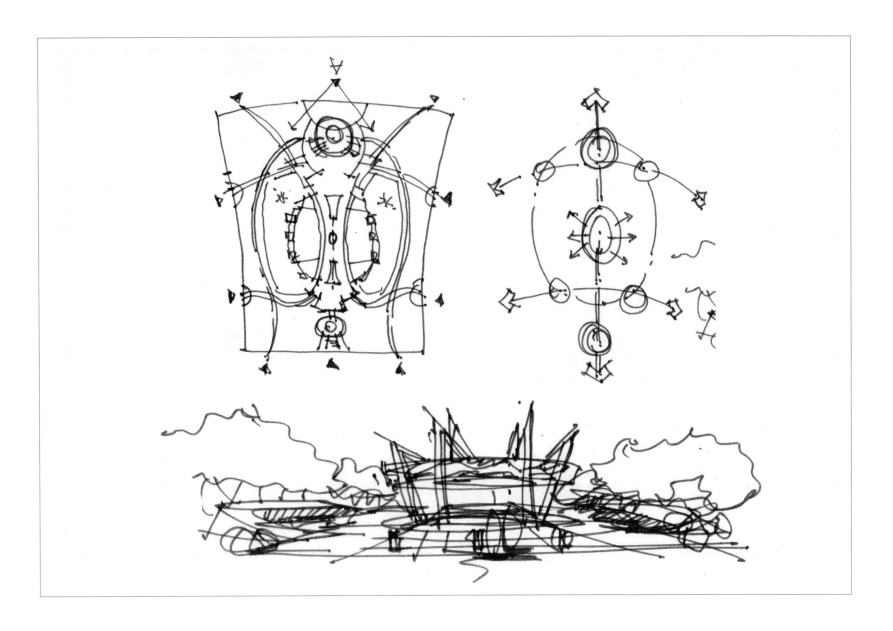

**实例5-7**

| | |
|---|---|
| **作　者** | 陈　志 |
| **学　校** | 绘世界考研研究中心 |
| **作业时间** | 15分钟 |
| **图　纸** | 硫酸纸 |
| **示范时间** | 绘世界课堂演示 |

**设计评价**

　　此结构图脉络清晰，主轴对称，次要轴线与主轴衔接有序，形成稳固的景观结构。南北轴线形式感强，空间开合有度，衔接巧妙。效果图造型突出，简练概括。通过快速草图演示引导大家如何快速方案设计，学员可借鉴老师的景观结构，结合自己对功能空间的理解，多借鉴老师设计的形式感，以及能够很清晰地表达自己想法的节点与透视效果图，详细设计自己的方案，从而提高设计能力。

**实例5-8**

| | |
|---|---|
| 作　　者 | 熊天智 |
| 学　　校 | 海南大学 |
| 作业时间 | 6小时 |
| 录取院校 | 华南理工大学 |
| 学习课程 | 绘世界暑期方案强化班 |

**设计评价**

在功能分区上，其中心轴线上不设停留处，而在四周通过次级道路引向二级景点及相应的休闲娱乐设施。功能上完全满足居民的需求。道路系统有主轴主路、次级道路分别联通各景点以及面向周边交通路线的次路口。

本设计来源于"蝶舞"，整体几何布置呈现入蝶舞一般的形态，设计理论主要是以人为本，充分考虑居民的需求，并均做无障碍处理各级道路。细节刻画得体，是一幅优秀的快题设计作品。图面中曲线与直线的默契结合有一定的构成美感，但场地设计中由于缺少比较直接的东西向的路而联系欠佳，宜适当考虑便捷的交通。

# 第六章 校园绿地快题设计

## 6.1 知识储备

校园环境形象不同于其他文化性、商业性环境，它承载着人文历史的传承，是学生接受知识的场所，典雅、庄重、朴素、自然应该是其本质特征。不同功能区域的环境可以通过不同的设计手法来处理，诠释对校园精神的理解，从而反映校园的多元性、自由性，兼容并蓄，记载不同时期校园发展的历程。校园景观规划更注重内外部空间的交融，强调空间的交往性。校园不仅是传授知识、技能的教育场所，也是陶冶性情全面发展的生活环境。校园通过环境的景观化处理使校园在满足感官愉悦的同时，可为校内师生提供娱乐、交流、休闲的场所，达到舒缓压力、疏松心理的作用，具有人文韵味的景观还寓教于乐，这是校园的一种文化潜力，亦即校园的"场所精神"。

（1）设计理念

1）功能分区：功能分区使各功能区域之间相互交融、渗透，就必须运用"以人为本"的理念。

2）校园特色：在规划中传承大学文化、地域特色塑造反映各自学校人文精神和特色的校园环境。

3）生态环境：校园规划设计中应结合自然和充分利用自然条件，保护和构建校园的生态系统。

4）可持续发展：校园规划应充分考虑到未来的发展，使规划结构多样、协调、富有弹性，适应未来变化，满足可持续发展。在校园整体设计中还应：

① 建筑单体之间应相互协调、相互对话和有机关联，以形成道路立面和外部空间的整体连续性；

② 从校园整体风格出发，建筑物或景观应该具有有机秩序并成为系统整体中的一个单元；

③ 外部空间和建筑空间的设计是不可分的，是校园建设发展中的一项重要工作。

（2）设计层次

1）宏观层次——以整体空间环境营造为对象，设计师要以整体用地空间环境营造为设计对象和最终目标。

2）中观层次——优化群体建筑外部空间，在校园整体设计中，应使群体建筑外部空间与其周边达到整体性的效果。

3）微观层次——重构灰空间和构筑空间，"灰空间"一方面指色彩，另一方面指介于室内外的过度空间，它的存在却在一定程度上抹去了建筑内外部的界限，使两者成为一个有机整体。

（3）设计原则

1）体现校园文化：思索问题、修身养性；

2）具有启发和引导作用；

3）体现开放与自由的精神，便于交流；

4）景观和自然景观相结合。

## 6.2校园广场案例解析

### 6.2.1 校园体育馆周边景观设计

#### 一、场地概况

某院校的体育馆周边景观区（见附图阴影部分），结合所学的专业知识及基地使用特色，对其进行景观设计。

#### 二、题目要求

（1）设计出景观总平面图（彩色平面图）。

（2）对体现运动文化的主题、铺装、植物配置的设想，用透视图或侧面的形式表现都可。

（3）在总平面设计的基础上，分析出景观节点的相互关系，并注意停车位的设计及与规划道路之间的关系。

（4）一或二处主要景点的透视效果图。

#### 三、其他要求

用时：3小时

专业：风景园林

注：所有内容一律需在1~2张二号图纸上完成，工具不限。

#### 四、题目解读

（1）背景条件：此场地位于院校体育馆前面，被中间的道路分为了两个小地块，两块地块北部与体育馆相接，地块面积较小。

（2）面积：此地块被分为一大一小的两个矩形地块，面积较小，共计约0.3hm²。

（3）地形：场地平整，没有高低落差。

（4）周边环境：场地位于校园中心，南边为校园主干道，人流、车流较多，宜设置园区主出入口，从两个场地之间可以直接进入体育馆内，应该呼应园内道路交通和体育馆的出入口的相互联系。场地的左右两侧可设置多个次出入口。

（5）场地为校园小绿地，不用设置厕所等相关园务设施。

（6）园内不宜设置停车场等设施，主要用于学生教师等人通行以及游玩为主要目的。

（7）体育馆前面的场地，应该以硬铺为主，加以适当的植物作为铺垫。

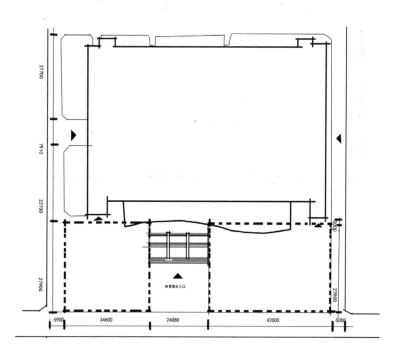

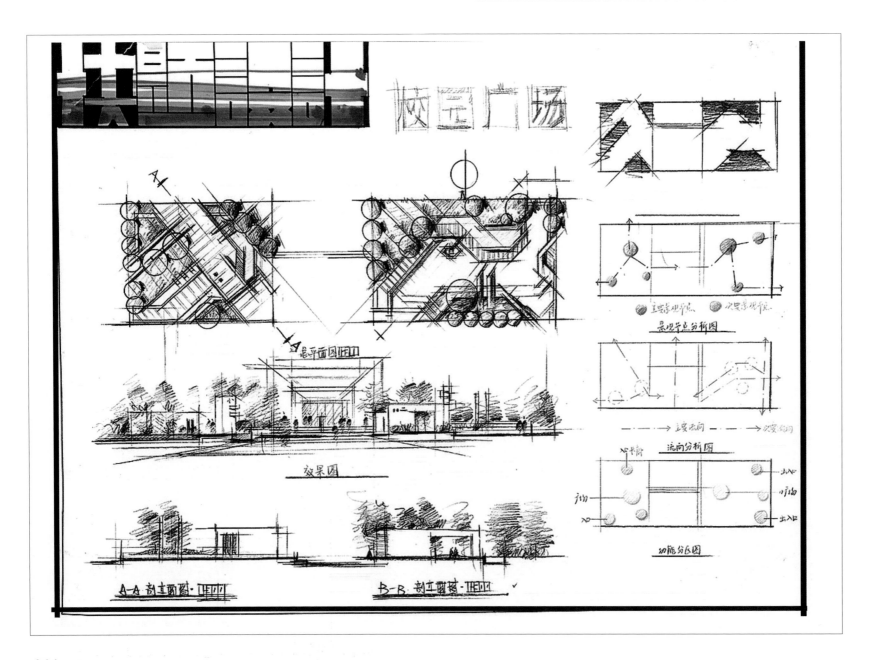

## 实例6-1

| | |
|---|---|
| 作　者 | 陈志 |
| 单　位 | 绘世界考研研究中心 |
| 作业时间 | 3小时 |
| 图纸尺寸 | 2号绘图纸 |
| 示范时间 | 景观建筑考研课堂演示 |

## 设计评价

　　本案结合运动主题，采用折线形式合理组织人群与建筑的关系，形式感强。在景观设置上结合主题、环境以及人的活动路线。设计场地尺度虽小，通过空间的有机结合，达到以小见大的效果。

　　大型公共建筑外部空间对人流疏散要求较高，此案充分考虑到这一点。景观的立面设计空间层次分明，节奏感较好，配景与主景观的衬托关系也是亮点之一。

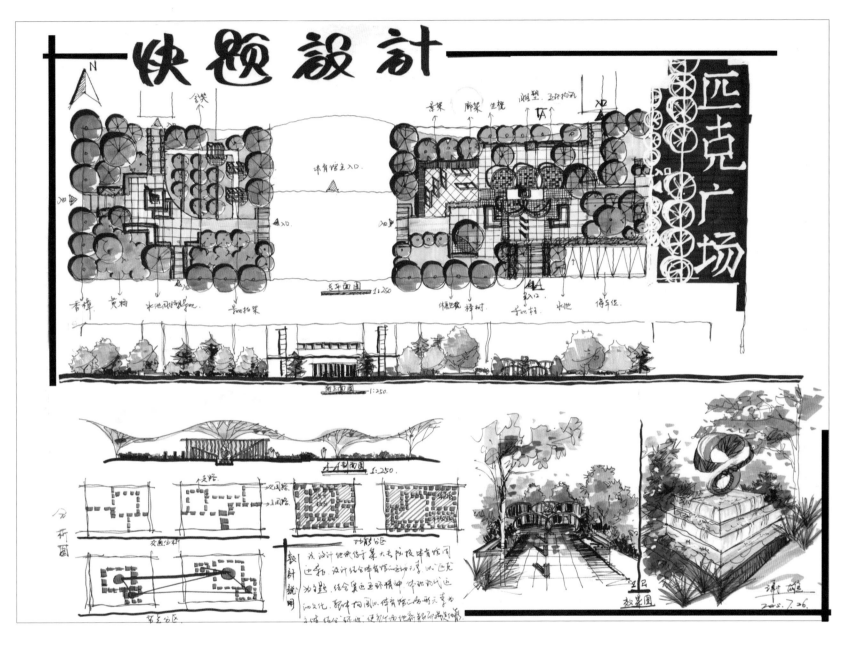

**实例6-2**

作　　者　谢 雄
学　　校　湖北工程学院
作业时间　3小时
录取院校　华中科技大学
学习课程　绘世界暑期方案强化班

**设计评价**

　　此案轴线清晰，也抓住题目考点，图面整体感也较好。内部道路关系合理有序。各空间围合较好，细部设计充分考虑半开敞空间对整体空间层次的影响，从而营造出丰富的空间层次。主要人群活动路线与功能空间的景点设置考虑较全面，主景点的设置与配景及背景的衬托关系也体现出来了。

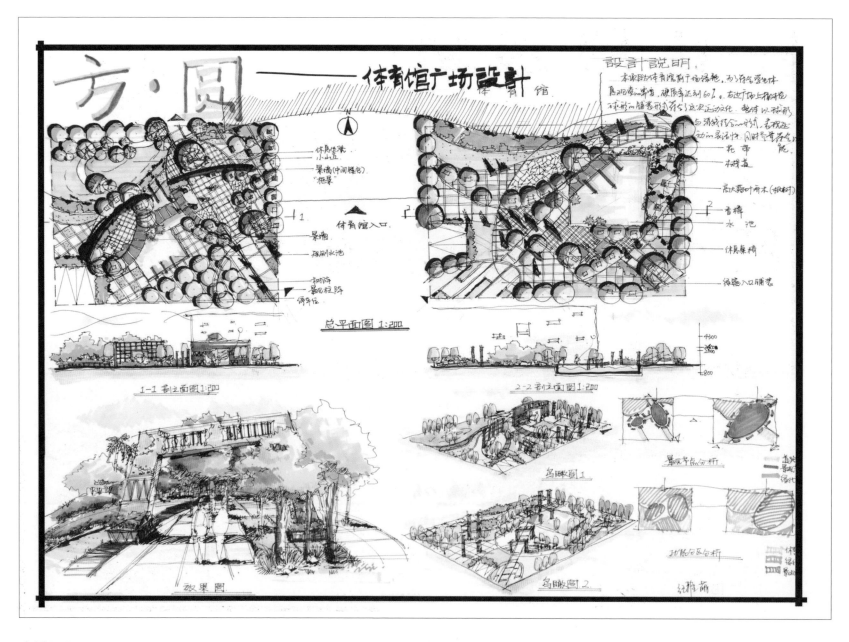

## 实例6-3

**作　　者** 纪雅萌
**学　　校** 湖北美术学院
**作业时间** 3小时
**录取院校** 武汉理工大学
**学习课程** 绘世界暑期方案强化班

## 设计评价

　　此案轴线明确，中心活动区景观元素丰富。从宏观上来看，绿地率稍显欠缺，活动场地空间稍显大，景观元素设置虽与主题契合度不高，整体移步换景考虑的比较充分。植物景观的尺度把握欠缺。各主要功能区的过于开放显的有些主次不明，空间尺度与原来场地比较显的稍大。入口景观设置的思维明确，景观形式、尺度、空间的层次稍显仓促。园林建筑与主要活动空间一般是面向关系或远离主要活动场地，形成独立交通系统，此案可考虑远离中心活动区，减小对主要活动的影响。

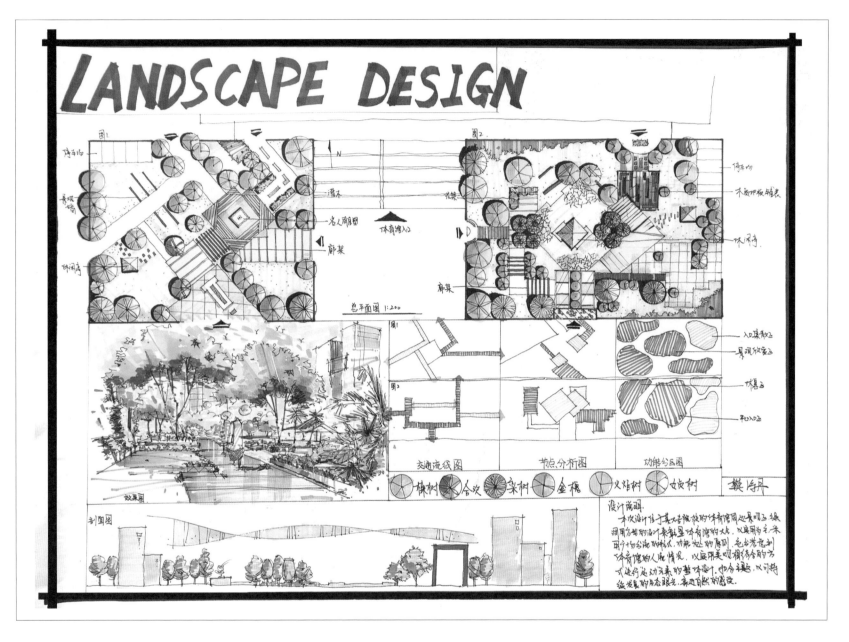

**实例6-4**

作　　者　樊诗丹
学　　校　武汉工程科技学院
作业时间　3小时
图纸尺寸　2号绘图纸
学习课程　绘世界暑期方案强化班

**设计评价**

此案梳理内部交通功能后，如能在交通主次、便捷等多下工夫，景观结构将更严谨有说服力。核心活动区的景观搭配稍显欠缺，道路尺度大及道路密度高使得场地使用率过高。节点设置上，景观元素丰富，组织的也不错，各空间景观主次关系以及空间的围合如果能处理的合理效果将会更好。此案主节点上的交通不宜过多，并应区分主次。交通过多会妨碍场地的利用。

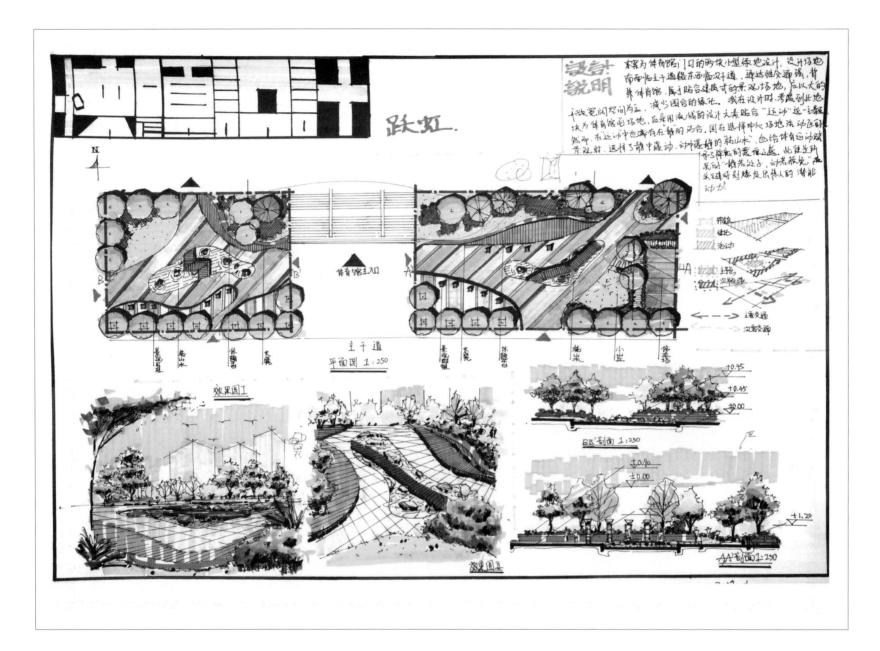

**实例6-5**

| | |
|---|---|
| 作　　者 | 张逸夫 |
| 学　　校 | 湖北美术学院 |
| 作业时间 | 3小时 |
| 报考院校 | 南京林业大学 |
| 学习课程 | 绘世界暑期方案强化班 |

**设计评价**

　　此方案轴线明确，交通路网清晰，功能较合理，定位清晰，景观设置上主次分明。场地设计入口景观较弱，刻意设置的轴线空间与景观的衔接性如果处理的更契合，使景观突出轴线，效果就更好。主景点的设置应考虑配景及背景的衬托关系。

　　景观元素较为丰富，立面设计空间的纵向层次也较为合适，空间的开合节奏也处理的较好。整体图面内容丰富，整体效果突出。

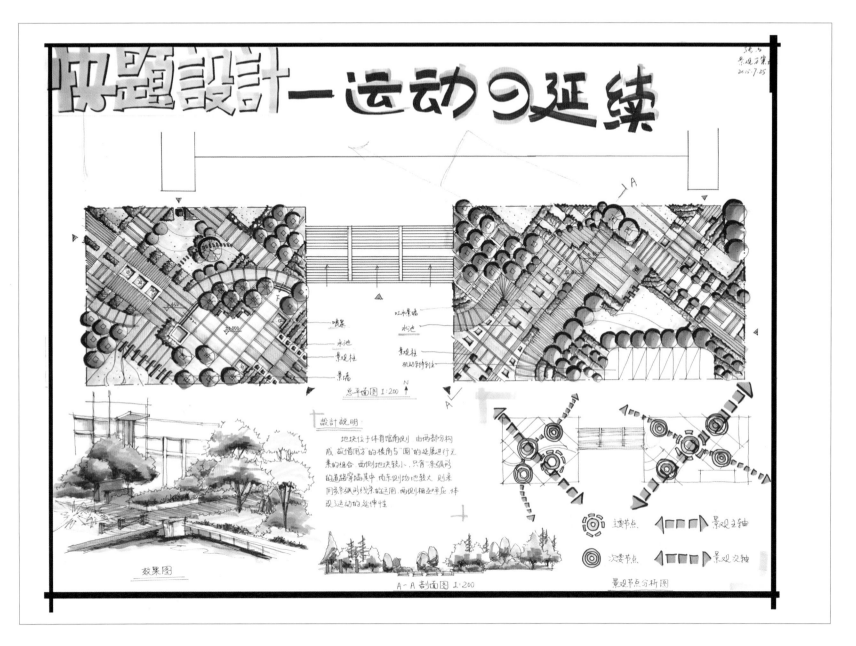

**实例6-6**

作　者　张 芳
学　校　泉州师范学院
作业时间　3小时
图纸尺寸　2号绘图纸
学习课程　绘世界暑期方案强化班

**设计评价**

　　方案设计阶段考虑了轴线关系、视线分析，高程设计。空间细部设计内容较为丰富。如能梳理各空间的主次关系，并组织好各空间的衔接就更好。此案主入口设置上不是太好，首要集散位置与外环境的关系欠缺逻辑关系，导致有些过于形式化。造景时应充分考虑人流来向，考虑景观的主次关系，最佳观景位置等。如能组织好以上各部分关系，此案将更加完善，景观设置上应主次分明。入口空间考虑欠缺，刻意设置的轴线空间有些僵硬。尽量考虑轴线空间主次人流的引导。

6.2.2

# 某高校校园公共空间景观设计

## 一、场地概况

某学校校园公共空间设计。设计场地如下图所给平面图，图中标注尺寸单位为米，现在建筑为一层，朝南和朝西均为门窗，建筑面积98m²，房屋建筑良好，可以利用。场地中有一棵生长数十年的高大乔木，生长良好，树型优美。场地地势平坦，土壤中性，土质良好。

## 二、设计要求

请根据所给设计场地的环境位置和面积规模，完成方案设计任务。具体内容要求包括：场地分析、平面布局、主景设计、竖向设计、种植设计、铺地羽小品设计以及简要的设计说明（文字表述内容包括场地假设所在的城市或地区名称、总体构思、空间功能、景观特色、主要材料应用等）。设计场地所处的城市或地区大环境由考生自定（假设）。场地中高大乔木如果加以利用，则由考生自己标注适合的树名。设计表现方法不限。

## 三、图纸要求

（1）图纸规格：请使用A2绘图纸。

（2）图纸内容：平面图、主要立面与剖面图、整体鸟瞰图或局部主要景观空间透视效果图（不少于3个）。

## 四、题目解读

（1）背景条件：此场地北侧是图书馆，西侧为教学楼，东侧为3栋教工宿舍，南侧为主干道和学校大门。场地中有一颗数十年的高大乔木，乔木东北方向有一栋单层建筑，房屋建筑良好，可以利用，宜保留建筑与树木。

（2）面积：场地为矩形，面积为1.14hm²。

（3）地形：地形平整，没有高低落差。

（4）周边环境：场地位于校园主出入口处，北接图书馆，南接校园大门，西接教学楼，人流均较多，都可以设置主出入口。东接教工宿舍，应该设置多出入口，方便学生与教师通行穿越场地。

（5）场地中不宜设置停车场等其他设施。

（6）要充分利场地中的建筑与树木。数十年高大乔木可单独设计一个观景平台。单层建筑面积为98m²，可以学生活动中心或者英语角。

（7）以武汉为例，植物种植以华中地区植物为宜。

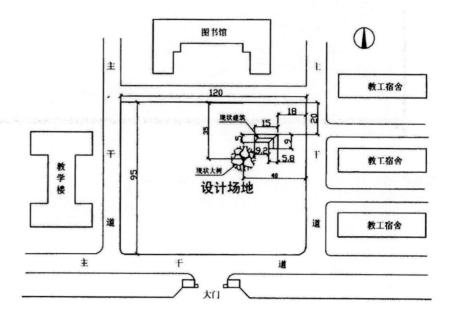

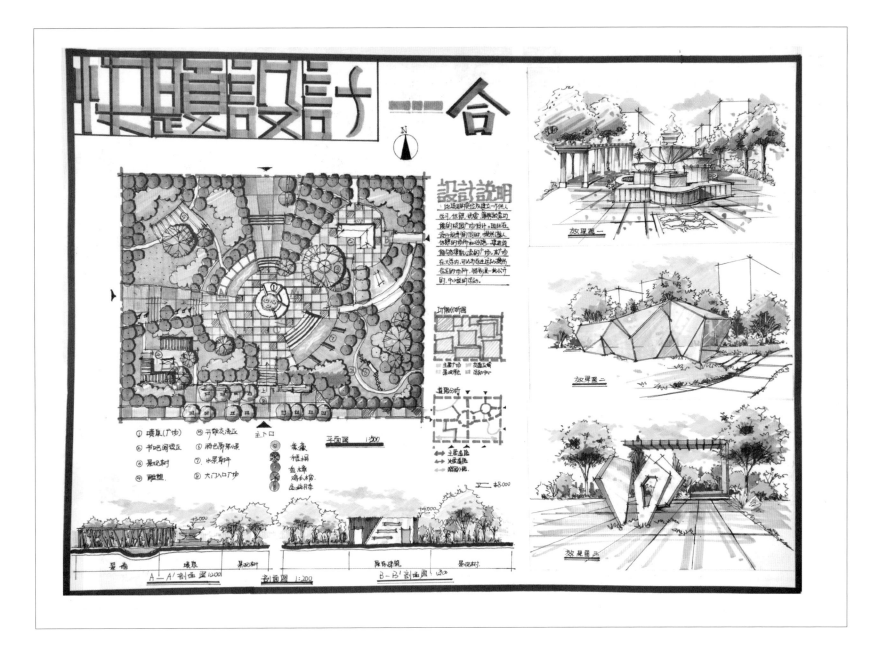

**实例6-7**

| | |
|---|---|
| 作　　者 | 樊诗丹 |
| 学　　校 | 武汉工程科技学院 |
| 作业时间 | 6小时 |
| 图纸尺寸 | 2号绘图纸 |
| 学习课程 | 绘世界暑期方案强化班 |

**设计评价**

此案在设计上轴线明确，中心活动区的景观元素和形式比较丰富。东西向的交通联系可更紧密一些。功能划分有些冗繁，过多私密空间的设置与主题有些不符。植物景观的尺度较好，区分了各植物造景的主次衔接关系。

入口景观设置的思维明确，景观形式、尺度、空间的层次稍显单一。保留建筑的周边场地设计比较薄弱，硬质的形状、位置与建筑的关系都有待详细考虑。

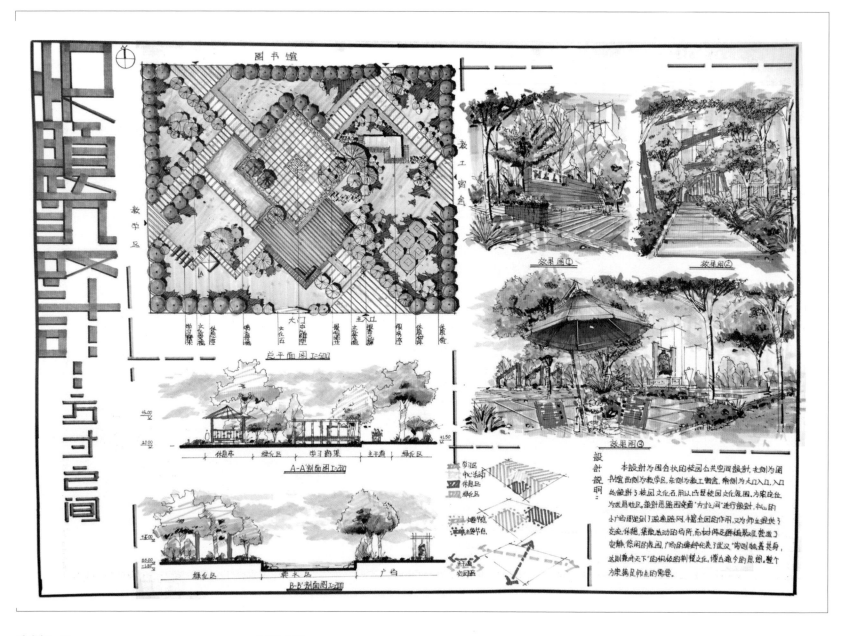

**实例6-8**

作　　者　张逸夫
学　　校　湖北美术学院
作业时间　6小时
报考院校　南京林业大学
学习课程　绘世界暑期方案强化班

## 设计评价

设此快题图面完整，表达内容较为丰富。校园规划中图书馆常作为校园轴线上的建筑，体现校园人文气息。此方案未结合此环境进行设计，有忽略场地外环境之嫌。但从内部景观设计来说，结构尚可，局部与保留建筑的关系处理的较平庸。核心空间细部设计也有待加强。场地内入口景观设计比较平庸。造景时应充分考虑人流来向，景观的多元化转换。如能组织好以上各部分关系，此案将更加完善。

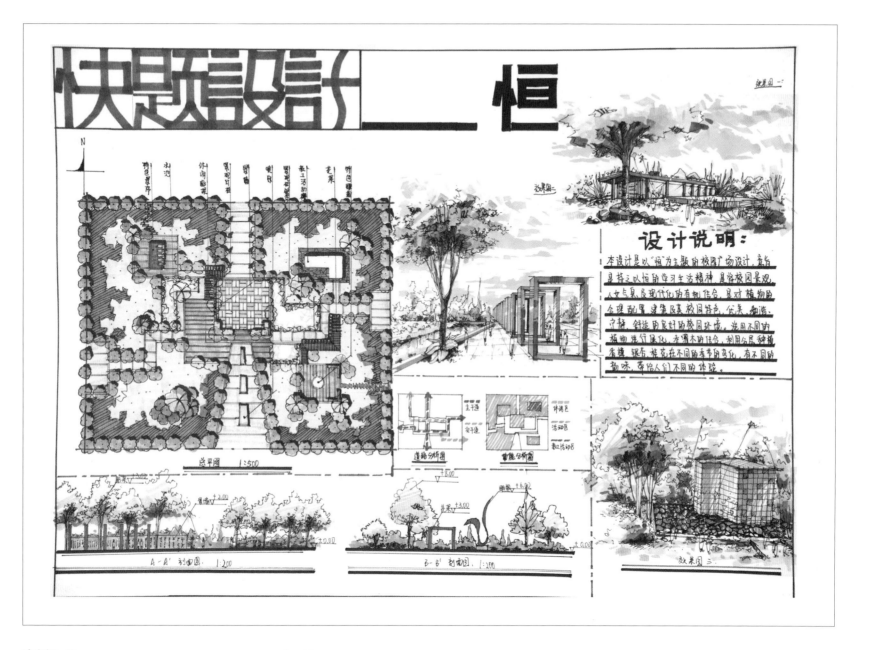

**实例6-9**

作　　者　樊诗丹
学　　校　武汉工程科技学院
作业时间　6小时
图纸尺寸　2号绘图纸
学习课程　绘世界暑期方案强化班

**设计评价**

　　此方案充分考虑内外环境，轴线清晰。路网清晰，主次分明。景观空间上组织有序，衔接合理。设计者对景观元素及造景手法的运用稍显不足，几何水景的设计与核心场地关系比较牵强，小空间的处理虽然比较普通，较好的衔接了各个空间及内外关系。景观空间的设计与校园主题契合度不高，轴线景观稍显简单。丰富轴线空间的交通路线、高程设计、空间景观等一直是景观轴线设计的重点技巧。表达上颜色统一，能够清晰表达自己设计方案。

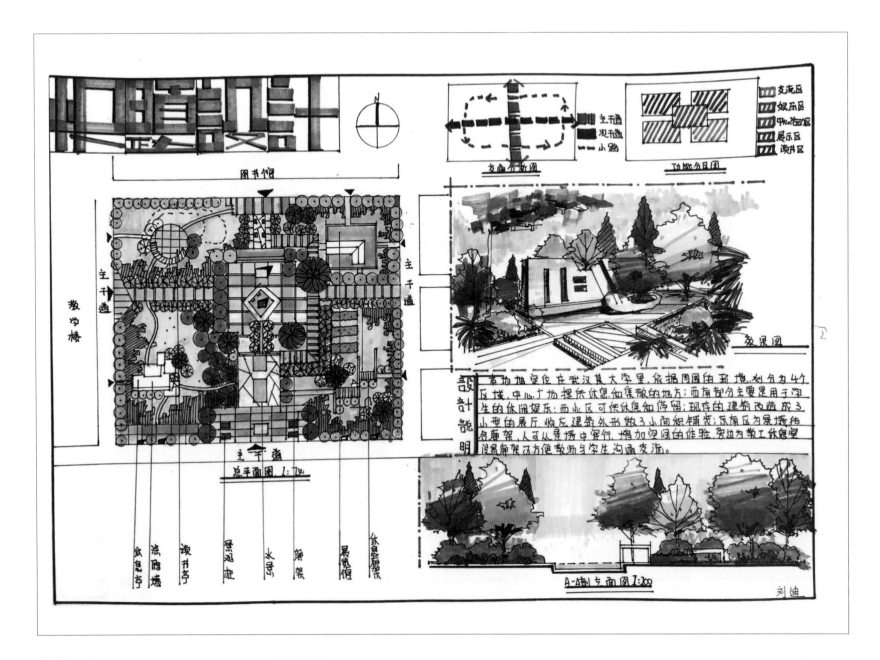

**实例6-10**

作　　者　刘　迪
学　　校　兰州交通大学
作业时间　6小时
录取院校　河北工业大学
学习课程　绘世界暑期方案强化班

**设计评价**

　　此方案设计阶段考虑了轴线空间设计，景观形式设计及景观元素设计等。场地东面两个出入口太近，考虑合二为一，对应两股交通的主次以及形式都可以详细推敲。空间细部设计内容较为丰富。如能梳理各空间的主次关系，并组织好各空间的衔接就更好。保留建筑与周边联系可加强。造景时应充分考虑人流来向，考虑景观的主次关系，最佳观景位置等，避免景观设置过于均质单一。如能通过对人的行为活动分析组织好各部分关系，此案将更加完善。整体快题表达内容较为丰富，剖立面的空间表达及垂直设计比较欠缺。

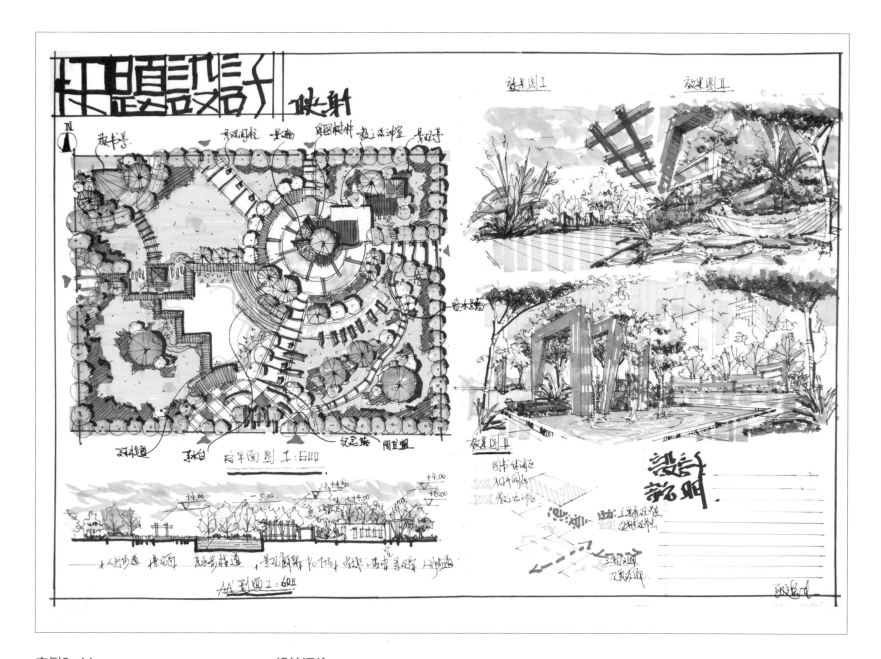

**实例6-11**

作　　者　张逸夫
学　　校　湖北美术学院
作业时间　6小时
图纸尺寸　2号绘图纸
学习课程　绘世界暑期方案强化班

**设计评价**

　　此方案轴线明确，交通路网清晰，功能合理，定位清晰，景观设置上主次分明。从题目考点来说，主入口的开放性外环境考虑欠缺，景观轴线空间设计空间层次丰富。建筑考虑人流来向的建筑立面效果。滨水空间的交通组织可以再斟酌一下。主节点分流的交通过多，图书馆与主节点的关系较弱，有待加强。图面表达上下笔轻松干脆，整体内容较为丰富。

6.2.3

# 某高校校园河道绿地景观设计

### 一、场地概况

中国华北地区某高校校园有一块2hm²左右的空地，现需要根据学校的发展进行规划。校园西临城市干道，校园内部分区明确，绿地西北部为校园主入口，北部为主楼，主楼与空地之间有一条6m的主路，南侧为两栋学生公寓，其东侧为其他教学楼区。空地中有一条5m宽的河道（如图）。

### 二、设计要求

校园建筑均为现代风格，随着校园的发展，用地日益紧张，户外环境的改造和重建成为校园建设的重要问题，当前校园户外环境建设需解决三方面问题：校园环境需与现代建筑和谐统一，使之形成统一的整体。校园景观环境需有特色，需反映高校的文化氛围，也要提供良好户外休闲活动与学习交流空间。设置足够的停留场地，妥善处理好其功能与交通问题。河道可根据设计意图进行改造，其宽不可少与5m。场地大致尺度为长180m，宽120m。

### 三、图纸要求

平面图1张，比例1：600。

分析图若干张。

### 四、题目解读

（1）地块为位于华北地区高校校园中，地块被河流一分为三，河流的宽度为5m。地块的西侧是城市主干道，北侧是学校主楼，南侧为学生公寓，东侧为教学楼区域。

（2）面积：地块呈梯形，被河流分为了三块小地形。场地面积为2hm²。

（3）地形：地形平整，没有落差。

（4）周边环境：此地块的西北方是西校门，北侧为主教学楼，南侧是学生公寓，宜在地块南北两侧设置主出入口，方便学生快速穿越地块。地块靠近西校门处，宜设置一个次入口对园区内人员进行分流。地块内现有河道，可以结合河道设置亲水景观。

（5）场地中不宜设置停车场等其他设施。

（6）场地位于华北地区，植物以华北地区植物为宜。

（7）校园中建筑风格都为现代风格，地块景观设计应该与建筑风格相符合，满足建筑风格的同时，还要满足学生的学习交流空间。

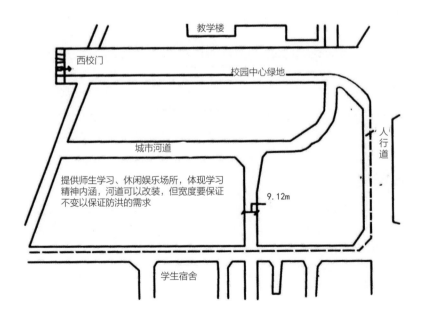

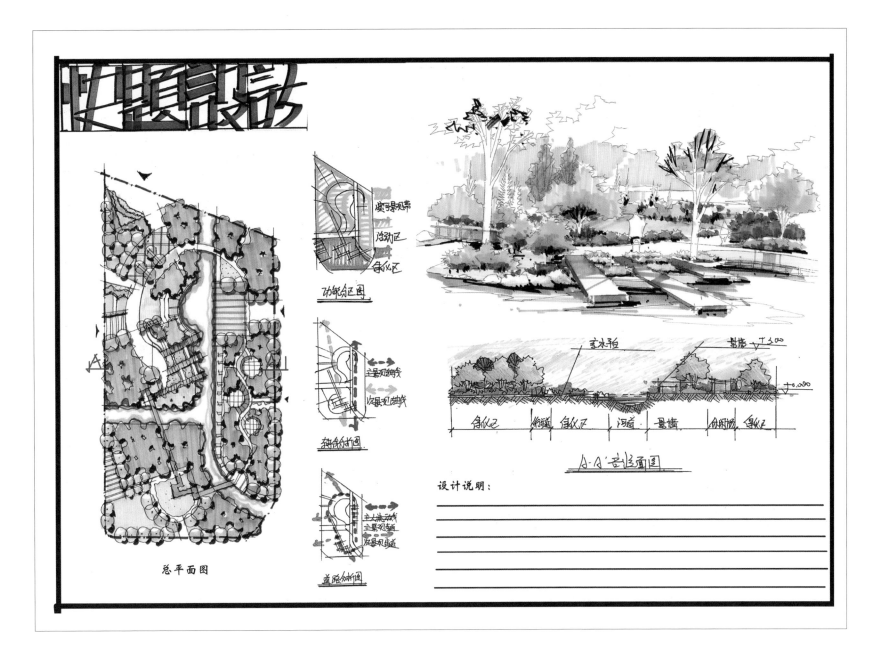

**快题设计**

功能分区图

轴线分析图

道路分析图

总平面图

A-A'剖立面图

设计说明：
_____
_____
_____
_____
_____
_____

**实例6-12**

作　者　金　山
学　校　绘世界考研设计研究中心
作业时间　1小时
图纸尺寸　2号绘图纸
示范时间　暑假课堂演示

**设计评价**

　　此方案结构较好，轴线明确，交通路网清晰，功能合理，定位准确，景观设置上主次分明。可以考虑东西区的交通联系做的更直接更主要。滨水空间的交通组织较好。单元式的私密空间设置较好，有表现力；一些小空间的设置比较灵活。

　　图面表达上下笔明快，关系清晰，整体内容较为丰富。

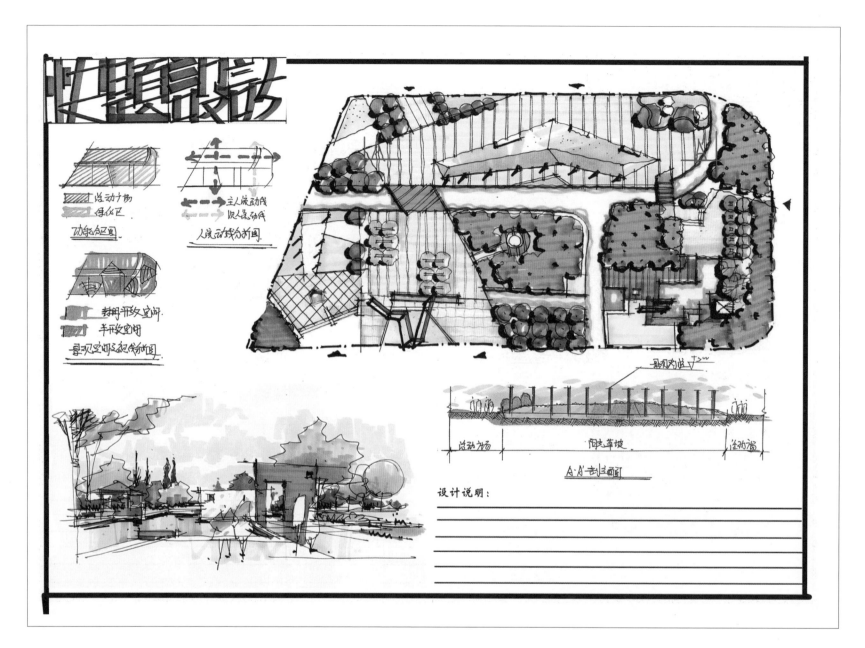

**实例6-13**

| | |
|---|---|
| 作　者 | 李 攀 |
| 学　校 | 河南科技大学 |
| 作业时间 | 3小时 |
| 录取院校 | 华中科技大学 |
| 学习课程 | 暑假绘世界考研方案 |

**设计评价**

　　此案功能合理，形式感较强平面设计具有现代感，整个设计视线较清晰，出入口明确。铺装使用材质较为人性化，表现比较清新且颜色搭配较舒服，能够清晰表达自己设计想法。各个设计衔接较为自然，空间围合合理，道路系统完整明确。虽然使用不规则设计但衔接自然不失为一幅好的设计作品。

# 一河道绿地改造设计

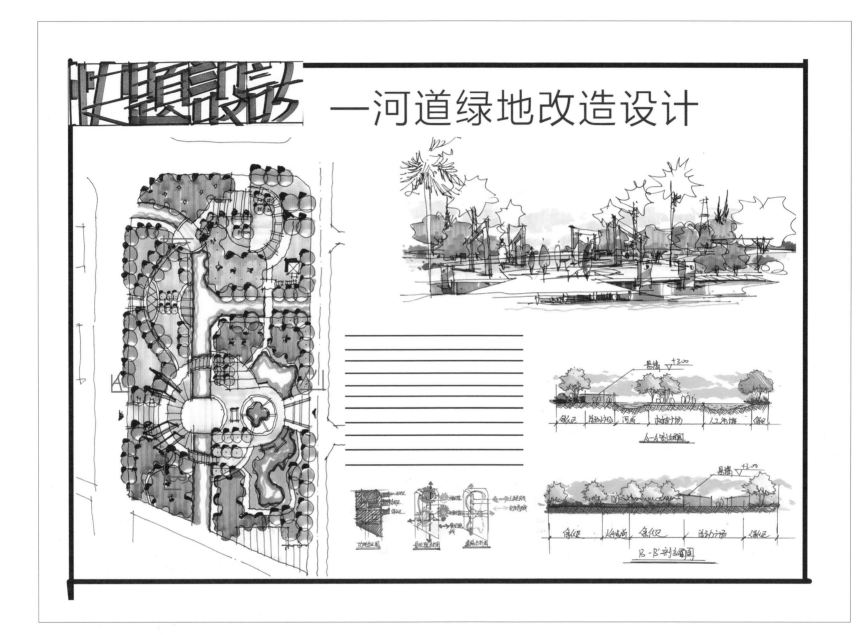

**实例6-14**

作　　者　马　俊
学　　校　西安工业大学
作业时间　6小时
图纸尺寸　2号绘图纸
学习课程　绘世界暑期方案班

**设计评价**

　　此案在景观结构合理，空间围合较好，轴线清晰。轴线上空间及景观设置考虑比较全面。交通组织上也处理的比较灵活。设计时将人的活动路线主次关系考虑的较清楚，也综合考虑人的视线以及驻足点，细部设计的空间层次丰富，营造出丰富的景观空间。主要人群活动路线与功能空间的景点设置考虑了内部逻辑关系，主景观与配景及背景的衬托关系都有一定体现。绘图过程下笔轻松，表达明快直接。

6.2.4

# 某高校庭院绿地景观设计

## 一、场地概况

某高校校园绿地设计。设计场地如下面所给平面图，图中打斜线部分为设计场地，总面积6330m²（包括部分道路铺装），标注尺寸单位为米。设计场地现状地势平坦，土壤中性，土质良好。

## 二、设计要求

请根据所给设计场地的环境位置和面积规模，完成方案设计任务，要求具有游憩功能。具体内容包括：场地分析、空间布局、竖向设计、种植设计、主要景观小品设计、道路与铺地设计以及简要的文字说明（文字内容包括设计场地概况、总体设计构思、布局特点、景观特色、主要材料应用等）。设计场地所处的城市或地区大环境由考生自定（假设），并在文字说明中加以交待。设计表现方法不限。

## 三、图纸要求

图纸规格：2号绘图纸

图纸内容：平面图（需标注主要景观小品、植物、场地等名称）、主要立面与剖面图、整体鸟瞰图或局部主要景观空间透视效果图（不少于3个）。

## 四、题目解读

（1）背景条件：此地为高校庭院看场地设计，地块的北侧接壤教学楼，西侧临湖，同时还建有一个水上报告厅，南侧则是校园主干道以及学生生活区域。

（2）面积：地块是两个不规则的地块组合而成，总面积只有0.63hm²。

（3）地形：地形起伏平坦。

（4）周边环境：地块北面沿湖，有一个水上报告厅，报告厅附近宜以铺质硬装为主，靠湖区域可设置观水平台，学生生活区域宜设置主出入口，衔接主干道与学生生活区，北侧教学楼亦可设置主出入口。

（5）绿地面积较小，不需设置厕所等相关园务设施。

（6）地势平坦，土壤适合种植树木。

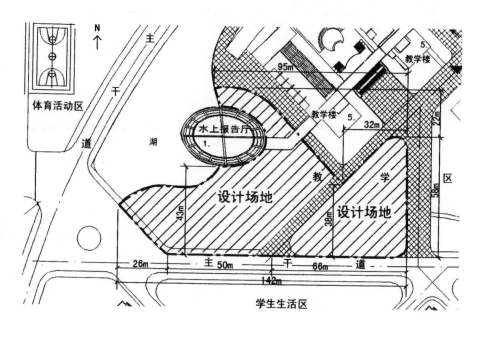

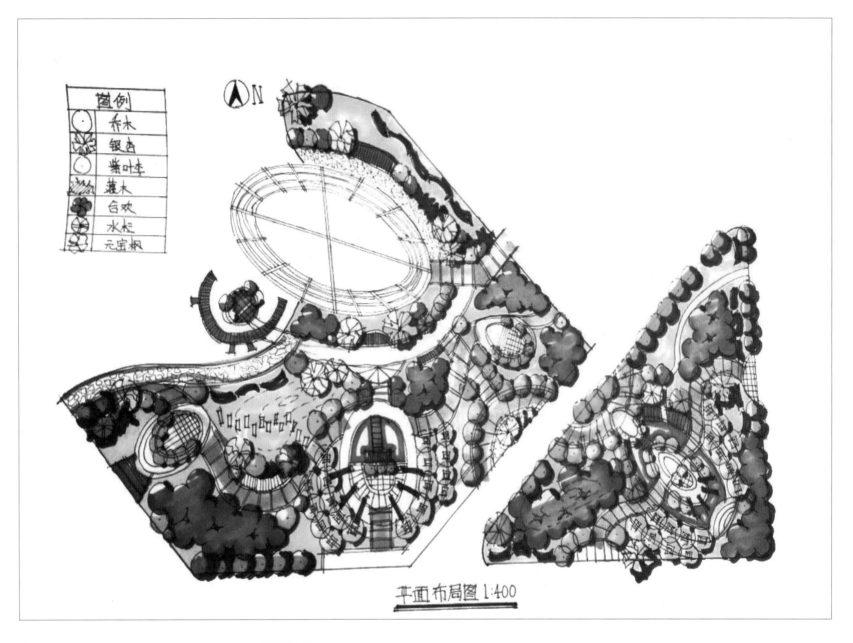

图例

| | 乔木 |
| | 银杏 |
| | 紫叶李 |
| | 灌木 |
| | 合欢 |
| | 水杉 |
| | 元宝枫 |

平面布局图 1:400

**实例6-15**

**设计评价**

| | |
|---|---|
| 作　者 | 樊诗丹 |
| 学　校 | 武汉工程科技学院 |
| 作业时间 | 6小时 |
| 图纸尺寸 | 2号绘图纸 |
| 学习课程 | 绘世界暑期方案强化班 |

空间围合较好是本案的亮点，若能充分考虑地块之间的衔接，交通的主次，活动空间的主次，景观元素的主次效果更好。景观空间上组织有序，衔接合理。交通路网的衔接细节有待推敲。对题目中建筑方面的要求处理的比较欠缺，无论是建筑周边硬质面积、疏散、景观，交通组织等，都有提升空间。设计上两地块的定位区分要整体考虑，结构上要处理好呼应关系。

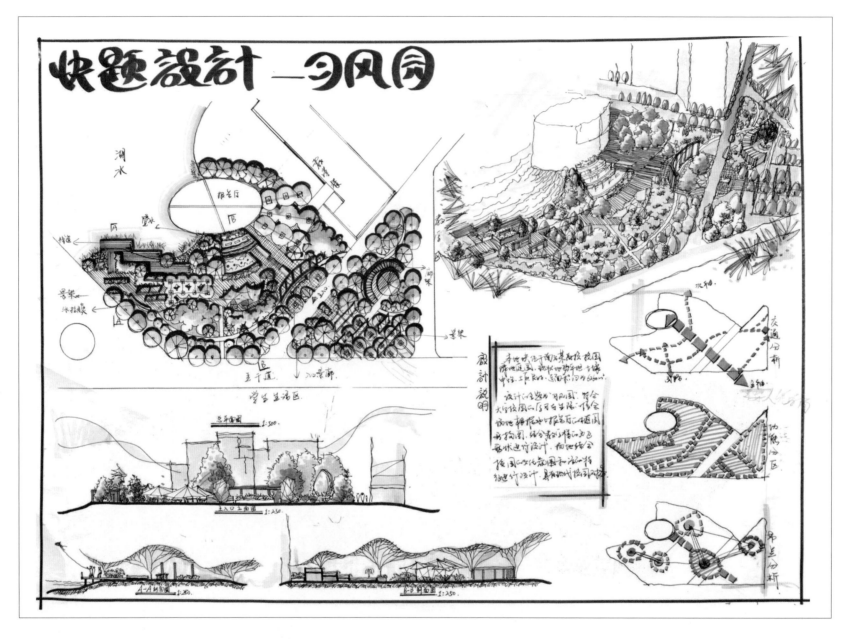

**实例6-16**

| | |
|---|---|
| 作　者 | 谢 雄 |
| 学　校 | 湖北工程学院 |
| 作业时间 | 6小时 |
| 录取院校 | 华中科技大学 |
| 学习课程 | 绘世界暑期方案强化班 |

**设计评价**

　　此案在景观结构及空间的形式感上考虑的比较多。轴线清晰，轴线上景观设置考虑比较全面。交通组织，空间衔接上也处理的比较灵活。设计时将人的活动路线主次关系考虑的较清楚，也综合考虑人的视线以及驻足点，细部设计的空间层次丰富，营造出丰富的景观空间。主要人群活动路线与功能空间的景点设置考虑了内部逻辑关系，主景观与配景及背景的衬托关系都有一定体现。

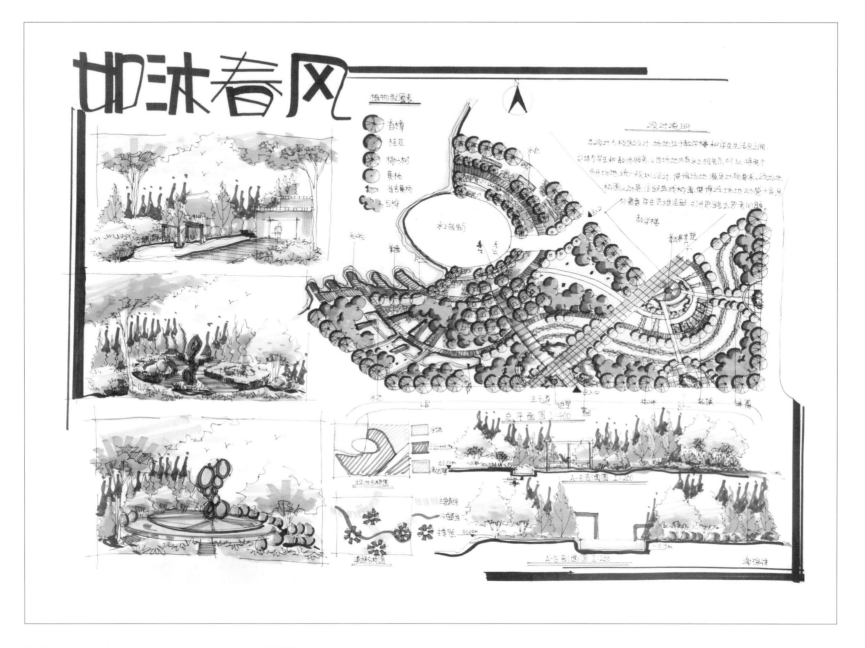

**实例6-17**

| 作　者 | 谢瑞详 |
| --- | --- |
| 学　校 | 武汉设计工程学院 |
| 作业时间 | 6小时 |
| 录取院校 | 中南林业科技大学 |
| 学习课程 | 绘世界暑期方案强化班 |

**设计评价**

　　此案基本框架较好，交通的主次关系及轴线上节点空间的衔接有一定节奏感。一般主节点上的空间不够开放，主次区分上可以继续推敲。丰富轴线空间的交通路线、高程设计、空间景观等一直是景观轴线设计的重点技巧。几何形水体设计周边应设置观景及活动场地。无论从人群集散还是从消防角度，大型建筑周边应大量设置开敞空间。快题表达上整体内容较丰富，效果图表达应分主次。

6.2.5

# 校园休闲空间景观设计

## 一、场地概况

场地位于校园的教学楼前部，以及主干道一侧，呈半包围状。

## 二、设计要求

为在校师生提供一处休憩、交流、交往，并可举行小型聚会的场所。体现校园文化精神，功能安排合理，空间组织灵活，形式手法多样，材料运用得当。

## 三、图纸要求

（1）总平面图，1：100；

（2）立面图，1：100；

（3）空间效果图一幅，表现手法不限；

（4）以文字、图解方式说明设计意图，文字200字左右，图解2~3幅。

## 四、题目解读

（1）背景条件：场地为校园内教学楼前的小空地，故场地内植被宜使用明快的植物，符合校园文化的精神需求。

（2）面积：场地面积较小，为375m²。

（3）地形：场地地形平坦，作为平地设计。

（4）周边环境：场地北东西三侧为教学楼，故来自这三个方位的人流较大，考虑到场地面积很小，应作开敞式的设计。

（5）场地宜为开敞现代的风格，不宜做成中国古典园林的风格。

（6）同时本设计为详细规划，因此要求本设计要达到修建性详细规划的深度，具体体现在场地内要做无障碍设计，同时场地内各节点与变坡点要有相应的标高。

（7）场地设计成南北向小轴线的小型游憩空间为宜。

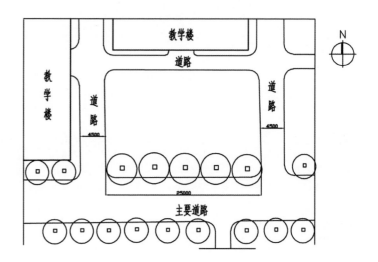

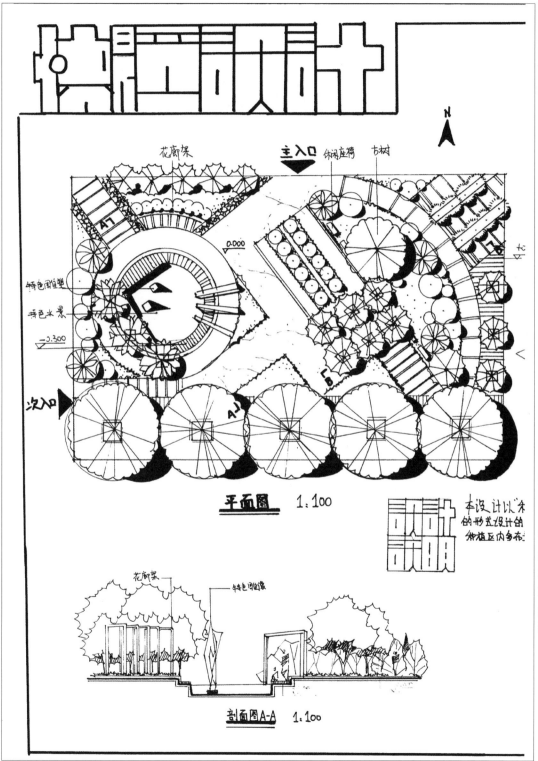

**平面图 1:100**

**剖面图A-A 1:100**

实例6-18

作　者　张永莉
学　校　武汉科技大学城市学院
作业时间　6小时
图纸尺寸　2号绘图纸
学习课程　绘世界考研连报班

**设计评价**

此案空间层次分明，基本框架尚可，交通的主次关系及节点空间的衔接较为普通。主节点上的交通功能与主体功能处理的比较被动。交通过多转折会妨碍便捷功能的实现。丰富轴线空间的交通路线、高程设计、空间景观等一直是景观轴线设计的重点技巧。空间的主次关系通过场地分区实现，此案中心区域将交通做为主功能欠缺逻辑思考，最终利用率较低。平面方案表达上结构清晰，主次与图底关系分明。

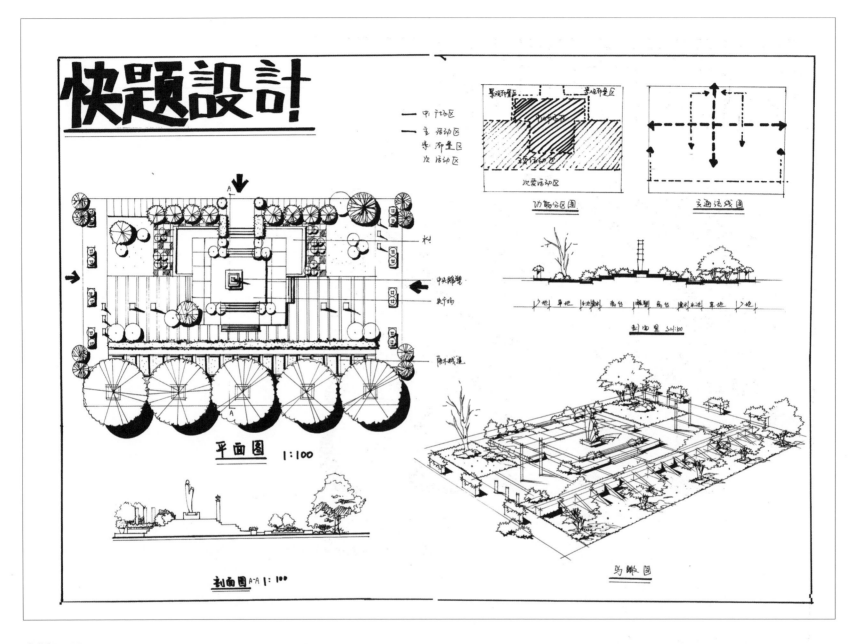

平面图 1:100

剖面图 A-A 1:100

功能分区图

交通流线图

剖面图 S=1:100

鸟瞰图

**实例6-19**

作　　者　邓　丽
学　　校　武汉科技大学城市学院
作业时间　6小时
录取院校　武汉工程大学
学习课程　绘世界暑期方案强化班

**设计评价**

　　此案轴线清晰，结构顺畅，图面整体感也较好。内部道路的主次关系可继续推敲，公共活动空间的景观衬托基本体现出来，景观元素上稍显欠缺，空间层次显得有些单薄。功能空间围合上有些散，交通空间的景观设置较为普通，南北联系被完全打散不太合适。植物的尺度把握欠缺。各功能区的过于开放显的有些失控，空间尺度可继续推敲一下。

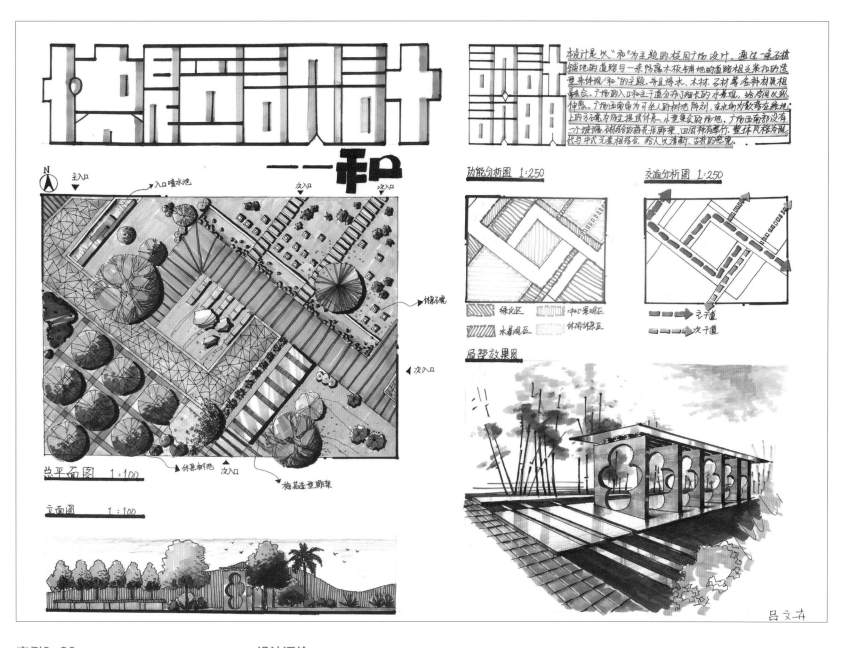

实例6-20

**设计评价**

作　者　吕文卉
学　校　武汉工程大学
作业时间　6小时
录取院校　武汉理工大学
学习课程　绘世界暑期考研方案班

此案交通明确，中心区域场地利用率低。设计时候把握好使用人群的交通与停留，理性分析交通尺度，停留场地与交通的关系。力求景观结构能整体且符合逻辑性。大量开敞空间且层次单薄给人空间围合度欠缺的感觉。造景上大量用地面水景及草地，如能考虑景观与人的关系，理性组织各景观效果会更好。各功能区的过于开放显的有些主次不明，空间失调。

入口景观设置的思维明确，景观形式，尺度，空间的层次稍显仓促。

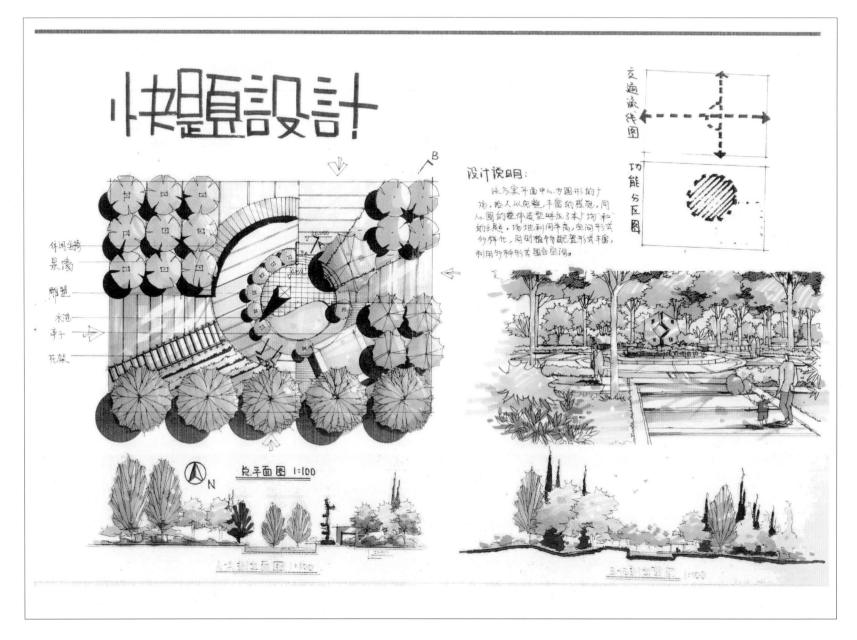

## 实例6-21

**作　　者**　张永莉
**学　　校**　武汉科技大学城市学院
**作业时间**　6小时
**图纸尺寸**　2号绘图纸
**学习课程**　绘世界考研连报班

## 设计评价

　　此案在景观结构及空间的形式感上考虑的比较多。轴线清晰，轴线上景观设置考虑比较全面。交通组织，空间衔接上也处理的比较灵活。设计时将人的活动路线主次关系考虑的较清楚，细部设计的空间层次丰富，营造出丰富的景观空间。主要

人群活动路线与功能空间的景点设置考虑了内部逻辑关系，主景观与配景及背景的衬托关系都有一定体现。边界空间处理的稍显逊色。高程设计的严谨性有待商榷。

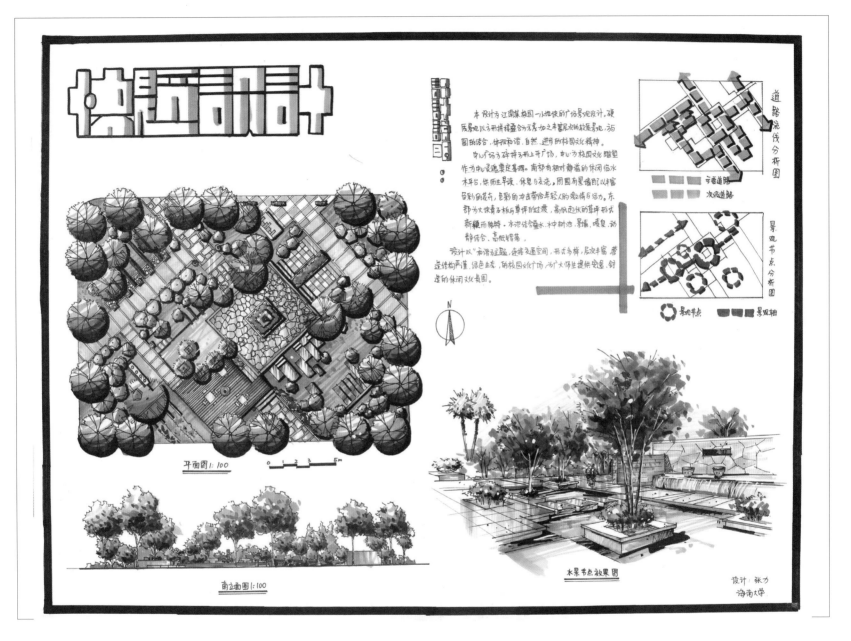

平面图1:100

0 1 2 3 5m

南立面图1:100

水景节点效果图

设计：张力
海南大学

**实例6-22**

**设计评价**

作　者　张　力
学　校　海南大学
作业时间　6小时
图纸尺寸　2号绘图纸
学习课程　绘世界考研方案强化班

　　该方案平面较丰富，重点突出，道路系统丰富且功能分隔明确。以"回"字形的设计理念，中写道水池和平台为核心。方案的四角配置有丰富的高大乔木，各种材质表现的也较完整。整个图面色彩丰富，层次感强，具有感染力。

6.2.6

# 校园户外生活空间设计

## 一、场地概况

场地为校园户外生活空间设计（如设计场地平面图）。

## 二、设计要求

清根据所给设计场地的环境位置和面积规模，完成方案设计任务。具体内容包括：场地分析、平面布局、主景设计、竖向设计、种植设计、铺地与小品设计以及简要的设计说明（文字表述内容包括场地所在的城市或者地区名称、总体构思、空间功能、景观特色、主要材料应用等）。设计场地所处的城市地区大环境由考生自定，设计表现方法不限。

## 三、图纸要求

图纸规格：2号绘图纸；

图纸内容：平面图、主要立面与剖面、整体鸟瞰或主要空间透视效果图。

## 四、题目解读

（1）背景条件：场地为校园生活空间设计，需要从功能活动、文化审美和生态环境等方面等方面入手分析，探求每个校园户外生活空间的特殊性，并根据这些特殊性做出创意的设计。

（2）面积：场地为较规则的两个矩形组成的"L"形状，共计1.3hm²。

（3）地形：场地整体平坦，场地中心有三棵现状大树，建议保留。场地内道路分布已经完善，需要充分的场地内考虑人流和车流以及人车分流。

（4）周围环境：场地的南面和西面是主道路，四周均为建筑，北面是宿舍、西面是办公楼、南面是综合路和教学楼。设计时应充分结合现状，在西面和南面办公楼、综合楼、教学楼外的主干道上设置主出入口，在宿舍区设置人流游玩休憩处。

（5）场地中的三棵现状大树建议保留，树木处于场地中心的位置，并靠近宿

舍区，可以作为一个景观节点，使师生在此停留观赏游憩。

（6）场地中不宜设置停车场等其他设施。

（7）南面主干道综合楼和教学楼之间有道路，可以在场地南面设置主路口。北面和冬面宿舍区，需要考虑多个人行出入口。

（8）场地宜广场和景观种植相结合。

（9）场地面积较小，需要考虑景观种植丰富性和层次感。

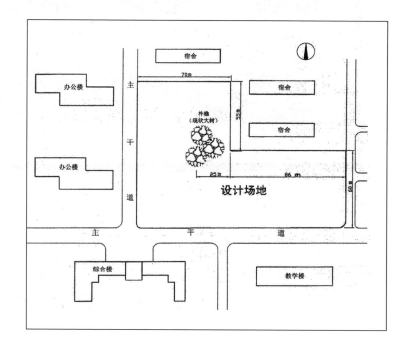

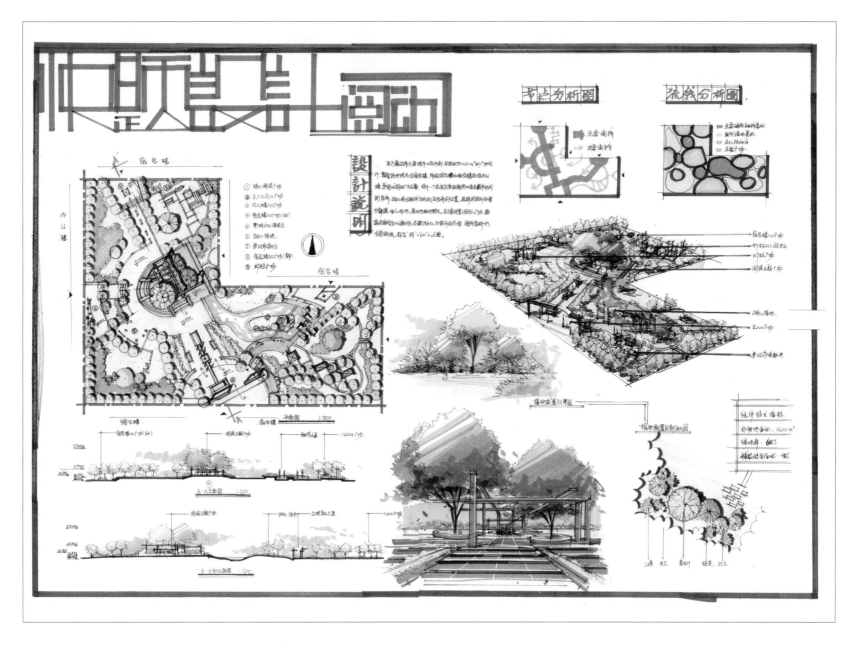

**实例6-23**

作　者　陈馨雨
学　校　湖北美术学院
作业时间　6小时
图纸尺寸　2号绘图纸
学习课程　绘世界暑期方案强化班

**设计评价**

此案充分结合现状设计，轴线空间突出是此案最大亮点。在景观结构及空间的形式感上考虑的比较多。轴线清晰，轴线上景观设置考虑比较全面。交通组织，空间衔接上也处理的比较灵活。设计时将人的活动路线主次关系考虑的较清楚，也综合考虑人的视线以及驻足点，细部设计的空间层次丰富，营造出丰富的景观空间。主要人群活动路线与功能空间的景点设置考虑了内部逻辑关系，主景观与配景及背景的衬托关系都有一定体现。

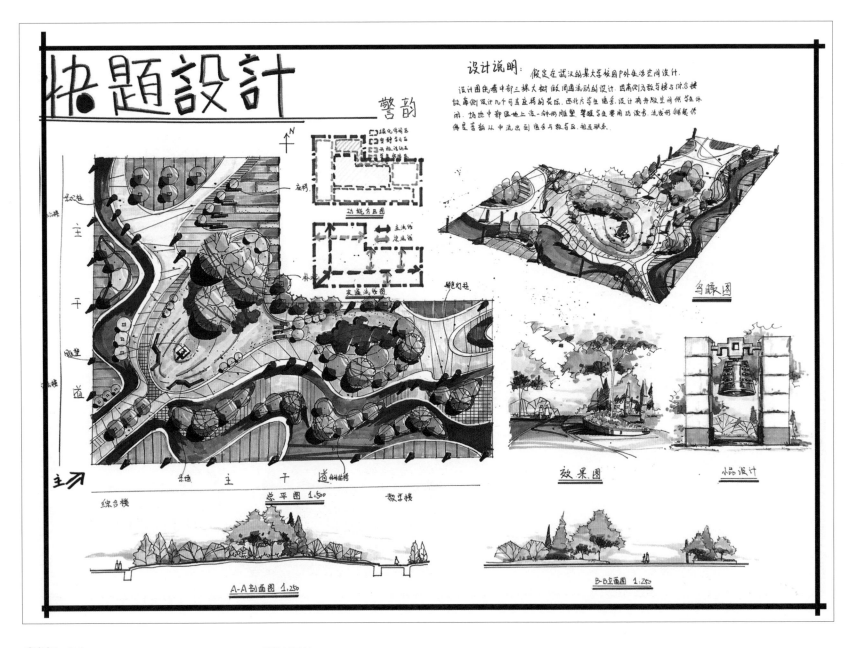

**实例6-24**

**设计评价**

| | |
|---|---|
| **作　　者** | 张逸夫 |
| **学　　校** | 湖北美术学院 |
| **作业时间** | 6小时 |
| **报考院校** | 湖北美术学院 |
| **学习课程** | 绘世界暑期方案强化班 |

　　方案设计阶段考虑了内外环境、景观视线分析、高程设计。对外开放空间的布置以空间形式是此案设计亮点。空间细部设计内容较为丰富。梳理各空间的主次关系，组织了各空间的衔接。此案主入口设置和尺度可以优化，各关系此处理好了能有效避免过于形式化。造景时应充分考虑人流来向，考虑景观的主次关系，最佳观景位置等。如能组织好以上各部分关系，此案将更加完善。

　　景观设置上应主次分明。轴线空间科再突出一些。尽量考虑轴线空间主次人流的引导。

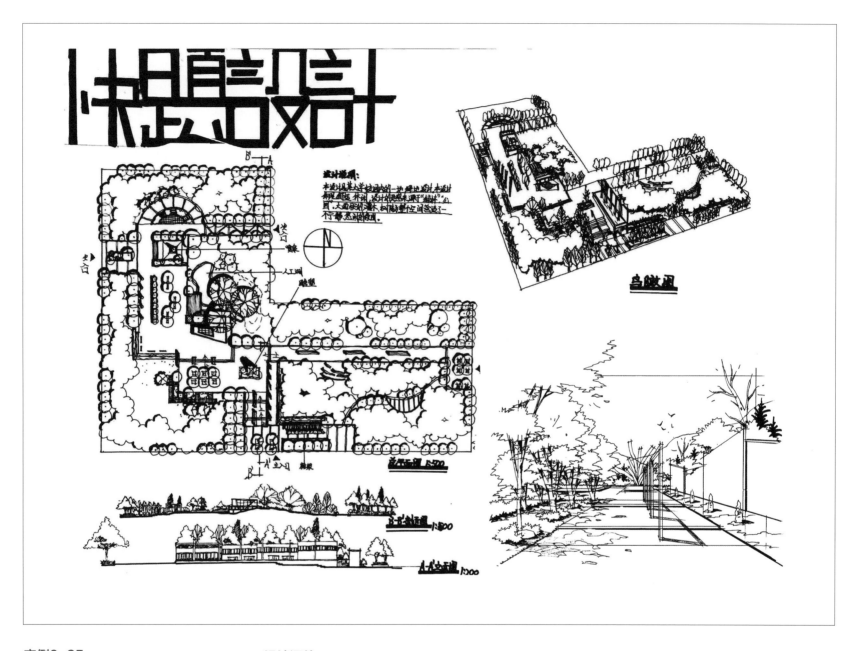

## 实例6-25

作　者　刘正鹏
学　校　武汉华夏理工学院
作业时间　6小时
报考院校　华中科技大学
学习课程　绘世界暑期方案强化班

## 设计评价

　　方案设计阶段脉络清晰，结构较好。内外环境、景观视线、高程设计等都有兼顾。空间组织是此案设计亮点。细部设计内容较为丰富。梳理各空间的主次关系，组织了各空间的衔接。此案主入口空间开放程度和尺度可以优化。造景时充分考虑人流来向，考虑景观的主次关系，最佳观景位置等。表达上平面方案关系较好，其余图面效果有待提升。

## 6.2.7 校园广场景观设计

### 一、场地概况

江南某高校为纪念风景园林学院独立设置，拟在校园内建一座风景园林学院成立纪念小广场。其场地势平坦，用地红线面积约5775m²。

### 二、设计要求

（1）在小广场内设置一纪念亭，纪念亭可独立设置，也可成组设置；

（2）纪念亭造型要简洁，面积可自定；

（3）设置一景墙，以记载学院大事记及相关名人；

（4）充分利用原有地形，合理安排纪念亭、纪念墙及小广场，考虑学习、交流及娱乐等活动，为师生提供交流、休憩与观赏空间；

（5）以展现风景园林专业文化为主题，对纪念亭、纪念墙及小广场进行整体环境设计。

### 三、图纸要求

（1）总体规划图1：300；

（2）局部绿化种植图1：300；

（3）2处景点局部效果图，一幅植物配置效果图；

（4）剖面图1：300；

（5）400字设计说明。

### 四、其他要求：

（1）图纸规格为A2（594mm×420mm）；

（2）图纸用纸自定（透明纸无效），张数不限；

（3）表现手法不限，工具线条与徒手均可；

（4）考试时间为3小时。

### 五、题目解读

（1）背景条件：场地为校园内教学楼前的小空地，故场地内植被宜使用色彩明快的植物，符合校园文化的精神需求。

（2）面积：场地为校园内绿地，面积为5775m²。

（3）地形：场地未交待高程信息，默认为平地。

（4）周边环境：场地北部为学院教学楼，西北部为学院副楼。南部为车行道。结合场地地形分析，宜在场地东部与北部设置主入口。

（5）小广场宜布置在场地东部，纪念亭宜布置在场地西部。

（6）景亭宜东西向分段布置贯穿全园。

（7）场地不宜为规则式的景观布局，场地铺装率也不宜过高，以体现风景园林的景观特色。

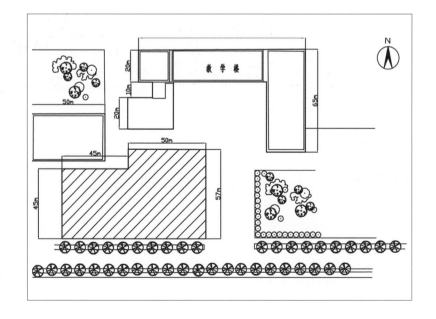

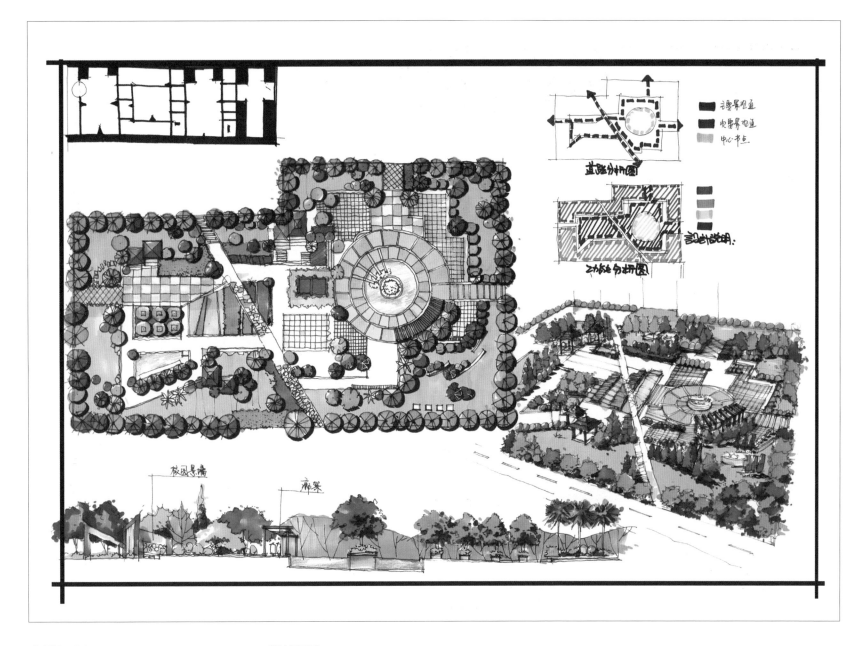

**实例6-26**

| | |
|---|---|
| 作　者 | 梁琨钰 |
| 学　校 | 武汉设计工程学院 |
| 作业时间 | 6小时 |
| 图纸尺寸 | 2号绘图纸 |
| 学习课程 | 绘世界暑期考研方案班 |

**设计评价**

本场地根据空间划分的思想将场地分为东西两个部分，东部为大型广场空间，由一个广场组织进行，西部为私密空间，空间形式变化多样，为半私密性的空间。这些部位有机的结合在一起，满足了不同人群的使用需求。从场地的东部与北部进入到中心广场，为一个开阔性的广场与各个复合型广场的组合，非常自成一体，很好的解决了人流集散的问题。该方案较符合周边环境，整体协调，运用斜线打破呆板感，也将场地功能明确分区。以外围一圈植物将场地与外环境隔离，以圆形喷水池统一构图。空间开敞，很好的解决了场地面积较小的问题。

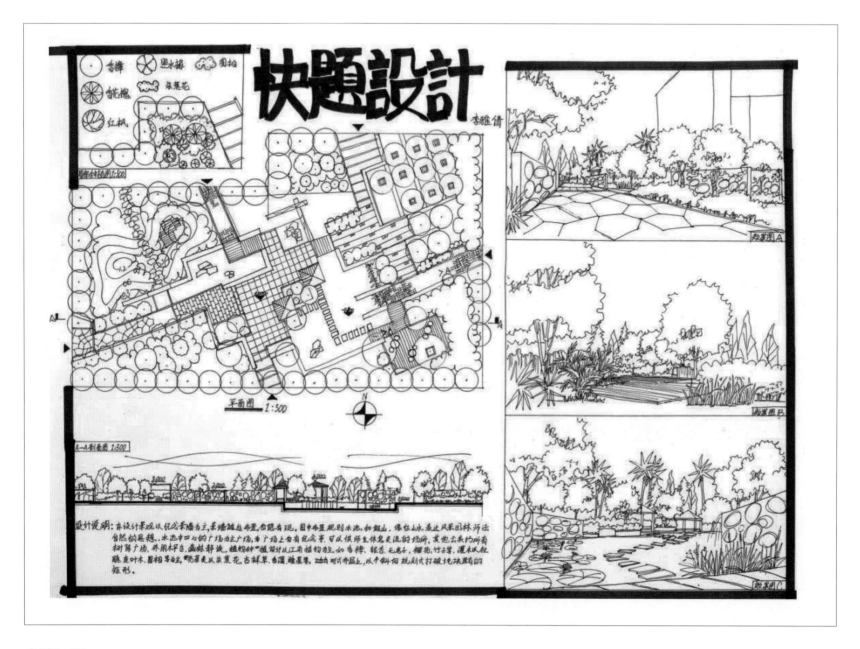

**实例6-27**

作　　者　李雅倩
学　　校　浙江农林大学
作业时间　6小时
报考院校　北京林业大学
学习课程　绘世界寒假方案强化班

**设计评价**

　　此案在景观结构、高程设计上考虑的比较多。轴线清晰，轴线上景观设置考虑比较全面。交通组织，空间衔接上也处理的比较灵活。设计时将人的活动路线主次关系考虑的较清楚，也综合考虑人的视线以及驻足点，细部设计的空间层次丰富，营造出丰富的景观空间。主要人群活动路线与功能空间的景点设置考虑了内部逻辑关系，主景观与配景及背景的衬托关系都有一定体现。美中不足的是主要活动空间的划分有些零碎，主次不明。表达上图面较为完整，效果图空间感较好。

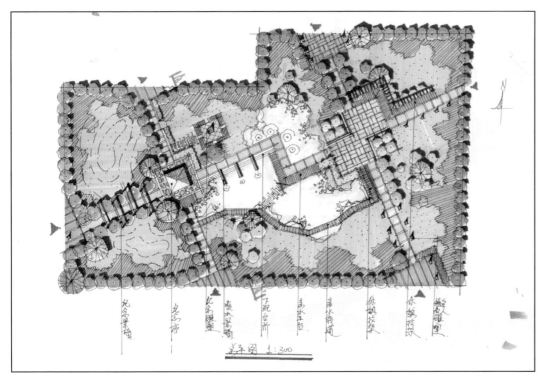

总平面图 1:300

**实例6-28**

作　者　李晨曦
学　校　华中农业大学
作业时间　3小时
录取院校　北京林业大学
学习课程　绘世界暑假方案精品班

## 设计评价

此案在景观轴线及空间的围合感上考虑的比较多。水体衔接两个主要空间，景观层次丰富。以纪念亭为次轴中心景观，用景观构架及大乔木烘托主要纪念亭，景观空间层次及主次关系都处理的较好。交通主次关系明确，造景的主次关系也分析的比较明确。细部设计的空间层次可继续以多维空间的角度去深入分析，营造出丰富的景观空间。场地边界空间处理可考虑对外关系，增加空间的层次变化。

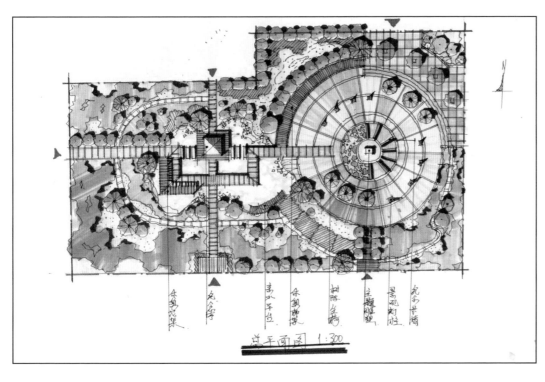

总平面图 1:300

**实例6-29**

作　者　周秀琳
学　校　海南大学
作业时间　6小时
录取院校　浙江大学
学习课程　绘世界寒假方案强化班

## 设计评价

此案在景观功能合理，流线清晰，骨架明朗，主次关系明确。轴线上核心空间景观设置及空间层次较好。主要广场布置上景观元素丰富，元素组织极大程度上配合了开敞空间的需求。水景的渗透增加了功能区的景观层次，配合水上交通让次要节点空间更具深度。通过直线交通解决场地周边的关系，功能上便捷，交通空间的景观变化丰富。空间的围合较好，结合交通空间形成完整的景观脉络。整体垂直空间空间设计也有一定把控。

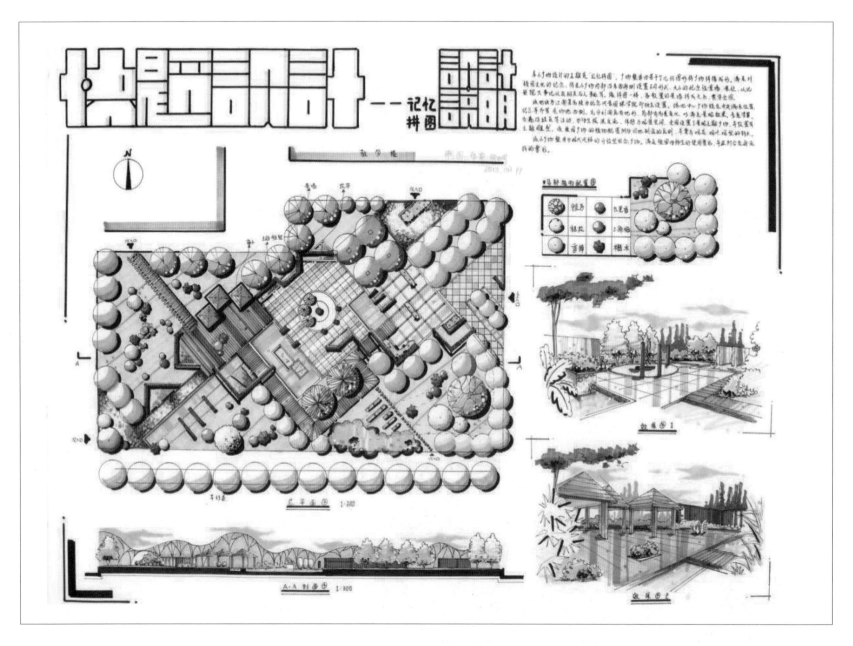

**实例6-30**

| | |
|---|---|
| 作　者 | 华苑 |
| 学　校 | 海南大学 |
| 作业时间 | 6小时 |
| 录取院校 | 四川大学 |
| 学习课程 | 绘世界寒假方案班 |

**设计评价**

此案基本框架较好，交通的主次关系及轴线上节点空间的衔接有一定节奏感。轴线上的景观元素有堆砌之嫌，主次区分上可以继续推敲，此空间及引导空间的定位应准确。轴线空间的交通便捷性需要推敲。几何形水体设计周边应注意节奏感充分考虑与人的关系。场地边界可设置一些对外开敞空间。快题表达上整体内容较丰富，效果图表达应分主次。

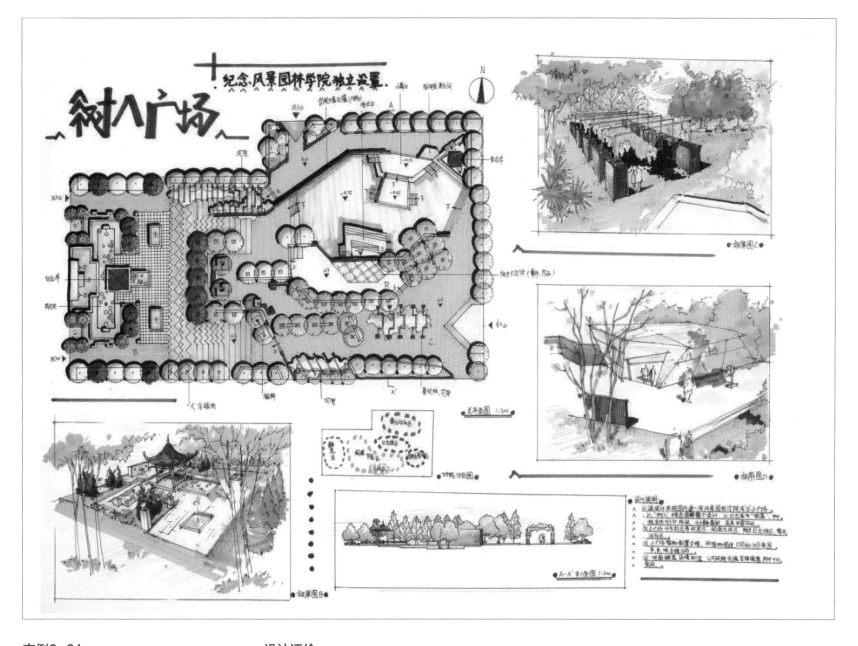

**实例6-31**

| | |
|---|---|
| **作 者** | 鲁 甜 |
| **学 校** | 华中农业大学 |
| **作业时间** | 6小时 |
| **录取院校** | 同济大学 |
| **学习课程** | 绘世界暑期方案强化班 |

**设计评价**

　　此案在景观结构及空间的形式感上考虑的比较多。景观设置考虑较多。交通衔接上有些欠妥。设计时将人的活动路线主次关系多做分析，有利于整体的逻辑性，细部设计的空间层次丰富，营造出丰富的景观空间。主景观与配景及背景的衬托关系都有一定体现。一般快题中的硬质场地建议不用绿色，以方便阅图者看整体逻辑关系。从整体形式及主次关系上来看北区形式与整体的衔接有些突兀。表达上较为整体，内容比较丰富。

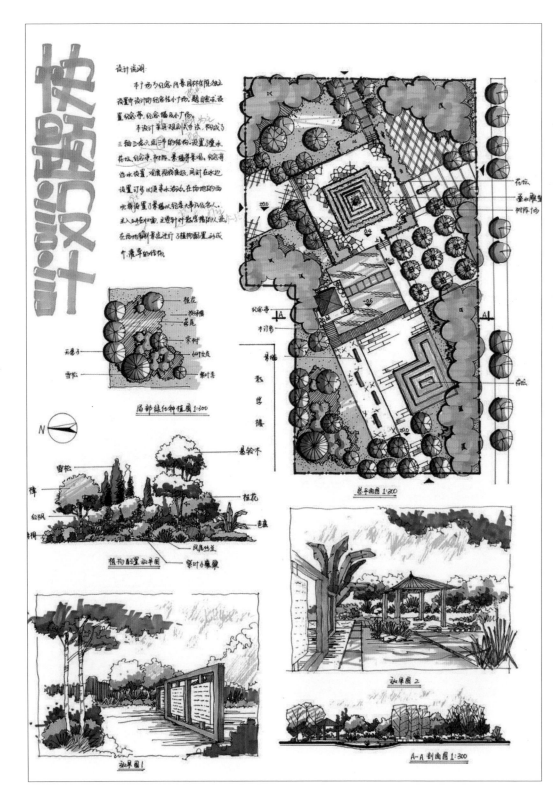

实例6-32

作　　者　鲁 甜
学　　校　华中农业大学
作业时间　6小时
录取院校　同济大学
学习课程　绘世界暑期方案强化班

## 设计评价

　　本案为风景园林学院纪念广场，能够根据要求针对纪念亭、纪念墙及小广场详细设计。整个形式感处理得非常恰当。其中设置的名人景墙记录了学校的大事记，具有观赏性与实用性，且与设计要求结合能够很好的契合。

　　整个表现非常清新，色彩运用较丰富，画面表达较全面，可谓是一副不错的作品。

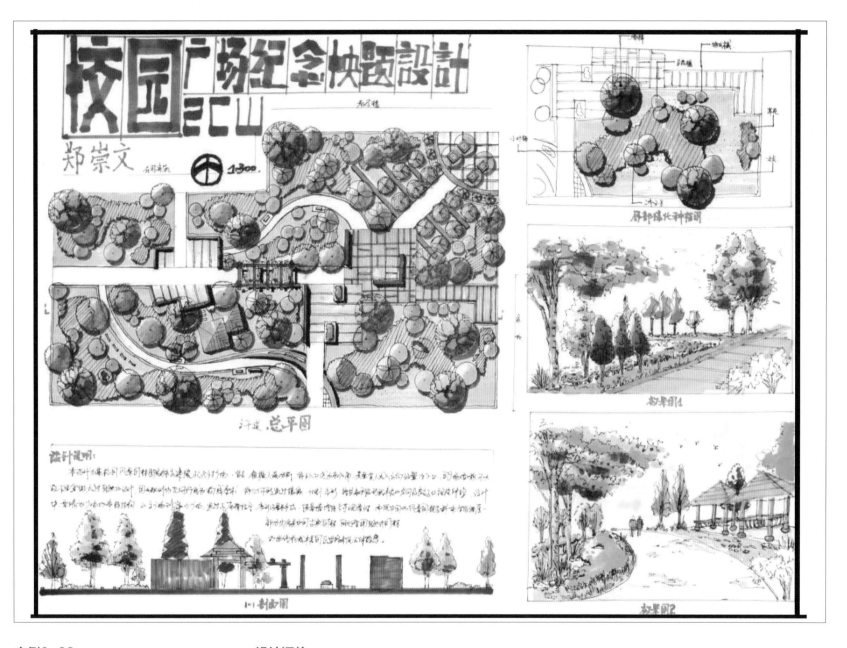

实例6-33

作　　者　郑崇文
学　　校　四川农业大学
作业时间　6小时
图纸尺寸　2号绘图纸
学习课程　绘世界寒假方案强化班

设计评价

此案交通明确，中心区域场地利用率低，可用面积将主次空间分开。设计时候把握好使用人群的交通与停留，理性分析交通尺度，停留场地与交通的关系。力求景观结构能整体且符合逻辑性。大量开敞空间且层次单薄给人空间围合度欠缺的感觉。造景上大量用构筑物及绿植，如能考虑景观的主次关系，理性组织各景观效果会更好。各功能区的过于私密显的功能定位有偏差。入口景观设置可适当强调，可通过绿植或其他景观元素使入口空间的层次稍显丰富。

6.2.8

# 某高校中心绿地景观设计

## 一、场地概况

某高校新建行政办公大楼已竣工，为改善学校校园环境，现面向社会公开征集中心绿地改造方案。

本规划范围位于某高校居住区与教学区之间，总面积约2.61hm²。现状为居民休闲绿地，设施简陋，地势较平坦。经校务会研究决定：结合新办公楼启用，拟改造成为兼校园景观与居民休闲双重功能的中心绿地。

## 二、设计要求

（1）结合校区已建主干道及拟建道路，对规划范围内的车行交通进行全面调整，组织好行政办公大楼南侧及居民小区人行与车行交通，通行所需桥梁可重新架设，完善本区域范围内的主干道及步行系统。

（2）行政办公大楼周边设专用停车场一处，所配置的标准车位数不得少于10个，但不得干扰校区主干道车辆通行与行人通行；并应设置一定量的自行车停车位，其设施不应影响校园景观。

（3）保留原绿地中的"凝香亭"，可对周边铺地进行改造并有效组织在中心绿地之中。

（4）根据造景艺术要求，可对场地局部进行微地形改造。不宜布置自然水体。

（5）需布置80周年纪念园区一处，其主题应围绕80周年纪念雕塑（方案另征集，但设计时需明确主题构思及基本要求）及捐助人员名册展开。

（6）在满足居民休闲、新建办公大楼南侧景观要求的前提下，应充分考虑大学生早读、

小规模班会、团会等活动需要。

（7）主要植物景观应体现群体美与季相变化，层次应丰富，常绿与落叶树种比例控制原则为4：6。

（8）其绿地率不得小于70%。

（9）其他功能空间根据情况自定。

## 三、图纸要求

（1）总平面图（含总平面布局、竖向设计标高、主要植物景观分区等相关内容），1：300；

（2）功能分区图及相关简要分析图，1：1000；

（3）局部景点设计1~2处（含平面、立面、剖面图、植物种植设计图、局部效果图），1：100~1：200；

（4）相关说明及主要经济技术指标统计表，其文字说明不少于500字。

## 四、其他要求

（1）A1图幅，不透明方式表达，表现方式不限。

（2）完成所有成果为8小时（含午餐时间）。

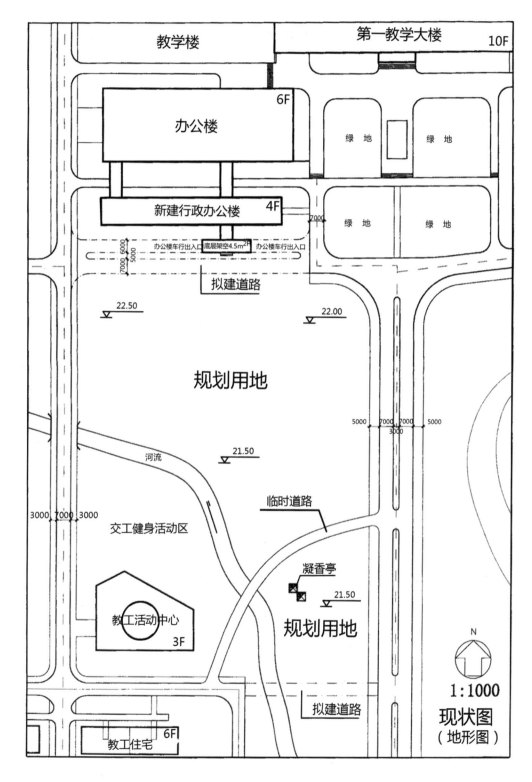

现状图
（地形图）

1:1000

**五、题目解读**

（1）面积：场地为校园内绿地，面积为2.67hm²。

（2）地形：场地未交待高程信息，默认为场地为平地。

（3）周边环境：场地北部为校园教学楼与办公楼，西北部为学生生活区，南部为教工活动区与教工宿舍区，东部为一丘陵地。场地东部为校园主干道，整体来看，主入口宜设在场地北部或者东部。场地西部与南部有一河流，可考虑做滨水景观带。

（4）场地条件：场地西南部有一座桥，通过桥可横穿整个场地。未来场地的北部与南部宜各增加一条东西向的道路，基于提高场地停留性的考虑，建园后可废除此桥与路。

（5）来自南北向的教师人流以及西北东南向的学生人流会成为全园的主人流。故除北部与东部宜设置入口外，西侧与南侧宜设置入口，以分别满足学生与教师的人流需要。

（6）停车场宜在办公大楼两侧布置，或于办公楼西侧集中布置。自行车位宜设置于场地北部或东部。

（7）场地南部的凝香亭宜保留，并成为场地南部的核心景点，考虑到场地面积的大小，南部不宜设置与其体量或等级相同的景点。

（8）80周年纪念园区宜布置在场地的中心位置，宜临水，主题雕塑应体现80周年校园文化的主旨，例如诞生、火炬等主题雕塑。

（9）捐助人员名单可雕刻在主题雕塑的底座，或者将捐助人员名单做成景观墙供师生游览。

（10）场地内可设置如图所示的4~6个座椅，以满足师生的聚会活动需要。

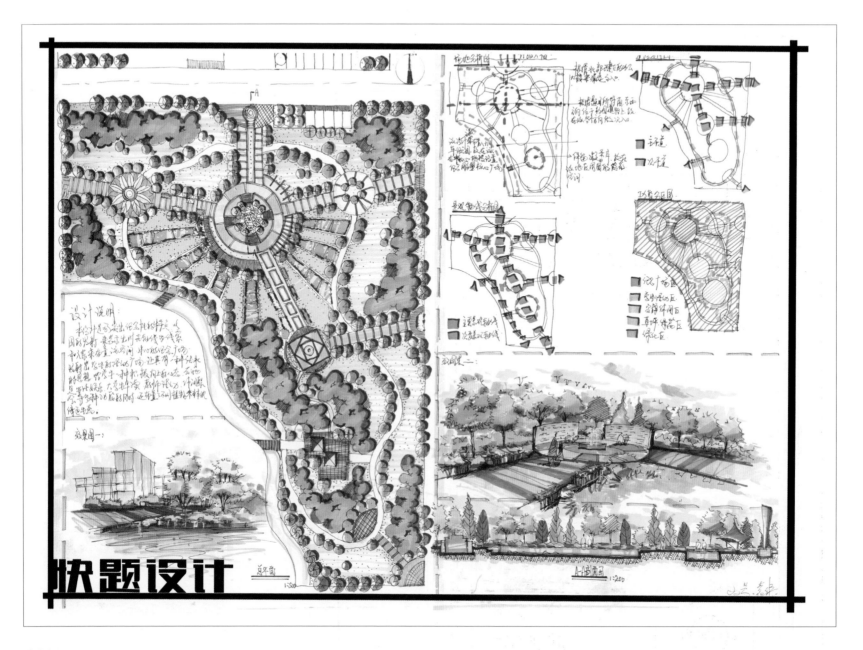

快题设计

## 实例6-34

| | |
|---|---|
| 作　者 | 袁伟 |
| 学　校 | 阜阳师范学院 |
| 作业时间 | 6小时 |
| 录取院校 | 四川大学 |
| 学习课程 | 绘世界暑期方案强化班 |

## 设计评价

　　此案结构尚可，图面整体感也较好。主节点开出四股交通应处理好主次关系。内部环路可继续推敲，分隔均质不利于下一步的空间营造，公共活动空间的景观层次稍显欠缺。功能空间围合上尚可，交通空间的景观设置较为普通。主节点空间过于开敞，显的有些单一。整体图面内容比较全面，效果图的构图角度普通，排版上也有些局促。

**实例6-35**

作　者　谢　雄
学　校　湖北工程学院
作业时间　6小时
录取院校　华中科技大学
学习课程　绘世界暑期方案班

**设计评价**

　　此案轴线清晰，轴线上景观设置考虑比较全面。主节点空间周围的路网密度稍大，可考虑从数量或道路尺度上考虑主次关系。主节点的景观元素布置的有些过于形式，主次不明。元素设计时将人的活动路线主次关系考虑的较清楚，也综合考虑人的视线以及驻足点，细部设计的空间层次丰富，营造出丰富的景观空间。主要人群活动路线与功能空间的景点设置考虑了内部逻辑关系，主景观与配景及背景的衬托关系都有一定体现。

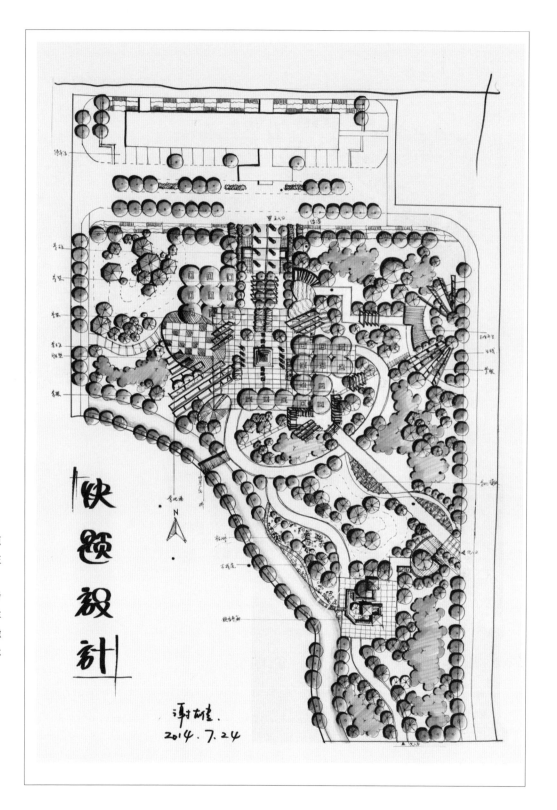

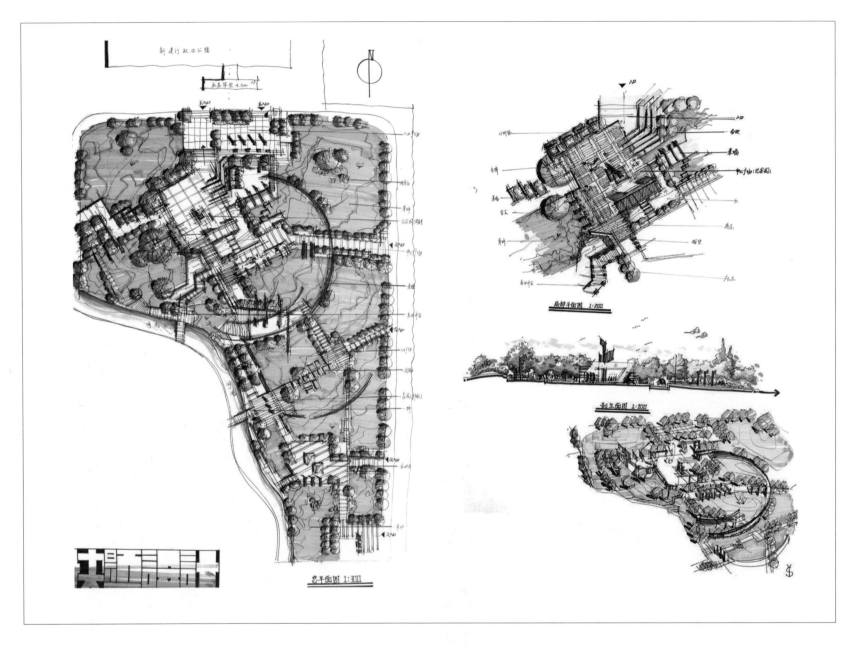

## 实例6-36

| | |
|---|---|
| 作　者 | 孙 炎 |
| 学　校 | 华中科技大学 |
| 作业时间 | 6小时 |
| 录取院校 | 湖南师范大学 |
| 学习课程 | 绘世界无忧考研方案班 |

## 设计评价

　　此案在景观结构及空间的形式感上考虑的比较多。轴线清晰，轴线上景观设置考虑比较全面。交通组织，空间衔接上也处理的比较灵活。设计时将人的活动路线主次关系考虑的较清楚，也综合考虑人的视线以及驻足点，细部设计的空间层次丰富，营造出丰富的景观空间。主要人群活动路线与功能空间的景点设置考虑了内部逻辑关系，主景观与配景及背景的衬托关系都有一定体现。

# 第七章 城市广场绿地快题设计

## 7.1知识储备

（1）城市广场分类

城市广场根据其性质可分为：公共活动广场、集散广场、纪念性广场、交通广场和商业广场五大类。

（2）广场绿地设计的基本要求

不同类型的城市广场应有不同的风格和形式，尤其是广场的性质功能，更是进行广场绿化设计的重要指导原则。城市广场绿地的设计应遵循以下原则：

1）整体性原则

城市广场作为城市的一个重要元素，在空间上与街道、建筑相互依存，它有体验城市文脉，成为城市人文环境的构成要素。广场绿化应利于人流、车流集散。

2）"人性化"原则

人性化原则是评价城市广场设计成功的重要标准。人性化的创造是基于对人的关怀，包括空间领域感、舒适感、层次感、易达性等方面的塑造。同时，提高城市广场绿地的利用率，供行人进人游憩，创造沟通、交流的人性空间。

3）历史性原则

城市广场应该成为一个市民记忆的场所，一个容纳或隐喻历史变迁、民俗风情、文化背景的场所，可选择具有地方特色的树种，反映城市特点。

4）视觉性原则

视觉和谐是基于对广场空间的整体性、连续性和秩序性的认识提出的。它表现为城市广场与城市周围环境的协调和自身的视觉和谐，包括由合宜的形式、宜人尺度、悦人的色彩和材料质感所引发的视觉美。

5）公共参与原则

市民的参与是城市广场具有活力的保障和证明。公共参与体现在市民参与广场的设计和设计者以"主人"的姿态进行设计两方面。

（3）广场绿地规划设计

广场的空间处理上可采用建筑物、柱廊等进行围合或半围合，也可结合地形采用台式、下沉式或半下沉式等组织广场空间。一面围合的广场以流动性功能为主；两面围合的广场领域感弱；空间有一定的流动性三面围合的广场封闭性较好，有一定的方向性和向心性；四面围合的广场封闭性强，具有较强的向心性和领域性。广场形状通常为规则的几何形状，如面积较大，也可结合自然地形布置成自然的不规则形状。

广场空间主要由绿地、雕塑、小品等构成。对于休憩型广场绿地可采用开敞式布置形式；面积不大的广场，绿地可采用半封闭式布置，即周围用栏杆分隔，种植草坪、低矮灌木和高大落叶乔木遮阴；广场绿地配合交通疏导设施时，绿地布置形式可采用封闭式布置。

1）公共活动广场

这类广场一般位于城市的中心地区，位置适中，交通方便。主要提供居民文化休息活动，也是政治集会和节日联欢的公共场所。在规划上应考虑同城市干道有方便的联系，并对大量人流迅速集散的交通组织以及其相适应得各类车辆停放场地进行合理布置。

公共活动广场周边宜种植高大乔木。集中成片绿地不应小于广场总面积的25%，并宜设计成开放式绿地，植物配置疏朗通透。公共活动广场一般面积较大，为了不破坏广场的完整性、不影响大型活动和阻碍交通，一般在广场中心不设置绿地。在广场周边及与道路相邻处布置绿化，既起到分隔作用，又可减少噪声和交通的干扰。

广场的形状有圆形、正方形、矩形、梯形等。其长宽比例在4∶3，2∶1等为宜。广场的宽度与四周建筑物的高度比例一般以3~6倍为宜。

2）集散广场

集散广场是城市中主要人流和车流集散点面前的广场。主要作用是使人流、车流的集散有足够的空间，具有交通组织和管理的功能，同时还具有修饰街景的作用。绿化要起到分隔广场空间以及组织人流与车辆的作用，为人们创造良好的遮阴场所以及提供短暂逗留休息的适宜场所。

集散广场包括交通枢纽站前广场，建筑前广场和大型工厂、机关、公园前广场等。

广场绿化包括集中绿地和分散种植。集中成片绿地不宜小于广场总面积的10%；民航机场前、码头前广场集中成片绿地宜在10%~15%。一般沿周边种植高大乔木，起到遮荫、减少噪声的作用，供休息用的绿地不宜设在被车流包围或主要人流穿越的地方。

3）纪念性广场

纪念性广场根据内容主要可分为纪念广场、陵园广场、陵墓广场，一般以城市历史文化遗址、纪念性建筑为主体，或在广场上设置突出的纪念物。纪念性广场的主要作用是供人瞻仰，这类广场宜保持环境幽静，禁止车流在广场内穿越、干扰。

绿化布置多采用封闭式与开放式相结合的手法，利用绿化衬托主体纪念物，创造与纪念物相应的环境气氛，并根据主题突出绿化风格，纪念历史事件的广场应体现事件特征（可以通过主题雕塑），并结合休闲绿地及小游园的设置，为人们提供休憩的场地。

4）交通广场

交通广场一般位于城市主要道路的交叉点，交通广场绿化主要为了疏导车辆和人流以及装饰街景，种植设计不可妨碍驾驶员的视线，以矮生植物和花卉为主。面积不大的广场采用草坪、花坛为主的封闭式布置，面积较大的广场外围用绿篱、灌木、树丛等围合，中心地带可以设置公共设施供过往行人作短暂休息，特大交通广场还可与街心小游园相结合。

5）商业广场

商业广场是指专供商业贸易建筑、商亭，供居民购物、进行集市贸易活动用的广场。商业广场这一公共开敞空间要具备广场和绿地的双重特征，广场要有明确的界限，形成明确而完整的广场空间，广场内要有一定范围的私密空间以取得环境的安谧和心理的安全感。商业广场大多采用步行街的布置方式，使商业活动区集中，既便于购物，又避免人流、车流的交叉，同时可供人们休息、郊游、饮食等，同时，商业性广场宜布置各种城市中独具特色的广场设施。

## 7.2 城市广场案例解析

### 7.2.1

# 城市文化休闲广场景观规划设计

**一、场地概况**

某小城市集中建设文化局、体育局、教育局、广电局、老干部局等办公建筑。在建筑群东侧设置文化休闲场所，安排市民活动的场地、绿地和设施。广场内建设有图书馆和影视厅。

**二、设计要求**

（1）建筑群中部有玻璃覆盖公共通廊，是建筑群两侧公共空间的步行主要通道；

（2）建筑东侧的入口均为步行辅助入口，应和广场交通系统有机衔接；

（3）应有相对集中的广场，便于市民聚会锻炼以及开展节庆活动等；

（4）场地和绿地结合，绿地面积（含水体面积）不小于广场总面积的1/3；

（5）现状场地基本为平地，可考虑地形竖向上的适度变化；

（6）需布置面积约50m²的舞台一处，并有观演空间（观演空间固定或临时均可，观演空间和和集中广场结合也可以）；

（7）在丰收路和跃进路上可设置机动车出入口，幸福路上不得设置；

（8）需布置地面机动车停车位8个，自行车停车位100个；

（9）需布置3米见方（9m²）的服务亭2个；

（10）可以自定城市所在地区和文化特色，在设计中体现文化内涵，并通过图示和说明加以表达（比如某同学选择宁波余姚市，则可表现河姆渡文化、杨梅文化、市树市花内涵等）。

**三、图纸要求**

（1）总平面图1：500；局部剖面图1：200；

（2）能表达设计意图的分析图或表现图（比例不限）；设计说明；

（3）成果组织在一张A1图纸上，总平面图可集中表现广场及西侧建筑群轮廓。

**四、题目解读**

（1）地形：场地南北没有高差，地势平坦，但是要求绿地面积（含水体面积）不小于广场总面积1/3，因此场地内需要建设水池或喷泉，考虑土方平衡可以设计合理的微地形。

（2）周围环境：场地西面是由北到南依次为教育局、文化局、玻璃覆盖公共廊道、体育局、税务局、老干部局等办公建筑。北面是丰收路，南面是跃进路，可以设置机动车出入口，东面幸福路不可设置机动车出入口。场地中北面是图书馆、中心是文化休闲广场、南边是影视厅。

（3）主出入口需要设置在西面，一是因为西面建筑集中，人流量大；二是因为玻璃覆盖

公共廊道是建筑群通道公共空间的步行主要通道。因此东西变道路上可以设置多处出入口。

（4）停车位宜设置在图书馆和教育局之间或者影视厅和老干部厅之间，满足场内人流的车辆合理停放且不影响市民娱乐休闲。

（5）公园宜硬质广场和植物配置结合式布局。

（6）服务厅两个可以布置在文化休闲广场附近，处于场地中心位置，服务辐射范围准确。

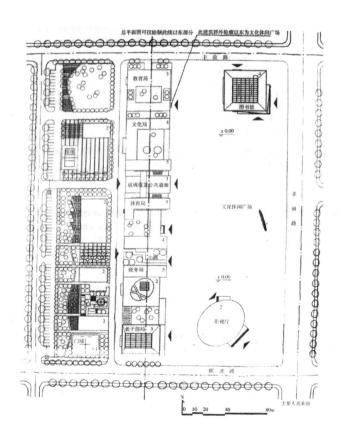

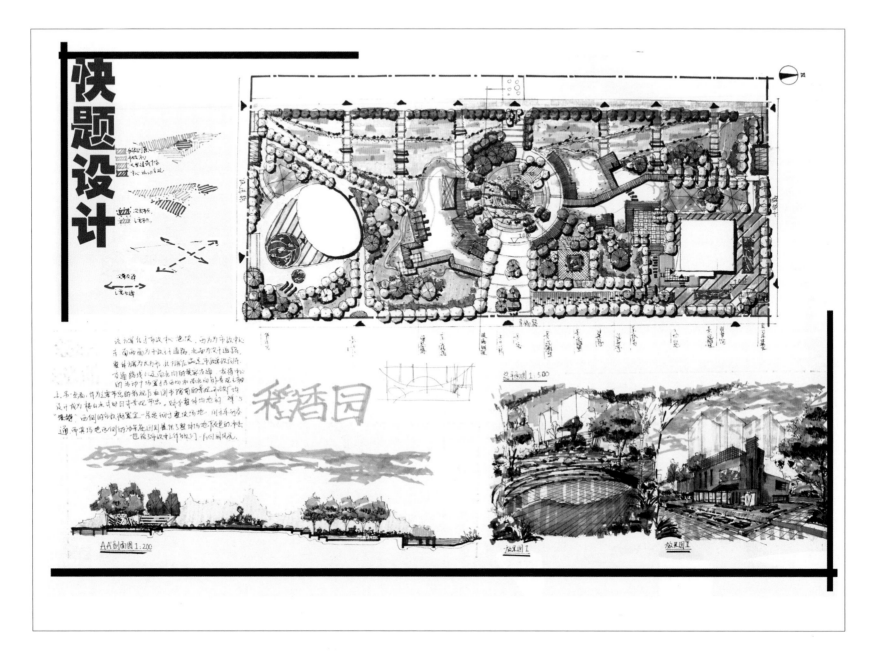

**实例7-1**

**设计评价**

作　　者　张逸夫
学　　校　湖北美术学院
作业时间　6小时
图纸尺寸　1号绘图纸
学习课程　绘世界暑期方案强化班

　　此方案充分考虑内外环境，轴线基本清晰。景观空间布置上有些仓促，衔接关系比较普通。南北向的联系稍显不足，小空间的处理虽然比较普通，较好地衔接了各个空间及内外关系。景观空间的设计与主题契合度不高，轴线景观稍显简单。丰富轴线空间的交通路线、高程设计、空间景观层次等一直是景观轴线设计的重点技巧。

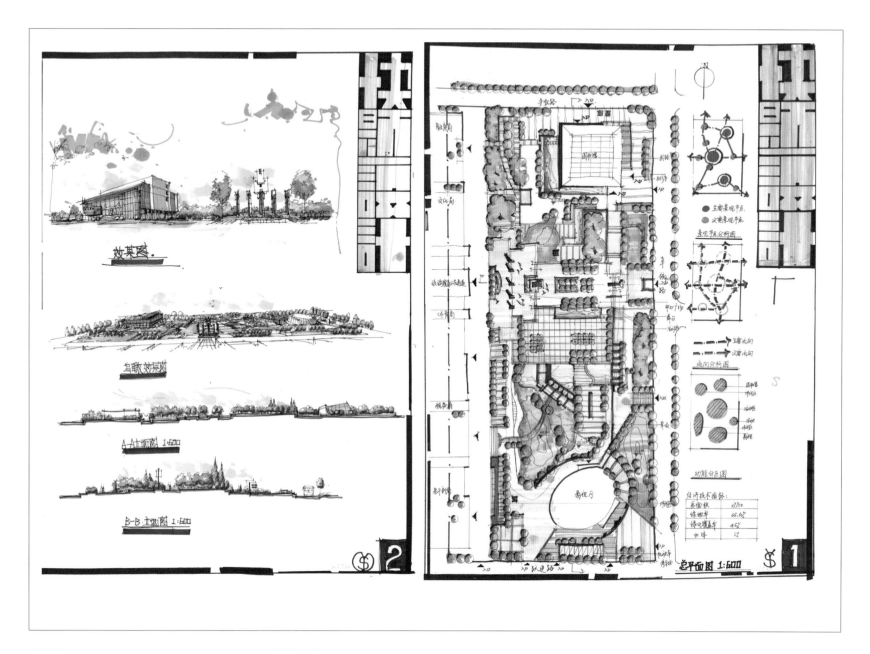

## 实例7-2

**作　者** 孙 炎
**学　校** 华中科技大学
**作业时间** 6小时
**录取院校** 湖南师范大学
**学习课程** 绘世界无忧考研方案班

## 设计评价

　　此方案设计阶段考虑了轴线空间设计，景观形式设计及景观元素设计等。场地内外环境分析较完善设计上的联系处理的也比较合理，任务要求的东西快速通廊也处理的比较巧妙。空间细部设计内容较为丰富。梳理好各空间的主次关系，并组织好各空间的衔接。保留建筑与周边联系尚可。造景时充分考虑人流来向，考虑景观的主次关系，最佳观景位置等，避免了景观设置过于均质单一。整体快题表达内容较为丰富，剖立面的空间表达及垂直设计也考虑进去了。

7.2.2

# 某城市广场滨水绿地景观设计

## 一、场地概况

某城市拟在图示范围中进行环境改造，该场地呈长方形，南北长40m，东西宽20m，地势平坦。

## 二、设计要求

（1）对原有地形允许进行合理的利用与改造；

（2）考虑市民晨练及休闲散步等日常活动，合理安排场地内的人流线路；

（3）可酌情增设花架与景墙等内容，使之成为突出显城市文化的要素；

（4）方案中应充分利用城市河道，体现滨水型空间设计；

（5）种植设计尽可能利用原有树木，硬质铺地与植物种植比例恰当，相得益彰。

## 三、图纸要求

（1）总平面图1：200；

（2）局部绿化种植图 1：200；

（3）景点或局部效果图4幅，其中一个为植物配置效果图；

（4）剖面图1：200；设计说明。

## 四、其他要求

（1）图纸尺寸为A2；

（2）图纸用纸自定，张数不限，但不得使用描图纸与拷贝纸等透明纸；

（3）表现手法不限，工具线条与徒手均可。

## 五、题目解读

（1）背景条件：场地为城市滨水小块绿地。

（2）面积：场地为城市滨水绿地，面积为800m²。

（3）地形：场地为平地。

（4）周边环境：场地三面环路，一面临河，河边为一宾馆。基于以上地形，宜在场地东部开设主入口，并设计一定范围的滨水空间。并应保证一定范围的场地朝向宾馆建筑以保证宾馆有良好的视觉空间。

（5）场地条件：场地内榉树不可移除，宜围绕榉树做一定面积的景观节点，三角枫也不宜移除，应结合设计纳入到整个景观体系中来。

（6）场地内应有一条南北向的路，以保证居民晨练与休闲活动的需要。

（7）景墙宜分散布置于整个场地中，可临路布置一定数量的景墙。花架可沿水边进行布置。

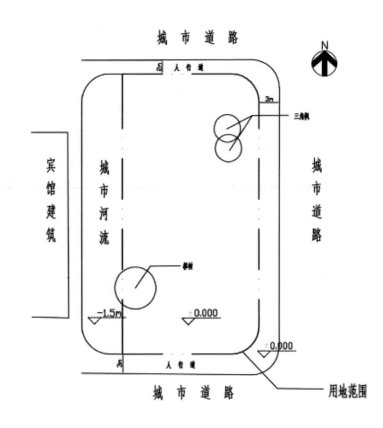

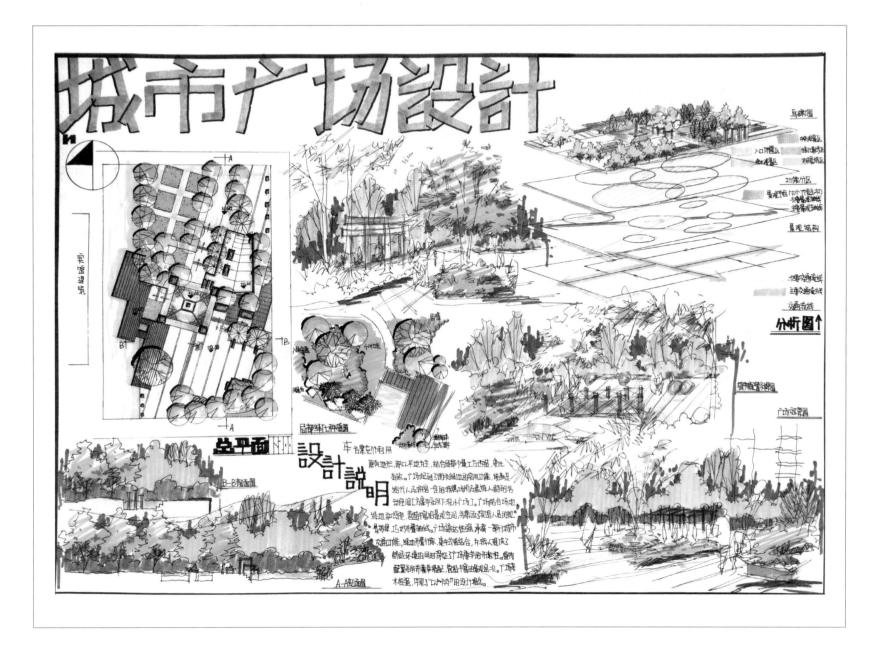

**实例7-3**

| | |
|---|---|
| 作 者 | 叶 阳 |
| 学 校 | 华中农业大学 |
| 作业时间 | 6小时 |
| 图纸尺寸 | 2号绘图纸 |
| 学习课程 | 绘世界暑期方案强化班 |

**设计评价**

空间围合较好是本案的亮点，若能在轴线空间上再下功夫效果更好。轴线的主次关系较弱，轴线空间的开合欠缺考虑。各活动空间的定位及主次分析可深入分析，景观元素的主次应当与人产生关系。空间层次的多元化也是本案需要提升的地方。表达上图量较多，剖面图空间设计表达欠缺；效果图有些潦草。排版上有些拥挤，图名缺乏对正关系。设计说明应主次条理清晰，逐条描述。

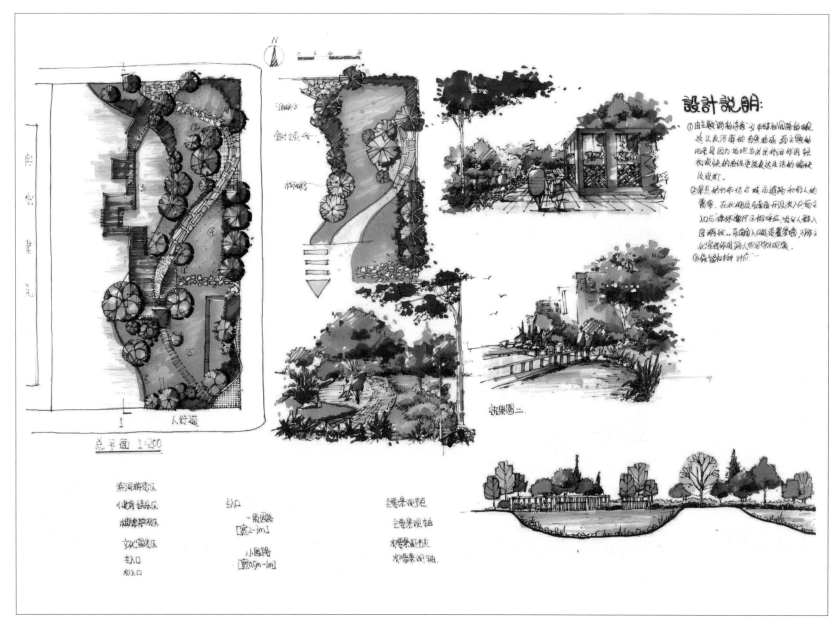

**实例7-4**

**设计评价**

作　　者　朱亚婷
学　　校　华中科技大学
作业时间　6小时
录取院校　华中科技大学
学习课程　绘世界暑期方案强化班

此案交通组织上若能主次分明，强调主要轴线关系，景观结构会更好。此案空间衔接上也处理的比较灵活。设计时将人的活动路线主次关系考虑的较清楚，也综合考虑人的视线以及驻足点，细部设计的空间层次丰富，营造出丰富的景观空间。主景观与配景及背景的衬托关系都有一定体现。表达上效果图主次关系欠缺，排版上欠缺思考。

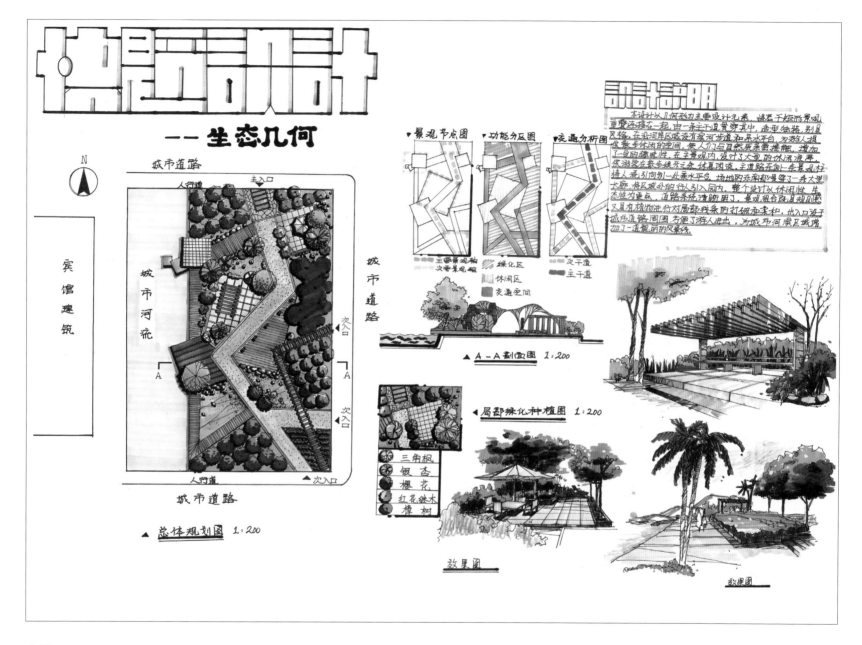

**实例7-5**

| | |
|---|---|
| 作 者 | 吕文卉 |
| 学 校 | 武汉工程大学 |
| 作业时间 | 6小时 |
| 图纸尺寸 | 2号绘图纸 |
| 学习课程 | 绘世界暑期方案强化班 |

**设计评价**

　　此方案分区明确，交通路网清晰，功能合理，定位清晰。景点控制上主次关系可以优化一下。景观轴线空间设计空间层次较为丰富。场地东西向交通联系有些弱。滨水空间的空间设计可以再斟酌一下，如交通上与水岸的离合关系，空间定位及视线引导。主节点空间的景观功能性有待加强。图面表达上下笔轻松干脆，整体内容较为丰富。效果图主次关系不明。

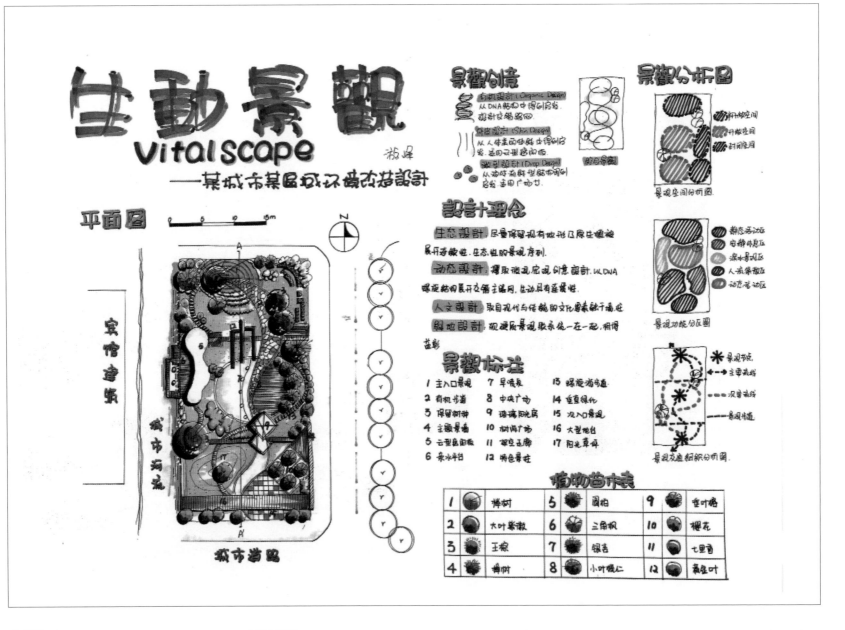

**实例7-6**

| | |
|---|---|
| 作　者 | 游　峰 |
| 学　校 | 泉州师范学院 |
| 作业时间 | 6小时 |
| 图纸尺寸 | 2号绘图纸 |
| 学习课程 | 绘世界暑期方案强化班 |

**设计评价**

　　此案南北向交通及空间考虑比较全面，东西向的联系较弱。设计时将人的活动路线主次关系考虑的较清楚，也适当考虑人的视线以及驻足点，细部设计的空间层次有待加强，空间的围合度稍显欠缺。主要人群活动路线与功能空间的景点设置考虑了内部逻辑关系，主景观与配景及背景的衬托关系都有一定体现。中部南北向空间与滨水南北向的空间在衔接上有些仓促。图面设计分析部分较为丰富。

生動景觀
VitalScape
滋峰
——某城市某區域环境改造設計

鸟瞰图

效果图

剖面图

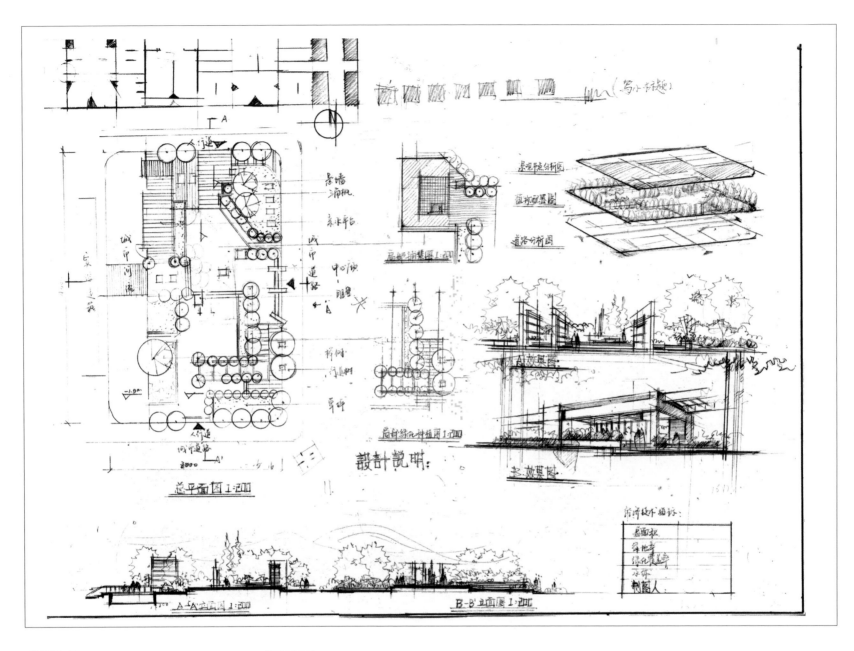

**实例7-7**

**设计评价**

| | |
|---|---|
| 作　者 | 陈　志 |
| 学　校 | 重庆大学 |
| 作业时间 | 6小时 |
| 图纸尺寸 | 2号绘图纸 |
| 学习课程 | 课堂演示 |

　　此案轴线清晰，轴线上景观设置考虑比较全面。交通组织，空间衔接上也处理的比较灵活。设计时将人的活动路线主次关系考虑的较清楚，也综合考虑人的视线以及驻足点，细部设计的空间层次丰富，营造出丰富的景观空间。主要人群活动路线与功能空间的景点设置考虑了内部逻辑关系，主景观与配景及背景的衬托关系都有一定体现。

7.2.3

# 某城市行政中心前绿地景观设计

## 一、场地概况

某城市行政中心前有一面积约4.6hm²的城市绿化用地，用地现状、周边城市用地性质、道路交通与环境见下页附图。

## 二、设计要求

要求根据绿地周边用地的性质、功能和环境要求确定绿地性质、功能、主题。力求定位准确，功能定位合理，主题突出。内容健康符合时代精神与社会需求，空间布局合理、景观丰富有序，具体要求如下：

（1）充分研究现状，合理布局，根据景观设计需要可以对现状地形进行适当调整，土方就地平衡；

（2）仔细研究绿地周边用地的性质与功能。绿地设计要满足行政，居住与休闲的需要；

（3）研究分析用地周边道路交通关系，解决好绿地的出入口设置；

（4）设计一定量的景点（园林建筑小品），景点必须与绿地性质、功能相符；

（5）结合总体布局，设计水体景观，大小自定；

（6）必须确保绿地率不小于65%。

## 三、图纸要求

（1）总平面图（含总平面布局、竖向设计标高、主要植物景观分区等相关内容），1∶300；

（2）功能分区图及相关简要分析图，1∶1000；

（3）局部景点设计1~2处（含平面、立面、剖面图、植物种植图、局部效果图），1∶100~1∶200；

（4）相关说明及主要经济技术指标统计表，其文字说明不少于500字。

## 四、其他要求

（1）A1图幅，不透明方式表达，表现方式不限。

（2）完成所有成果为八小时（含午餐时间）。

## 五、题目解读

（1）面积：场地为行政中心前绿地，面积为4.6hm²。

（2）地形：场地地势平坦。题目中未交待场地高程变化。

（3）周边环境：场地南部为商业中心，西部为居住区，东部为森林公园。根据主入口开口原则，行政区开口优于商业区。同时场地设计初衷主要为行政中心服务，所以设计成北部为主入口的南北向轴线景观结构为宜。场地东、南、北三侧毗邻城市主干道，所以城市东部应增加出入口，西部为居民区，场地应满足西部居民的使用需要。

（4）综上所述，场地各个方向应增设出入口，北部为主入口。形成一条南北向的景观轴线。北部设置一定数量的停车场，南部也应设置一定数量的停车场与硬质铺装，以适应南部商业区的功能需要。

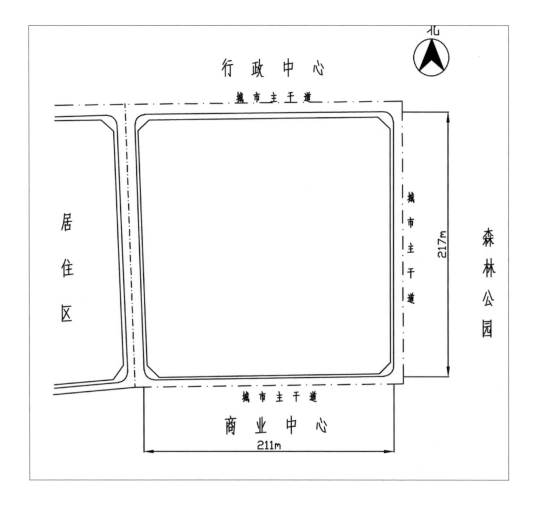

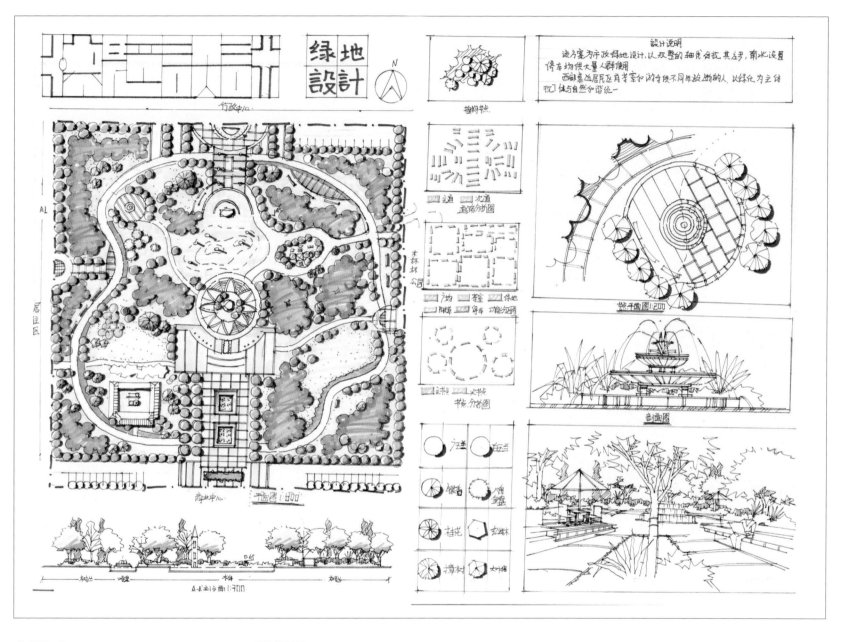

**实例7-8**

作　　者　肖璐
学　　校　湖北工业大学
作业时间　6小时
图纸尺寸　1号绘图纸
学习课程　绘世界暑期方案强化班

**设计评价**

　　轴线清晰以及空间围合较好是本案的亮点，若能充分考虑轴线空间的起承转合，轴线空间的开合有度，路网的主次疏密关系就更好。景观空间上组织有序，衔接合理。交通路网的衔接细节有待推敲。该场地北面有行政中心，设计上处理的比较普通。广场空间的主次关系，空间形式有提升空间。颜色搭配较为素雅，图面内容丰富。

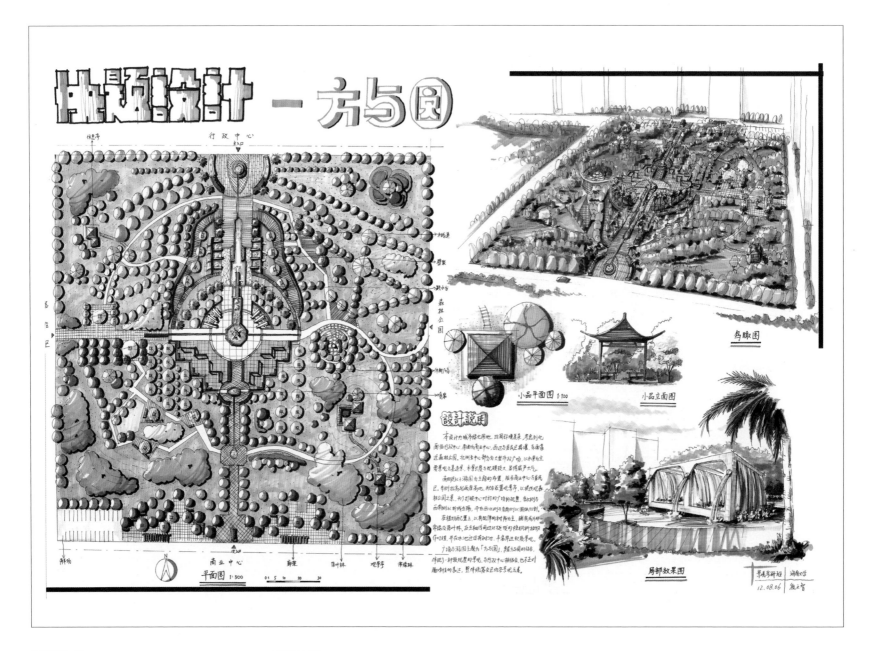

**实例7-9**

| | |
|---|---|
| 作　　者 | 熊天智 |
| 学　　校 | 海南大学 |
| 作业时间 | 6小时 |
| 录取院校 | 华南理工大学 |
| 学习课程 | 绘世界暑期方案强化班 |

**设计评价**

　　此方案轴线明确，轴线空间及景观较为丰富。路网的主次关系不够严谨，各功能区的定位也不够明确。此类矩形空间前期划分时候建议做到功能区的主次分明，避免均质分区。植物种植上选用规则种植时应分析必要性，功能区的空间围合比较欠缺。北面建议设置一些对外公共活动空间，停车场的设置不合理，表达上也不够全面清晰。图面效果图表达有一定气势，整体内容较为丰富。

## 7.2.4 城市街头小绿地景观设计

### 一、场地概况

基地为中国某中型城市中心的一块1.5hm²的公共场地，三面临城市道路，东南北三面均为居住区，西面为商业区，基地西北角落有一片面积约为15m×25m的水杉林要求保留，一栋5m×10m的建筑（要求保留）。基地中部偏南一片约为20株的银杏树要求保留，如右图所示。

### 二、图纸要求

（1）1：200的总平面图一张（注：绘世界学员考试改为了1：300），分析图若干；

（2）典型断面的剖面图、透视图；

（3）文字说明。

### 三、时间：3小时

### 四、题目解读

（1）背景条件：场地为城市小块绿地。

（2）面积：面积为1.5hm²。

（3）地形：场地为平地。

（4）周边环境：场地三面为居住区，一面为商业区，故主入口宜开在商业区方向。

（5）场地条件：场地内水杉林、银杏树不可移除，宜保留做成一定特色的观赏林。建筑也应保留做成景观花房或其他反映城市特色的景观建筑。

（6）场地宜为开敞性空间。

（7）考虑到场地面积较小，不需设置园务设置，场地西部可设置2~4个停车位满足西侧商业区的需要。

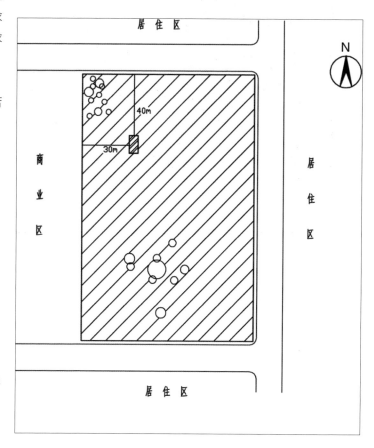

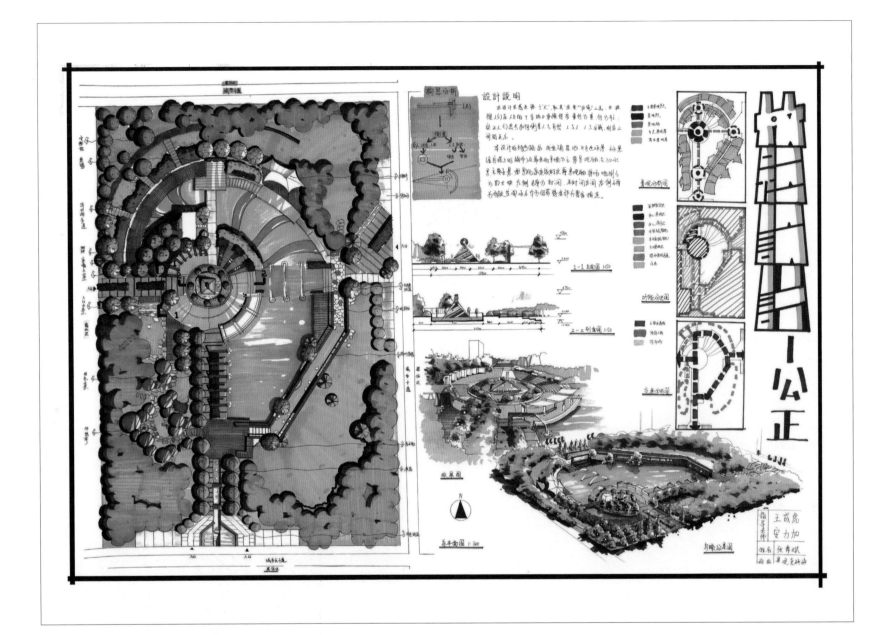

## 实例7-10

**设计评价**

作　　者　张常斌
学　　校　海南大学
作业时间　3小时
图纸尺寸　2号绘图纸
学习课程　绘世界暑期方案强化班

　　本设计由特色跳泉、线型涌泉、特色水景、主水景（金字塔上的钱币）及靠北的景墙组成主要景观轴，与入口水景、主要水景、框景跳泉构成的次要景观轴将场地划分为四大块，左侧主要为封闭、半封闭空间、右侧主要为开敞空间，水系作为纽带将各部分紧密相连。路线结构体系清晰，景观的"轻重"布局从主入口到观景的木站台再到中心的广场区域做了比较适当的考虑，图面中曲线与直线的相契结合有一定的构成美感，但场地设计中由于水域的阻隔显得东西向交通联系欠佳，应适当考虑便捷的沟通。

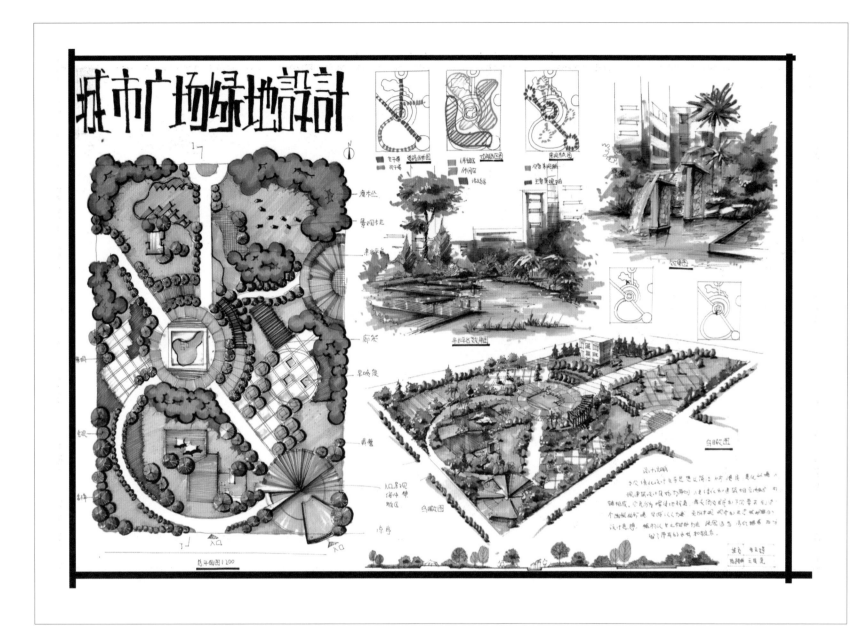

**实例7-11**

| | |
|---|---|
| **作 者** | 朱亚婷 |
| **学 校** | 华中科技大学 |
| **作业时间** | 3小时 |
| **图纸尺寸** | 1号绘图纸 |
| **学习课程** | 绘世界考研方案连报班 |

**设计评价**

本绿化设计主导思想以简洁大方便民表现建筑设计风格为原则，使绿化和建筑相互融合，相辅相成。充分发挥绿地效益，满足周边居民的不同要求，创造一个优雅的环境，坚持以人为本，充分体现生态的设计思想。本案设计，大量的曲线路线及空间，有意的节点对应布置，使场地具有一定趣味性，但景观的主次处理不当，道路与道路的衔接上需要进一步考虑，尽量寻求顺畅。

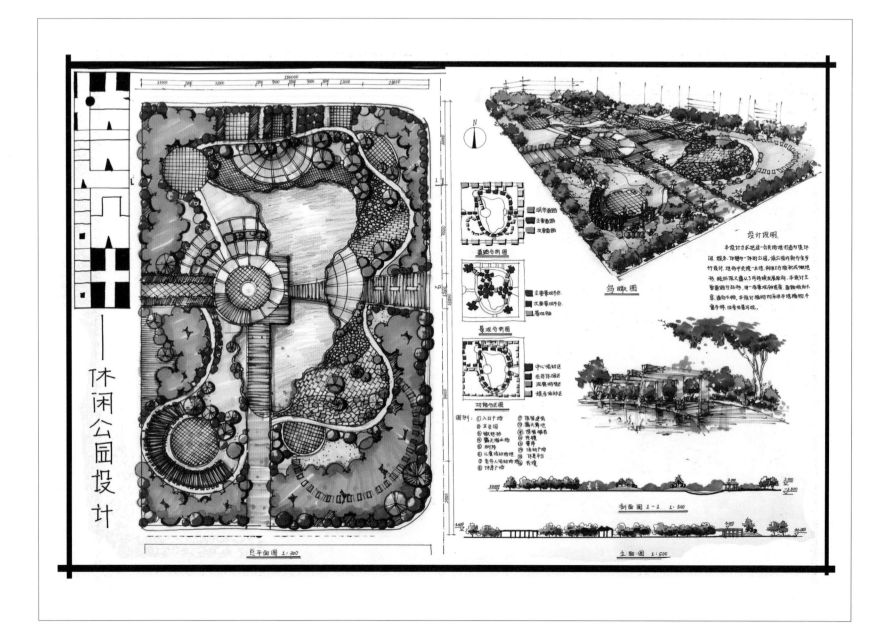

**实例7-12**

| | |
|---|---|
| 作　　者 | 谢光园 |
| 学　　校 | 湖南文理学院 |
| 作业时间 | 3小时 |
| 图纸尺寸 | 1号绘图纸 |
| 学习课程 | 绘世界暑期方案强化班 |

**设计评价**

　　本设计从总体上来讲是一幅不错的快题作品，首先东西向的轴线使得全园看起来南北并不那么狭长；其次环形的一级园路使得整个场地的空间更好的组织在了一起；再次，场地内各个环形广场，也很好满足了场地的娱乐需求。以"圆"为主题，让整个场地看起来和谐一体，富有生气。

**7.2.5**

# 华中某旅游城市滨水景观规划设计

**一、场地概况**

华中某旅游城市滨水区域，结合旧城改造工程拆除了一块约4.2hm²的地块（附图1中的深色地块），拟规划建设成公共开场空间，以重新焕发和提升滨水区活力，满足城市居民的游憩、赏景及文化休闲等需要。

**二、设计要求**

（1）场地是由胜利东路、湘西路、环城东路三条道路以及东湖围合的区域，总面积约4.2hm²（不含人行道）。场地详见附图。

（2）场地内西南角为保留的历史建筑（主楼4层、附楼2层），属文物保护单位，现用作城市博物馆，建筑呈院落围合，墙面为清水砖墙，屋顶为深灰色坡顶。设计时既要满足建筑保护的要求，又应纳入作为该开放空间的重要人文景观。

（3）场地西北角有几颗古银杏，临东湖边有一片水杉林，设计时应予以保留并加以利用。

（4）该开放空间应兼具广场与公园的功能，为保证中心区的绿率，设计时要求绿化用地不少于60%。

（5）场地内高差较大，应科学处理场地内外的高程关系，出于造景和交通组织的需求，允许对场地内地形进行必要的改造；合理组织场地内外的交通关系，并考虑无障碍设计。

（6）考虑到场地周边公共建筑及卫生服务设施的缺乏，场地内须布置120m²公厕一座，其他建筑、构筑物或小品可自行安排。

（7）考虑静态交通需求，整个场地的停车场结合博物馆的停车需求一起布置，总共规划12个小车泊车位。

**三、图纸要求**

（1）1：800的总平面图一张，分析图若干；

（2）典型断面的剖面图、透视图；

（3）文字说明。

**四、时间**：6小时

**五、题目解读**

（1）条件背景：基地是城市滨水区域，原为旧城区，需要规划改造为公共开敞空间，作为城市居民休闲娱乐游玩区域。

（2）面积：地形不规整，面积为4.2hm²。

（3）地形：场地高差较大，最高落差约5m，西南方向高，东北方向低。

（4）周边环境：场地三面临街，一面临湖。场地中有古银杏、水杉，以及一栋历史建筑（主楼4层、附楼2层），需保护并加以利用。

（5）场地要兼备广场与公园功能，西南临街方向，可设置大面积硬铺，作为公园的主要入口。靠近住宅区域方向应该设置2~3个次入口。

（6）场地周边公共建筑以及卫生服务设施缺乏，场中应该设置120m²公厕。

（7）博物馆附近要设置12个小车泊车位，方便交通。

（8）公园宜为自然式布局，种植华中地区景观植物为宜。

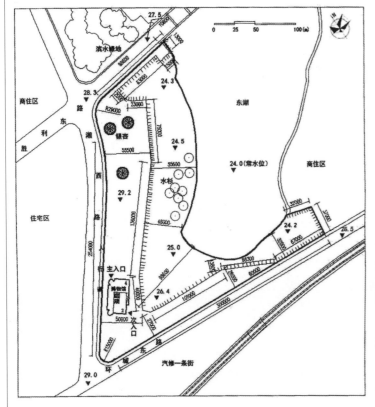

**实例7-13**

作 者 林晓婷
学 校 泉州师范学院
作业时间 6小时
图纸尺寸 1号绘图纸
学习课程 绘世界暑期方案强化班

## 设计评价

此案空间的形式感上考虑的比较多。轴线上景观层次有待优化。交通组织，空间衔接上也处理的比较灵活。设计时将人的活动路线主次关系考虑的较清楚，细部设计的空间层次丰富，营造出丰富的景观空间。主要人群活动路线与功能空间的景点设置考虑了内部逻辑关系。保留建筑的后勤流线未做考虑，与南面广场的关系不太协调。轴线附近的新建建筑与环境的衔接欠妥。方案若能充分考虑场地高差，并妥善处理，整体效果会更佳。

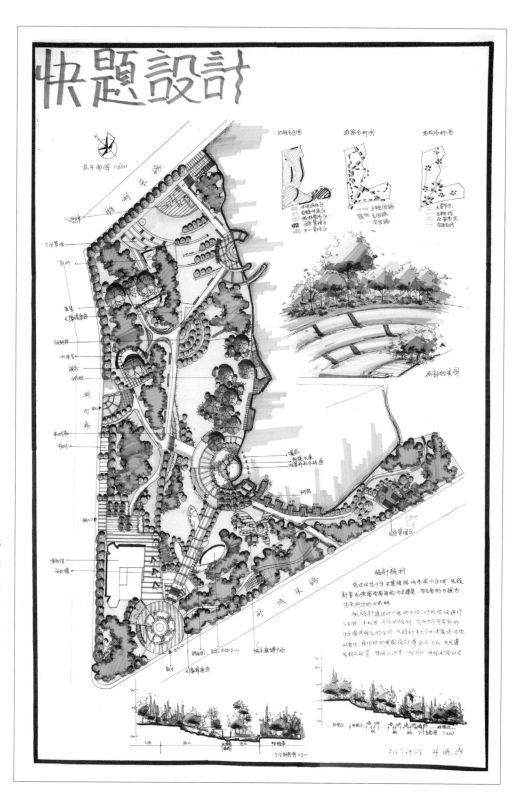

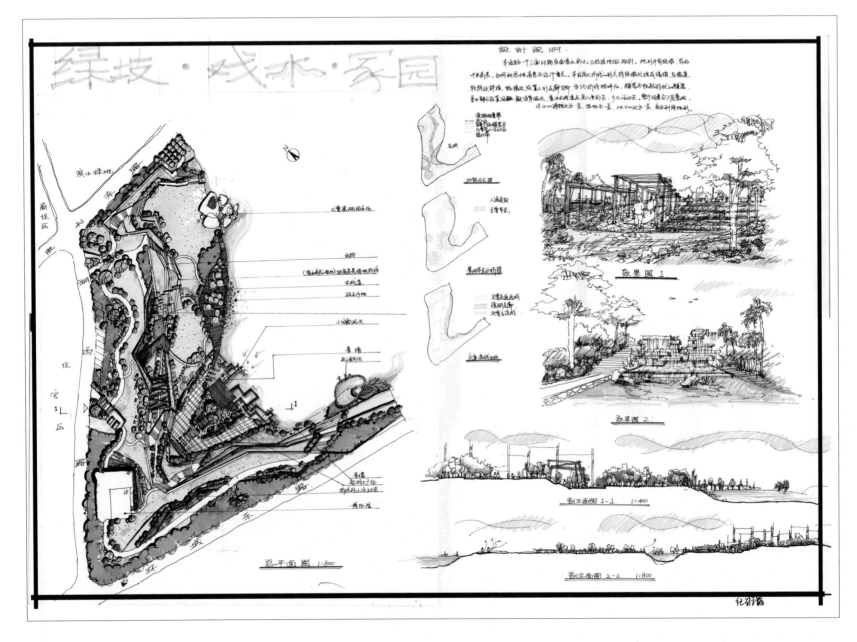

## 实例7-14

**作　　者** 纪雅萌
**学　　校** 湖北美术学院
**作业时间** 6小时
**录取院校** 武汉理工大学
**学习课程** 绘世界暑期方案强化班

## 设计评价

　　此方案充分结合场地现状，景观的形式感较好，空间划分清晰，主次分明。景观空间上组织有序，衔接合理。设计者对轴线把握较弱，未能明确引导主要的活动方向。丰富轴线空间的交通路线、高程设计、空间景观等一直是景观轴线设计的重点技巧。如能衔接北面滨水绿带及东面居住区的交通就更好。保留建筑部分处理较弱，未设置独立集散广场及后勤车流，消防考虑欠缺。

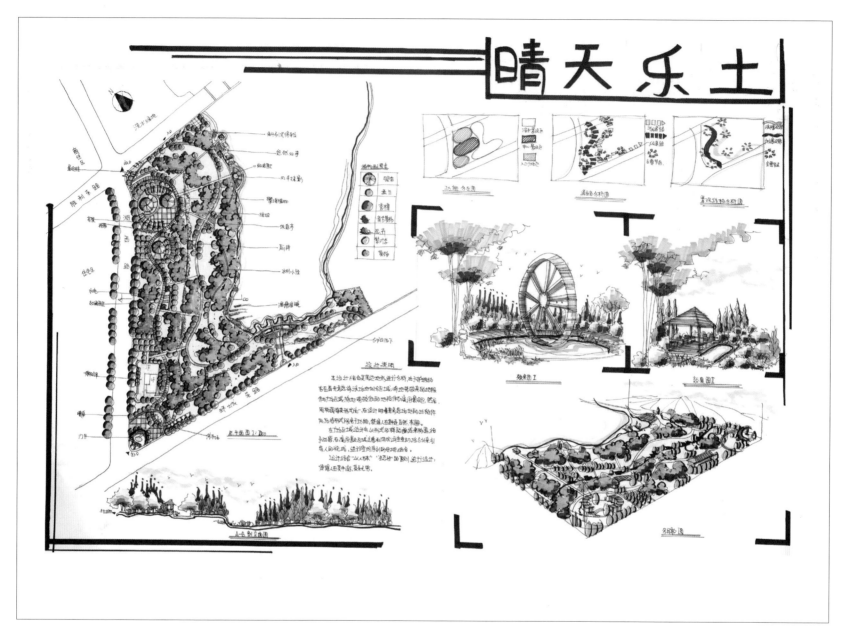

## 实例7-15

**作　　者** 谢瑞祥
**学　　校** 武汉设计工程学院
**作业时间** 6小时
**录取院校** 中南林业科技大学
**学习课程** 绘世界暑期方案强化班

## 设计评价

此案空间层次分明，基本框架尚可，交通的主次关系及节点空间的衔接较为普通。主节点上的交通功能与主体功能处理的比较被动。交通过多曲折会妨碍便捷功能的实现。丰富轴线空间的交通路线、高程设计、空间景观等一直是景观轴线设计的重点技巧。空间的主次关系通过场地分区实现，平面方案表达上结构清晰，主次与图底关系分明。南北向交通稍显过多，可分清主次，并处理好原有地势与设计的关系。

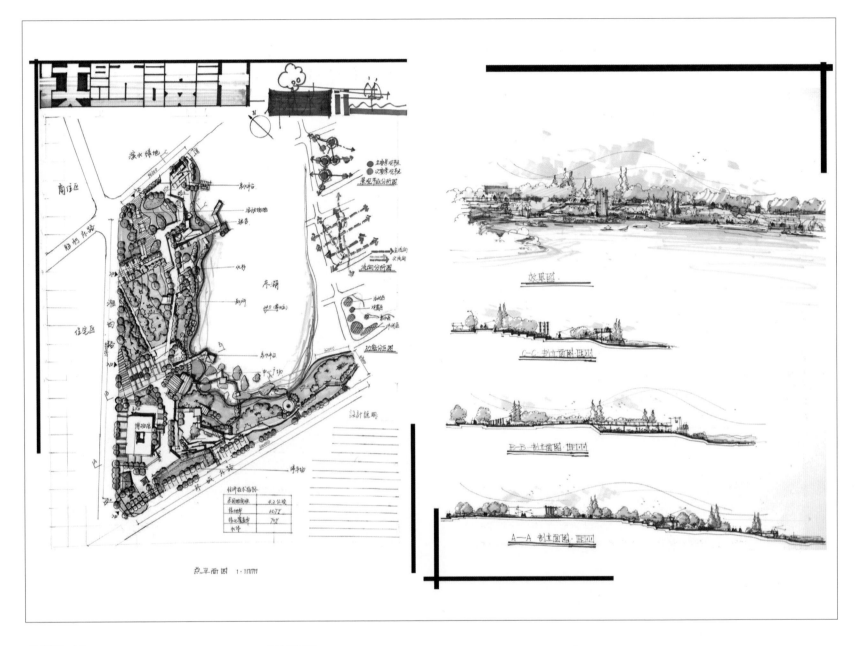

**实例7-16**

| | |
|---|---|
| **作 者** | 孙 炎 |
| **学 校** | 华中科技大学 |
| **作业时间** | 6小时 |
| **录取院校** | 湖南师范大学 |
| **学习课程** | 绘世界无忧考研方案班 |

**设计评价**

　　方案设计阶段结合场地现状在景观结构上下功夫了。考点中的高程设计也有深入思考。空间细部设计内容较为丰富。如能梳理各空间的主次关系，并组织好各空间的衔接就更好。此案主入口处理较好，首要集散位置与周边环境的关系衔接流畅。造景时应充分考虑人流来向，考虑景观的主次关系，最佳观景位置等。景观设置上分区明确，主次分明。轴线空间层次丰富。充分考虑轴线空间主次人流的引导。

## 7.2.6 旧城中心街头绿地景观设计

### 一、场地概况

考试课题要求设计的街头绿地位于南方旅游古镇旧城中心建设路与市场路交汇处，其建设基地内现为街头集市中的鸡鸭市场，北有民宅对其市场进行围合；民宅后端则为开掘于明清之际的荔泉古井，距今已有300余年的历史。古镇旧城的建设即围绕该井向外拓展，进而建成今天古镇旧城的格局，并为古镇孕育了一代代子孙。历经沧桑的荔泉古井至今仍为古镇居民提供着甘甜纯净的泉水，且水源丰沛，水质清澄，是古井周围住民们生活取水水源之一。如今古镇进行旧城改造规划，位于旧城中心见证了古镇演变历程的荔泉古井已被列入旅游开发建设的重要景点。为此，政府规划迁走建设基地内的鸡鸭市场，拆除基地内的民宅，使位于其后的荔泉古井显露出来直至建设成为古镇旧城的特色景观。

基于这样的要求，我们选择南方旅游古镇旧城中心街头绿地环境作为艺术设计快题考试的题目，要求考生在所给的用地平面图（见附图灰色示意的范围）对建设基地进行整合，并围绕古井的主题，在保持地势高差变化的基础上，设计一个能够体现旅游古镇源远流长文化演变历程和地标特色的旧城中心街头绿地环境艺术概念设计作品来。

### 二、设计要求

（1）所做设计要有新颖、独特的构思立意，要求设计定位准确，并具有一定的文化品位，其设计能够体现旅游古镇源远流长的文化演变历程和古镇地标特色风貌。

（2）所有设计图样，要求按国家建筑设计制图规范进行设计，作为环境艺术设计图纸，要求标明尺寸、标高，以及所用主要装饰材料及装修做法，并确立出其外部空间环境各个界面的主要环境用色色标，照明灯具的布置形式，以及建筑外部空间环境的植物配置等。

（3）画出旅游古镇旧城中心街头绿地环境的空间构思创意与环境分析图，比例自定。

（4）画出旅游古镇旧城中心街头绿地环境平面图，主要立面、剖面设计图，比例为1∶200。

（5）选择良好的视点，画出旅游古镇旧城中心街头绿地环境空间整体环境鸟瞰透视图或轴测图1个，比例自定。

（6）选择街头绿地环境中展示设计主题，且空间适当的范围做具体设计，要求画出能够体现其设计定位个性与特色的景点环境与公共艺术设施的平、立、剖面设计图及透视图，比例为1∶50（重点完成任务）。

（7）写出简明扼要的设计构思说明（内容有设计依据与定位、构思创意与设计概念、空间分析、界面与环境设计、绿化配置、装饰风格及竖向设计等需说明的问题）。

### 三、图纸要求

（1）1号绘图纸。

（2）考试时间：6小时（含午餐时间）。

## 四、注意事项

（1）考试所需图板、工具等均自备；

（2）不准带任何参考资料进入考场；

（3）除表现图与色标需作色外，其他图样是否着色由考生自定；

（4）概念提出与构思立意：10%；

（5）空间布置与界面处理：25%；

（6）具体设计与效果表现：35%；

（7）设计说明与语言表述：20%；

（8）尺寸、标高、材料、作法与绿化植物的标注及色标、灯具的确立：10%。

## 五、题目解读

（1）背景条件：场地为南方旅游古镇旧城中心街头绿地。

（2）面积：根据场地比例关系，面积约为1568m²。

（3）地形：场地为平地。

（4）周边环境：场地为狭长三角形，位于城镇中心地带，周边为民房。南部与东部为城市道路，主入口应南向开口，吸引人群。

（5）古泉宜做成核心景点，同时做一条南北向的中轴线与南部主入口保持连通。

（6）综上所述，场地做成北部为古泉广场南部为主入口广场的二元景观结构为宜。

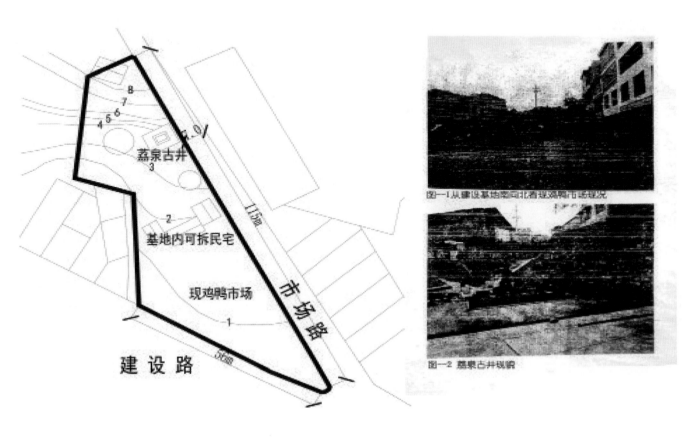

**实例7-17**

| 作　　者 | 朱亚婷 |
| --- | --- |
| 学　　校 | 华中科技大学 |
| 作业时间 | 6小时 |
| 图纸尺寸 | 1号绘图纸 |
| 学习课程 | 绘世界暑期方案班 |

**设计评价**

　　此案轴线清晰，结构顺畅，图面整体感也较好。内部道路密度偏高。空间衔接稍显突兀，公共活动空间的景观衬托基本体现出来，空间层次显得有些单薄。功能空间围合上有些散，交通空间的景观设置较为普通。空间的尺度把握欠缺。各功能区的过于开放显的有些失控，空间尺度可继续推敲一下。图面内容较多，排版上稍微有些拥挤。

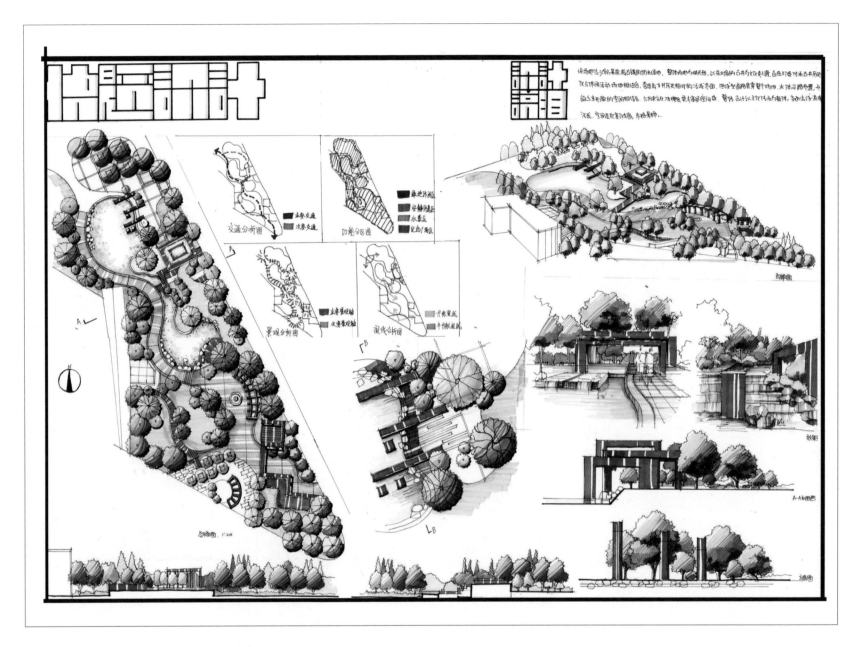

**实例7-18**

**设计评价**

| | |
|---|---|
| **作　者** 黄 越 | |
| **学　校** 河北农业大学 | |
| **作业时间** 6小时 | |
| **图纸尺寸** 1号绘图纸 | |
| **学习课程** 绘世界暑期方案强化班 | |

　　此案景观设置上考虑比较全面。交通组织，空间衔接上也处理的比较灵活。设计时将人的活动路线主次关系考虑的较清楚，也综合考虑人的视线以及驻足点，细部设计的空间层次丰富，营造出丰富的景观空间。主要人群活动路线与功能空间的景点设置考虑了内部逻辑关系，主景观与配景及背景的衬托关系都有一定体现。表达上内容丰富，版式较好，凸显绘图者的综合设计表达能力较强。

**7.2.7**

# 小游园景观规划设计

## 一、场地概况

城市中心街旁小游园—基地西边为医院，南部为居住区，总面积约为3000m²。

## 二、设计要求

（1）总平面1：500；

（2）局部放大1：100，不小于10m²×10m²，必须包含景观亭或景墙，写出铺装名称及植物配置；

（3）立面图1：100或1：50；

（4）鸟瞰图，不小于A3图纸大小；

（5）设计说明，不少于150个字；

（6）相关经济指标；

（7）3小时绘图时间。

## 三、题目解读

（1）条件背景：地块位于城市中心，北面为街道，西侧与医院接壤，南侧与居住区相接。

（2）面积：地块形状大致为梯形，地块大小为0.3hm²。

（3）地形：地形平整，没有落差。

（4）周边环境：地块处于城市中街边小游园。地块四面临街均可设置主出入口，西面临近医院，需要考虑大量车流人流，南面为居民区，需考虑人车分流以及居民日常游憩生活。

（5）小游园硬质铺装和城市绿地相结合为宜。

（6）由于地块较小，场地可考虑不在设置厕所等相关园务设施。

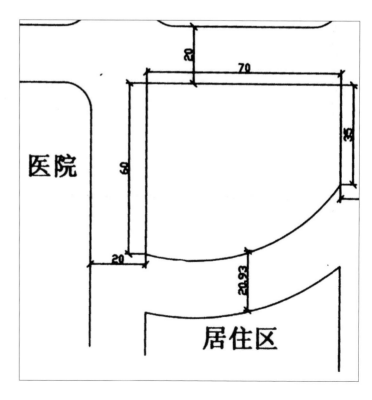

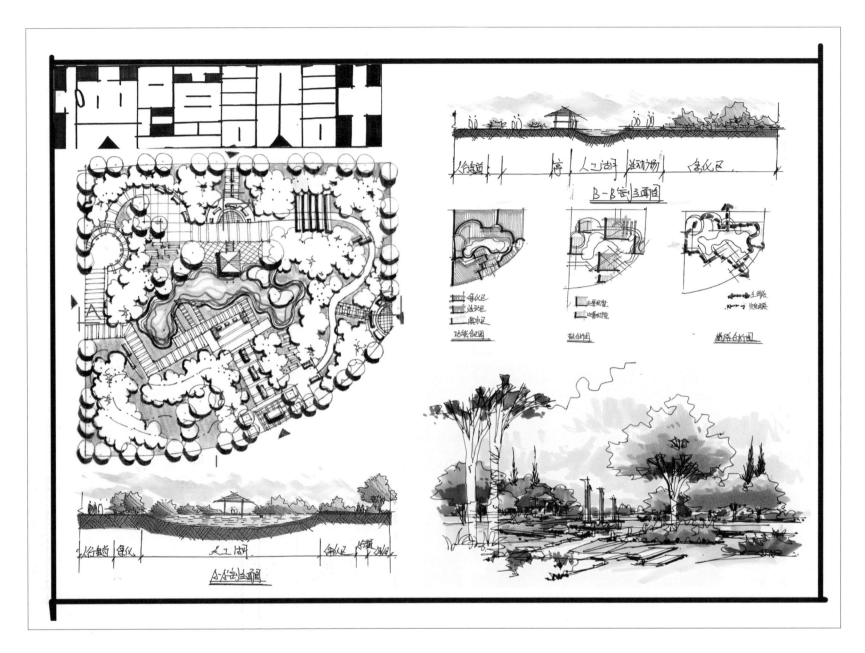

## 实例7-19

作　　者　　绘世界教师
单　　位　　绘世界设计考研研究中心
作业时间　　3小时
图纸尺寸　　2号绘图纸
学习课程　　绘世界暑假课堂演示

## 设计评价

　　此案轴线清晰，也抓住题目考点，图面整体感也较好。内部道路关系合理有序。各空间围合较好，细部设计充分考虑半开敞空间对整体空间层次的影响，从而营造出丰富的空间层次。主要人群活动路线与功能空间的景点设置考虑较全面，主景点的设置与配景及背景的衬托关系也体现出来了。

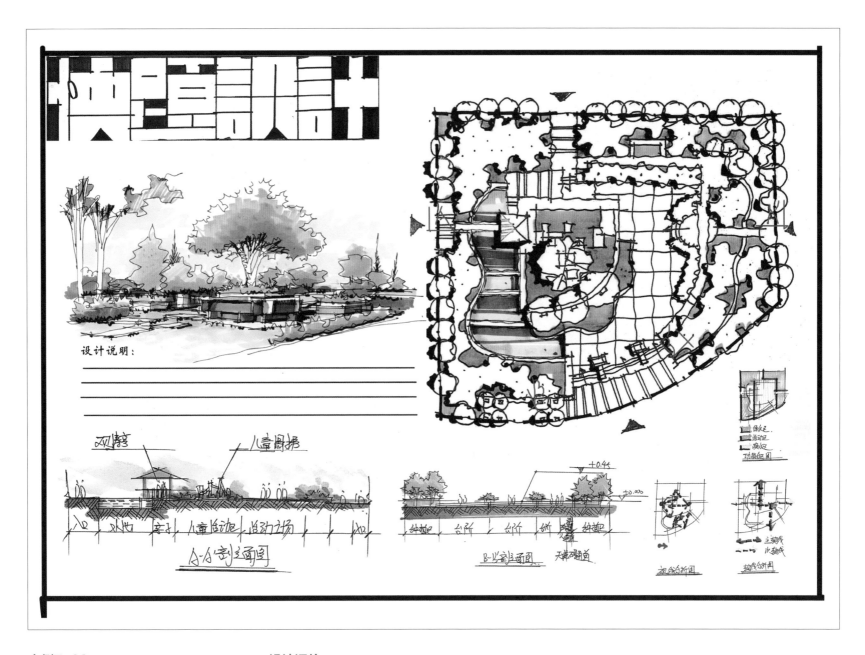

**实例7-20**

作　者　绘世界教师
单　位　绘世界设计考研研究中心
作业时间　3小时
图纸尺寸　2号绘图纸
示范时间　绘世界暑假课堂演示

**设计评价**

　　此案在景观结构上考虑的比较多。轴线上景观设置考虑比较全面。交通组织，空间衔接上也处理的比较灵活。设计时将人的活动路线主次关系考虑的较清楚，也综合考虑人的视线以及驻足点，细部设计的空间层次丰富，营造出丰富的景观空间。结合内外环境巧妙地将轴线景观凸显出来。空间的围合及衔接都处理较好。

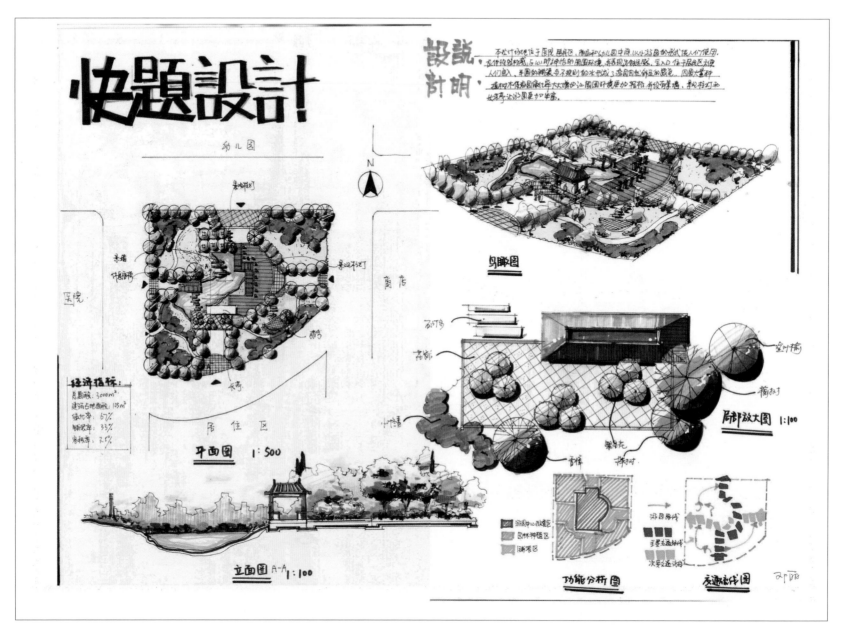

**实例7-21**

作　者　邓　丽
学　校　武汉科技大学城市学院
作业时间　3小时
录取院校　武汉工程大学
学习课程　绘世界暑假方案强化班

**设计评价**

　　此案轴线清晰，各区联系紧密，图面整体感较好。内部道路关系合理有序，景点设置上呼应关系考虑的比较全面。空间围合较好，细部设计充分考虑半开敞空间对整体空间层次的影响，空间层次丰富。主要人群活动路线与功能空间的景点设置也有一定考虑，主景点的设置与配景及背景的衬托关系也体现出来了。

　　画面内容丰富，颜色关系清晰明确，表达娴熟。

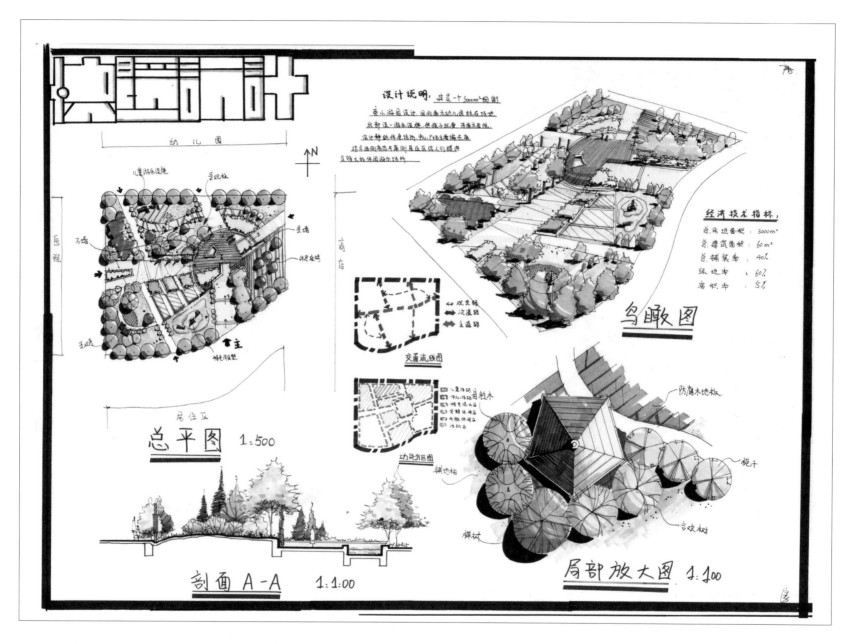

实例7-22

作　者　唐媛媛
学　校　武汉科技大学城市学院
作业时间　3小时
录取院校　中国地质大学（武汉）
学习课程　绘世界暑假考研方案

设计评价

　　此案脉络清晰，空间较为开放。轴线空间设计稍显平庸，西部外环境为医院，可考虑适当隔离，功能区来说宜设置满足安静疗养的空间。次要交通与主结构关系的衔接有待推敲，从空间开发利用程度来说，本案稍显过度开发，详细局部设计稍显不足。快题表达上内容丰富，关系清晰。

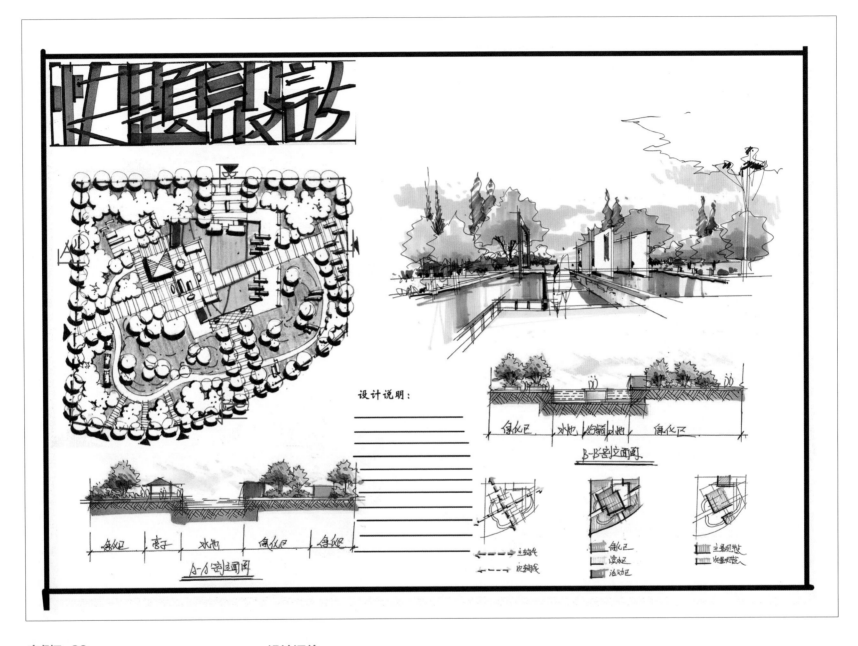

**实例7-23**

作　　者　绘世界教师
单　　位　绘世界设计考研研究中心
作业时间　2小时
图纸尺寸　2号绘图纸
学习课程　绘世界寒假课堂演示

**设计评价**

　　此方案设计阶段考虑了轴线空间设计，景观形式设计及景观元素设计等。轴线空间稍显单调，开合关系有待加强。场地内外环境分析较完善，设计上景点之间的联系处理的比较合理，场地设计中的竖向设计也基本清晰。空间细部设计内容较为丰富。梳理好各空间的主次关系，并组织好各空间的衔接。表达上清晰明快。

## 7.2.8

# 街头休闲工业景观设计

### 一、场地概况

某一滨江新城计划在沿江市青少年活动中心前，城市规划预留三角绿化用地，开辟为街头休息性小公园（面积约1hm²），考虑到小公园附近人流集散较多，科技文化活动气氛较浓，沿江视野开阔，确定"城标"雕塑（基座4m×7m）设在小公园内，要求能与其他园林要素配合成为公园与街道主景。

小公园免费开放，对原地形（见基地现状图）允许进行合理利用及改造，尽可能利用原有树木，园内可设少量园林服务性建筑，如：音乐茶座、小卖部、亭、管理用房、厕所等。

### 二、图纸要求

（1）小公园总体方案平面1：500，小公园鸟瞰示意。

（2）小公园局部效果三至四个（其中必须有一个以植物造景为主的）。

（3）小公园设计说明。

（4）表现形式不限。

### 三、时间：6小时。

### 四、题目解读

（1）背景条件：场地位于某滨江新城的青少年活动中心北面，为街头游憩休闲绿地公园，一面临江，景观视野开阔。园内需设置小雕塑景观，同时可设置少量园林服务性建筑。

（2）面积：场地为三角形，面积约为1hm²。

（3）地形：场地北低西高，最高处与最低处高程相差约2.5m。

（4）周边环境：场面南面和东面有青少年接待中心，工人文化宫和电影院，人流较多，宜设置主出入口，场地东南边与河道平行，宜在在园内设置平行于河岸的长轴线主园路。东北面主干道为车行道，可以设置多个次出入口通向河岸亲水区。

（5）停车场宜设置在主入口附近,满足到公园人流需要。

（6）沿水地区可以设置观水、亲水景观平台。

（7）公园宜为自然式布局。

（8）公园面积较小，场地内不需考虑设置厕所等相关园务设施。

（9）植物使用华东地区为宜。

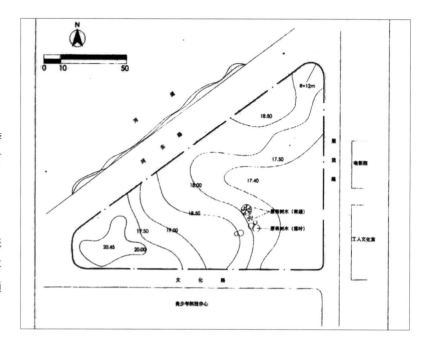

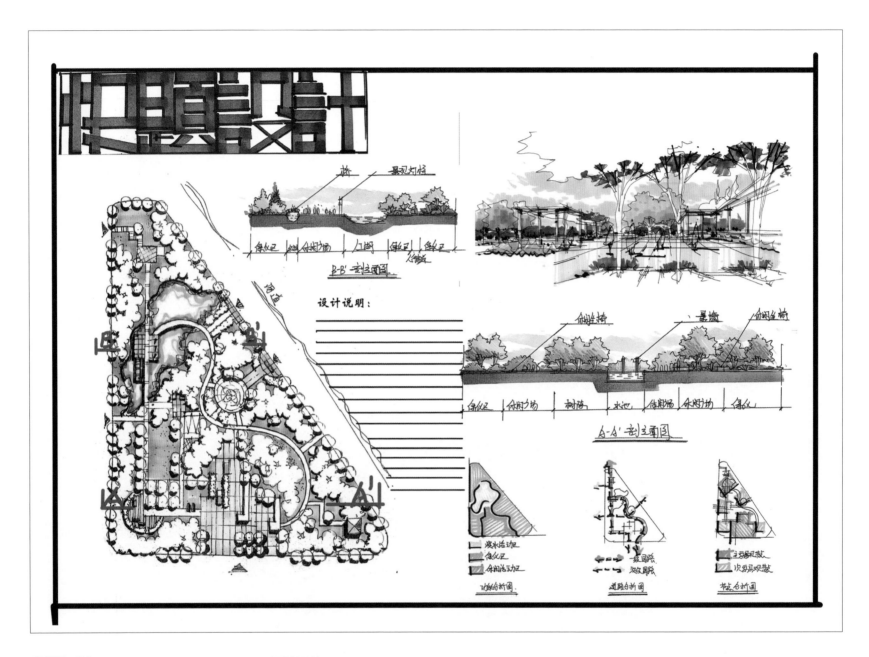

## 实例7-24

| | |
|---|---|
| **作 者** | 绘世界教师 |
| **学 校** | 绘世界设计考研研究中心 |
| **作业时间** | 2小时 |
| **图纸尺寸** | 2号绘图纸 |
| **示范时间** | 绘世界寒假课堂演示 |

## 设计评价

　　方案设计阶段结合场地现状在景观结构上下功夫了。空间细部设计内容较为丰富。空间的主次关系比较明确，如能处理好水系与人的关系就更好。此案主入口集散处理的较好。造景时应充分考虑人流来向，考虑景观的主次关系，最佳观景位置等。景观设置上分区明确，主次分明。

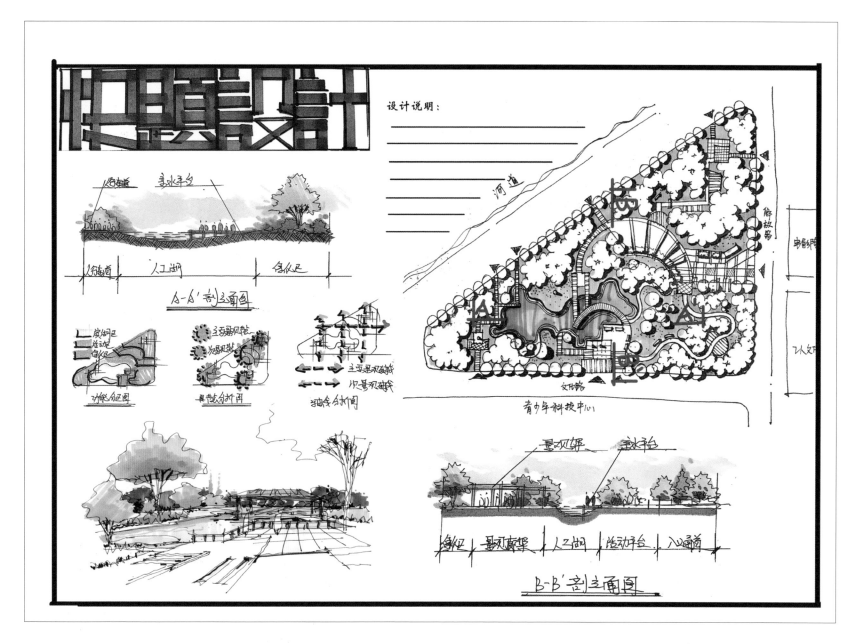

设计说明：

河道

A-A' 剖立面图

功能分区图

主要景观轴

B-B' 剖立面图

青少年科技中心

**实例7-25**

| | |
|---|---|
| 作　者 | 绘世界教师 |
| 学　校 | 绘世界设计考研研究中心 |
| 作业时间 | 2小时 |
| 图纸尺寸 | 2号绘图纸 |
| 示范时间 | 绘世界考研冲刺课堂演示 |

**设计评价**

　　此方案充分考虑内外环境，功能合理，布局巧妙。轴线明确，路网清晰。轴线空间景观稍弱，空间开合关系有待进一步推敲。各区景观空间上组织有序，衔接巧妙。设计者对造景手法的运用也非常娴熟。自然式水景的设计较好地衔接了各个重要观景空间，交通与水体的衔接也有一定思考。

7.2.9

# 售楼处景观快题方案设计

### 一、场地概况

街边售楼处景观设计。

房地产商和政府部门达成协议，利用城市公园绿地的一部分作为售楼处的景观用地，约1.5hm²。基地情况如图所示，有保留大树9棵，有一宽15m的河道纵穿基地，水位低于基地2.5m，水深0.5m。设计时河道必须保留，可以做适当改动。西北角边缘与居住区内商业街连接。

### 二、设计要求

风格：现代简约。

设计要有至少10个车位的停车场，要有室外洽谈区（至少能容纳40座位）、景观展示区、迎宾大道。设计的场所要在售楼处没有了之后能继续满足市民的要求，而且能与上下园林绿地衔接良好，不需做太大的改动，要有步道将南北公园绿地连接起来。

### 三、图量要求

（1）平面图1∶300（80分）。

（2）剖面图1∶100~150（至少两个方向，15分）。

（3）功能分区，交通分析图1∶500（20分）。

（4）设计说明不少于100字（15分）。

（5）详细节点设计图或景观小品构造图（20分）。

### 四、题目解读

（1）背景条件：场地为城市公园绿地，同时具备售楼处景观用地功能，需保留大树9棵和一条15m宽的河道。西北角边缘与居住区内商业街衔接。

（2）面积：场地为不规则矩形，面积约为1.5hm²。

（3）地形：绿地面积较小，地势相对平整。

（4）周边环境：场地南北方向有一条15m宽的现状河道，可结合景观设置亲水游玩区，西面售楼部门前宜设置硬质铺装小广场，南面和东面为城市主干道，西面和北面为居民区，四面均可设置主出入口。

（5）售楼部南面角落宜设置停车位，合理利用空间的同时满足售楼部的停车需要。

（6）场地宜为广场和自然式布局相结合。

（7）场地面积较大，场地可考虑设置厕所等相关园务设施。

（8）植物配置以使用华中地区品种为宜。

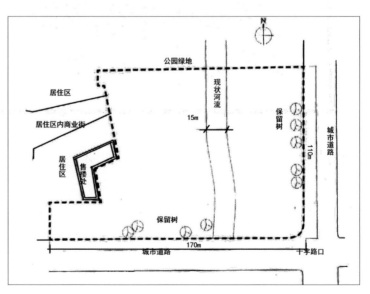

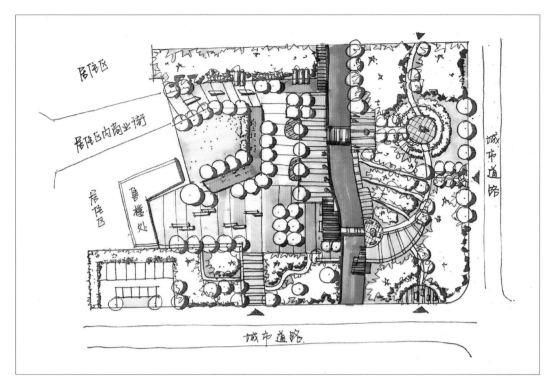

**实例7-26**

| 作　者 | 陈 志 |
|---|---|
| 学　校 | 重庆大学 |
| 作业时间 | 2小时 |
| 示范时间 | 绘世界暑假课堂演示 |

**设计评价**

　　此方案充分考虑内外环境，功能合理，布局巧妙。轴线明确，路网清晰，主次分明。景观空间上组织有序，衔接巧妙。设计者对造景手法的运用也非常娴熟，对题目外环境建筑方面的要求处理的较好，无论是从建筑周边景观，交通组织，都较好的与整体衔接为一体。保留水体的周边设计较好的衔接了各个重要观景空间，交通与水体的衔接也考虑到了。

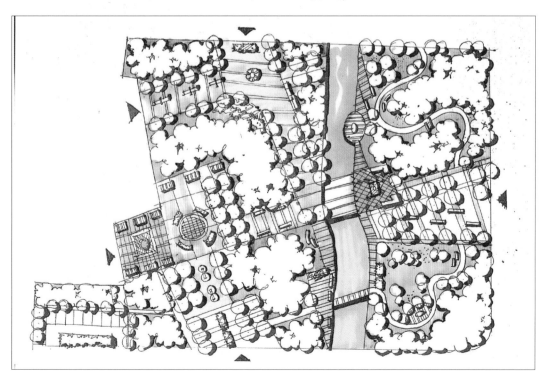

**实例7-27**

| 作　者 | 陈 志 |
|---|---|
| 学　校 | 重庆大学 |
| 作业时间 | 2小时 |
| 示范时间 | 绘世界暑假课堂演示 |

**设计评价**

　　方案设计阶段结合场地现状在景观结构上下功夫了。考点中的滨水设计也有深入思考。空间细部设计内容较为丰富。各空间的衔接关系处理的较好，充分结合外环境，营造出符合主题的景观空间。此案强调主入口设计，造景时充分考虑人流来向。景观设置上分区明确，主次分明。轴线空间层次丰富，开合有度，景观设置较为合理。充分考虑轴线空间主次人流的引导。

## 7.2.10

# 城市中心绿地景观设计

### 一、场地概况

本次列入改造的一块地段位于城市区域，基地西侧相望为一居住小区，南侧为城市道路，面积约42000m²。侧建筑可拆除（具体详见附图）。

### 二、设计要求

（1）尽可能利用现状地形及周围环境条件，规划方案要做到既符合城市形象需求，同时又具有现实开发可行性，可操作性强。

（2）功能合理、环境优美，并能够体现时代气息。

（3）主体突出，风格明显，体现出地方文化特色。

（4）营造舒适、美观的环境氛围，满足各类人群的休闲游憩活动的需求。

（5）公园入口自定，需设置于东侧居住小区的步行桥梁一座，位置根据现状自定。

（6）其他规划设计条件（建筑、水系、小品等）自定。绿地率满足公园设计规范。

### 三、图纸要求

（1）总平面图，比例自定。

（2）景观功能分区示意、交通组织分析示意、植物景观分区示意、景观视线分析示意及竖向设计图，比例大小自定（注：以上分析图纸可根据情况合并绘制，也可单独制）。

（3）规划设计说明（不少于200字）和相应的规划技术指标。

（4）完成局部景观初设计（面积不小于200m²），需包含区域内硬景与软景的初设计，同时包含景观小品的初设计，比例自定。

（5）图面要求：A2绘图纸若干（透明纸无效），张数不限，表现手法不限。

### 四、题目解读

（1）项目背景：场地为一块地段位于城市的区域，西面与居住小区相望，南面为城市道路。场地内建筑物可以拆除。

（2）面积：地块为三角形，约4.2hm²。

（3）地形：场地内地形有起伏波动，北面低南面高，设计水体时可以设置在北面，水流从南到北。

（4）周边环境：地形为城市区域改造，西面有道路且居住区保留，需要考虑人流和车流。

（5）滨水处宜结合中心景点供游客使用需要，使园内景观层次更丰富。

（6）西面和南面为城市主干道，可以设计公园住出入口，东南面临近居民区，可以考虑设置多个人行出入口。

（7）公园宜为自然式布局。

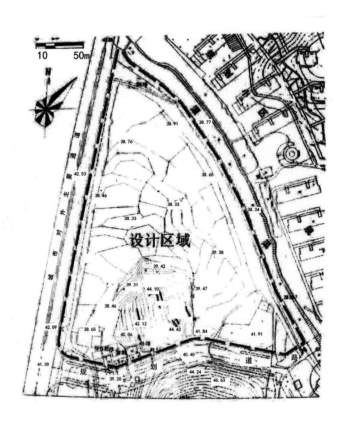

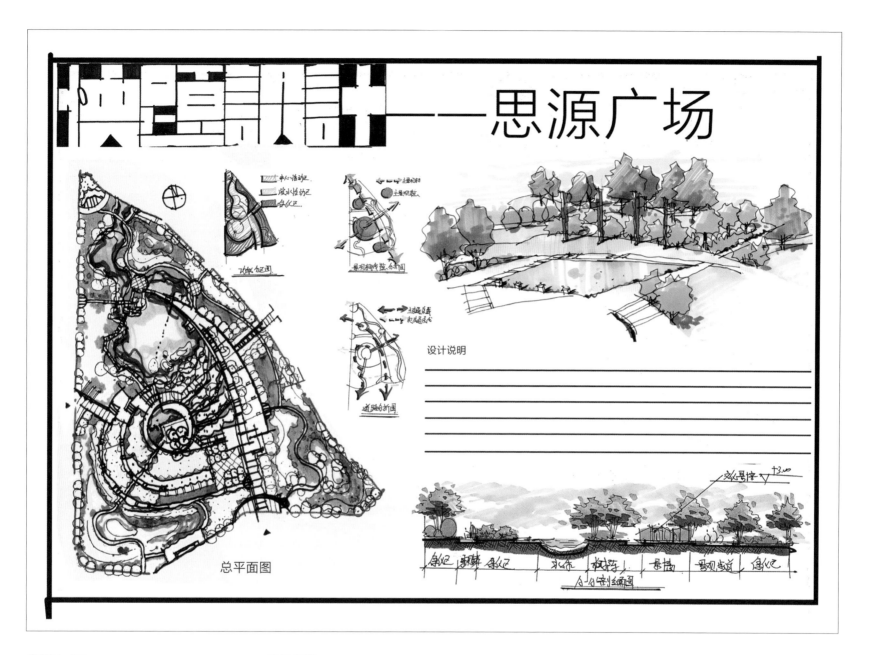

总平面图

**实例7-28**

作　　者　绘世界教师
单　　位　绘世界设计考研研究中心
作业时间　2小时
图纸尺寸　2号绘图纸
示范时间　绘世界考研冲刺课堂演示

**设计评价**

　　此案轴线上景观层次有待优化。交通组织，空间衔接上也处理的比较灵活。设计时将人的活动路线主次关系考虑的较清楚，细部设计的空间层次丰富，营造出丰富的景观空间。主要人群活动路线与功能空间的景点设置考虑了内部逻辑关系。保留建筑的后勤流线未做考虑，与南面广场的关系不太协调。轴线附近的新建建筑余环境的衔接欠妥。方案若能充分考虑场地高差，并妥善处理，整体效果会更佳。

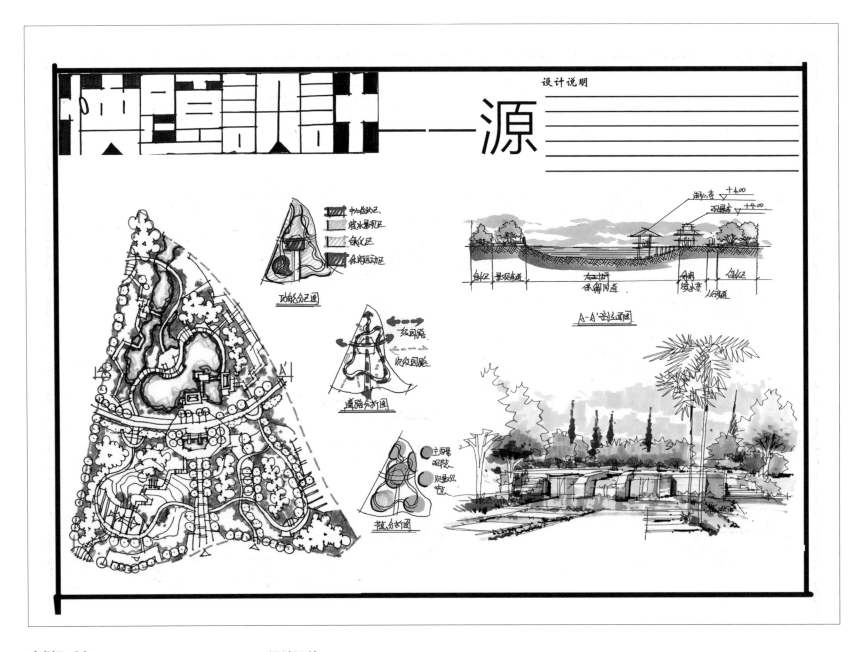

**实例7-29**

作　　者　陈　志
学　　校　重庆大学
作业时间　3小时
图纸尺寸　2号绘图纸
示范时间　绘世界寒假课堂演示

**设计评价**

　　此案轴线清晰，轴线景观及空间都较为丰富。内部道路关系合理有序。各空间围合较好，细部设计充分考虑半开敞空间对整体空间层次的影响，从而营造出丰富的空间层次。主要人群活动路线与功能空间的景点设置考虑较全面，主景点的设置与配景及背景的衬托关系也体现出来了。水系设计也是本案的一大亮点。

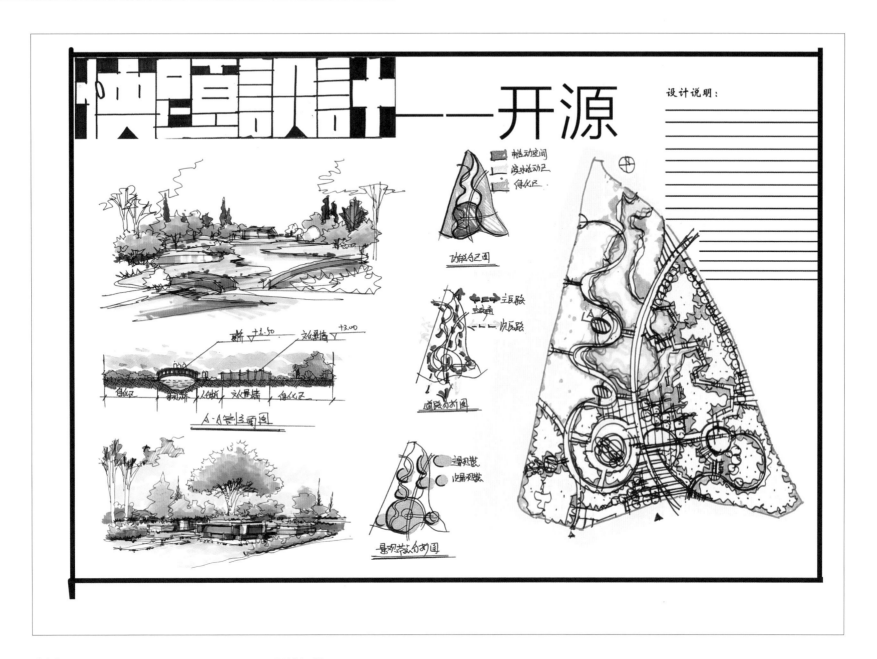

快题设计——开源

设计说明：

**实例7-30**

| 作　者 | 绘世界教师 |
| 学　校 | 绘世界设计考研研究中心 |
| 作业时间 | 2小时 |
| 图纸尺寸 | 2号绘图纸 |
| 师范时间 | 绘世界寒假课堂演示 |

**设计评价**

此案交通组织，空间衔接上处理的比较灵活。设计时将人的活动路线主次关系考虑的较清楚，细部设计的空间层次丰富，营造出丰富的景观空间。主要人群活动路线与功能空间的景点设置考虑了内部逻辑关系。保留建筑的后勤流线未做考虑，与南面广场的关系不太协调。轴线附近的新建建筑与环境的衔接欠妥。方案若能充分考虑场地高差，并妥善处理，整体效果会更佳。

## 7.2.11

# 城市公共绿地景观设计

### 一、场地概况

基地西北西南面为商业区，东北东南面为居住区地块大小100m×100m。

### 二、设计要求

（1）基地设计符合周边道路交通要求；

（2）注重予周边区域的功能互动；

（3）绿地要满足周边使用人群的休闲游憩的功能。

### 三、图纸要求

（1）总平面图一张，比例1：500；

（2）剖面图两张，比例1：1000或1：500；

（3）其他透视效果图、分析图若干；

（4）设计说明不少于150字，设计时间为6小时。

### 四、题目解读

（1）条件背景：基地处于城市中心，西北与西南方向是商业区，东北与东南面是居住区。

（2）面积：地块形状呈矩形。地块大小为1hm²。

（3）地形：地形平整。没有高低起伏。

（4）周边环境：场地的西北与西南方向都是商业区，故在正西方设置主出入口为宜，满足商业需求。靠近居民区方向设置2~3个次入口即可。

（5）靠近商务区方向，可设置适量停车位。

（6）商业区附近以硬铺为主，开放性空间，满足人在逛街人流进入公园游憩。居民区附近以私密空间为主，确保居民区静谧环境和日常休闲需求。

（7）考虑场地较小，不需要设置园务设置。

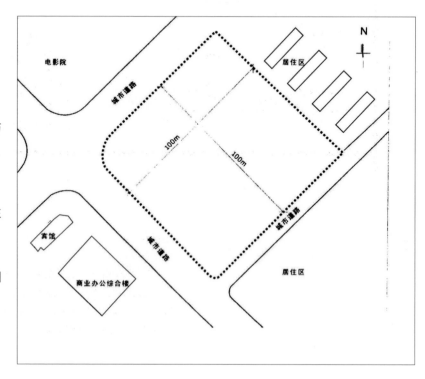

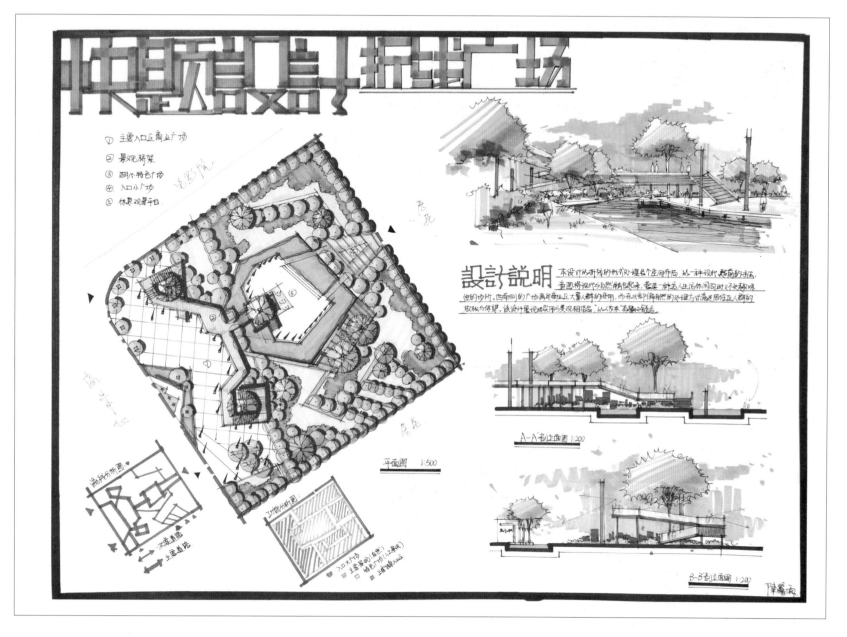

**快题设计 折生广场**

① 主要入口及商业广场
② 景观廊架
③ 湖心·特色广场
④ 入口小广场
⑤ 休息观景平台

平面图 1:500

A-A剖立面图 1:200

B-B剖立面图 1:200

---

**实例7-31**

作　　者　陈馨雨
学　　校　湖北美术学院
作业时间　6小时
图纸尺寸　2号绘图纸
学习课程　绘世界暑假方案考研班

**设计评价**

　　此方案平面布局合理，考虑场地西北临城市商业中心、电影院，人群密集，结合西入口设计为动区，开场活动广场，为城市人群提供公共活动空间；场地东南临居住区，为居民规划设计绿地游园，满足居民日常休闲健身活动。场地采用架空悬廊作为主要景观构筑物，结合水景围合，满足了场地交通需求，提升整个场地参与性与趣味性，营造出丰富城市公共空间。

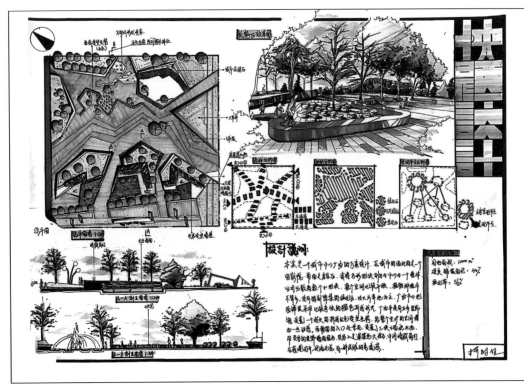

### 实例7-32

| | |
|---|---|
| 作　　者 | 柯时佳 |
| 学　　校 | 文华学院 |
| 作业时间 | 6小时 |
| 图纸尺寸 | 2号绘图纸 |
| 学习课程 | 绘世界暑期方案强化班 |

### 设计评价

　　此快题结合公共绿地设计主题，较好处理了场地与城市之间的关系。结构形式采用折线元素，空间衔接较好。景观元素与交通空间都较好配合了平面方案形式。红色带状公共艺术座椅为本案亮点，极容易在考场中脱颖而出。图面表达整体感强，用色明快大胆。

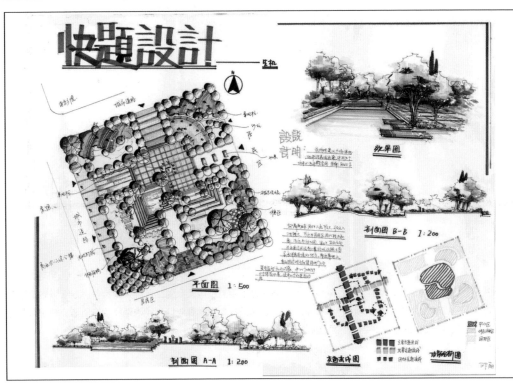

### 实例7-33

| | |
|---|---|
| 作　　者 | 邓丽 |
| 学　　校 | 武汉科技大学城市学院 |
| 作业时间 | 6小时 |
| 录取院校 | 武汉工程学院 |
| 学习课程 | 绘世界暑期方案强化班 |

### 设计评价

　　此快题轴线清晰，分区明确。用较为直接的方式处理了周边使用人群与场地内的关系，主节点空间景观丰富，空间层次较丰富。西面对外开放空间应再次分区，将点式景观区与入口分开设置。整体方案的对外开放性较为欠缺。表达上图面完整，排版可将同类图归类放置。

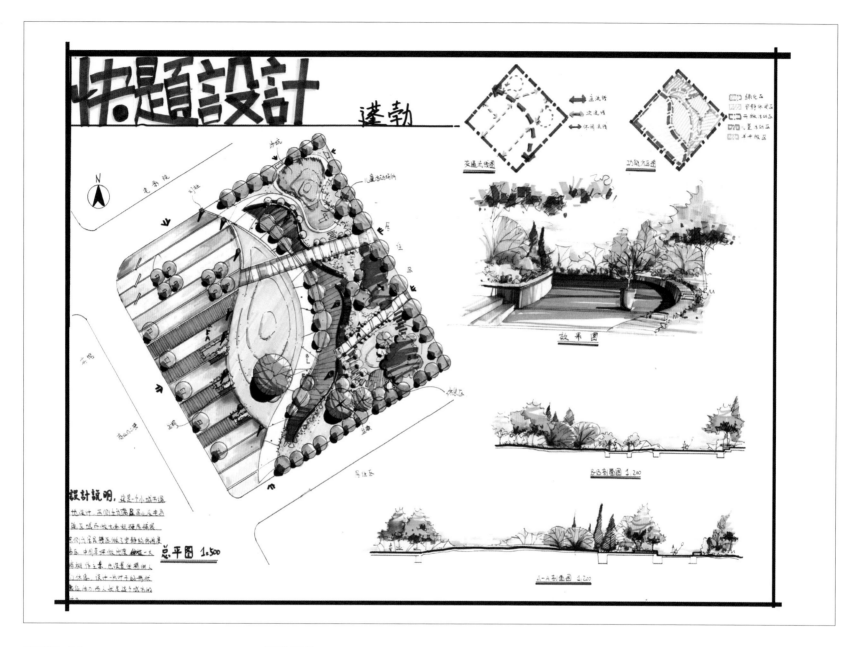

**实例7-34**

**设计评价**

作　者　唐媛媛
学　校　武汉科技大学城市学院
作业时间　6小时
录取院校　中国地质大学
学习课程　绘世界暑假方案强化班

此快题图面采用明亮色调表达，画面看起来干净清新；总图刻画疏密适当，清晰看出植物基本种植设计。

总图设计中以微地形草丘过度主入口广场与城市活动绿地，起到很好的动静分区作用。东西景墙、植物围合出相对私密空间，区别城市城市广场公共开场功能，为周边居民提供生活休闲空间。可在西边广场设计标志性雕塑小品或艺术装置物，如景墙水景等。

7.2.12

# 城市滨水休闲广场规划设计

## 一、场地概况

基地位于海口市，该市地处纬度热带北缘，属于热带海洋性季风气候。全面日照时间长，辐射能量大，年平均气温23.8℃，最高平均气温28℃左右，最低平均气温18℃；年平均降水量1664mm，年平均蒸发量1834mm，平均相对湿度85%。常年以东北风和东南风为主，年平均风速3.4m/s。海口自北宋和开埠以来，已有近千年的历史，2007年入选国家级历史文化名城名录。2010年底，该市常住人口204万。

基地位于海口市中心滨河区域，总面积1.16hm²。基地南临城市主干道宝隆路（红线宽度48m，双向6车道），宝隆路南为骑楼老街区，是该市一处最具特色的街道景观，现已开辟为标志性旅游景点。其中最古老的建筑建于南宋，至今有600多年历史。这些骑楼建筑具有浓郁的欧亚混文化特征，建筑风格也呈现多元化的特点，既有浓厚的中国古代传统建筑风格，又有对西方建筑的模仿，还有南洋文化的建筑及装饰风格。基地北临同舟河，该河宽度约为180m；河北岸为高层住宅区。同舟河一般水位为3.0m，枯水期水位为2.0m。规划按照100年一遇标准进行防汛，水位高程控制标准为4.5m（不需要考虑每日的潮汐变化）。

基地东侧为共济路，道路红线宽度22m（双向4车道），为城市次干道。

基地内西侧有20世纪20年代灯塔一处，高度约为30m。东侧有几棵大树，其余均为一般性自然植被或空地。

## 二、设计要求

基地要求规划设计为滨河休闲广场，满足居民日常游憩、聚会及游客散集所需，要求既考虑到城市防汛安全，又能保证一定的亲水性。

需满足的具体要求如下：

（1）需规划地下小汽车标准停车位不少于50个，地面旅游巴士（45座）临时停车位3个，自行车停车位200个。地下停车区域需在总平面图上用虚线注明，地上车位需明确标出。

（2）需布置一处满足节庆集会场地，能容纳不少于500人集会所需，作为海口市一年一度的骑楼文化旅游节开幕式所在地。

（3）本规划设计参考执行规范为《城市绿地设计规范》及《公园设计规范》，请根据以上规范进行公共服务设施的配置校核。

## 三、图纸要求

（1）总平面图（彩色1：200，要求必须垂直河岸，具体位置根据设计自选，表现形式自定）；

（2）剖立面图（1：200，要求必须垂直河岸，具体位置根据设计自选，表现形式自定）；

（3）能表达设计意图的分析图或者透视图（比例不限，表现形式自定）；

（4）规划设计说明（字数不限）；

（5）将上述成果组织在一张A1图纸上（须直接画在一张A1图纸上，不允许剪裁拼贴）。

## 四、题目解读

（1）项目背景：场地位于海口市，地处热带，属于热带海洋性季风气候。全年日照时间长，平均气温在23.8~28℃，常年以东北风和东南季风为主，是著名的旅游城市。

（2）面积：地势有一定起伏变化，总面积1.16hm²。

（3）地形：地形西低东高。

（4）周边环境：场地南临城市主干道宝隆路，北临同舟河，东面为共济路。

（5）场地靠近当地标志性旅游景点，宜在南面设主出入口。

（6）北面临水，宜设立滨水景观。

（7）场地内保留的古老灯塔可以结合景观设计为标志性建筑，东侧大古树建议保留并增加景观观赏性。

（8）场地内需按要求设50个小汽车停车位，旅游巴士停车位3个，自行车停车位200个。

（9）场地中植物宜种植热带植物。

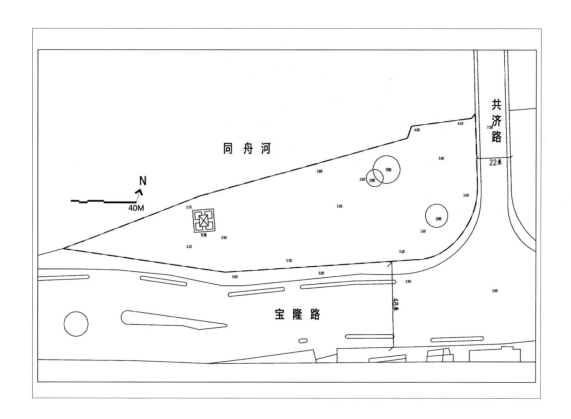

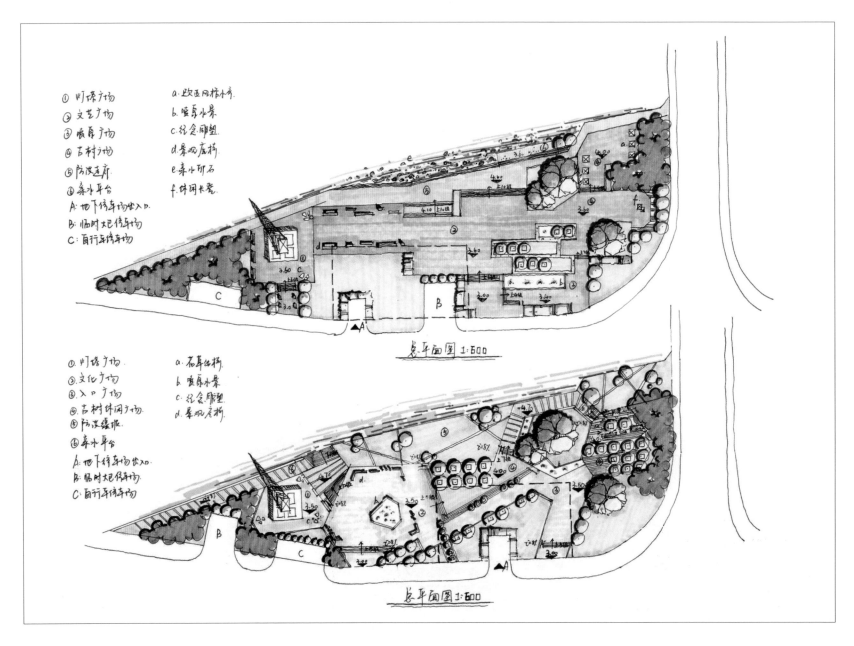

① 灯塔广场
② 文艺广场
③ 喷泉广场
④ 古树广场
⑤ 防洪通廊
⑥ 亲水平台
A: 地下停车场出入口
B: 临时大巴停车场
C: 自行车停车场

a. 欧亚网格水景
b. 喷泉水景
c. 纪念雕塑
d. 景观廊桥
e. 亲水汀石
f. 休闲长凳

总平面图 1:600

① 灯塔广场
② 文化广场
③ 入口广场
④ 古树休闲广场
⑤ 防洪缓坡
⑥ 亲水平台
A: 地下停车场出入口
B: 临时大巴停车场
C: 自行车停车场

a. 花草丛林
b. 喷泉水景
c. 纪念雕塑
d. 景观廊桥

总平面图 1:600

## 实例7-35

作　　者　姜佳逸
学　　校　华中农业大学
作业时间　6小时
录取院校　华中科技大学
学习课程　绘世界暑期方案强化班

## 设计评价

　　此方案设计阶段考虑了轴线空间设计，景观形式设计及景观元素设计等。场地内外环境分析较完善，设计上的联系处理的也比较合理，任务中的保留树木及古塔处理的较好，防洪需求也处理的很好，地下停车设计及表达都比较清晰。空间细部设计内容较为丰富。设计上各空间的主次关系处理得当，空间的衔接较好。造景时充分考虑人流来向，考虑景观的主次关系，最佳观景位置等，避免了景观设置过于均质单一。整体平面表达要素内容较为丰富，垂直设计也考虑的比较全面。

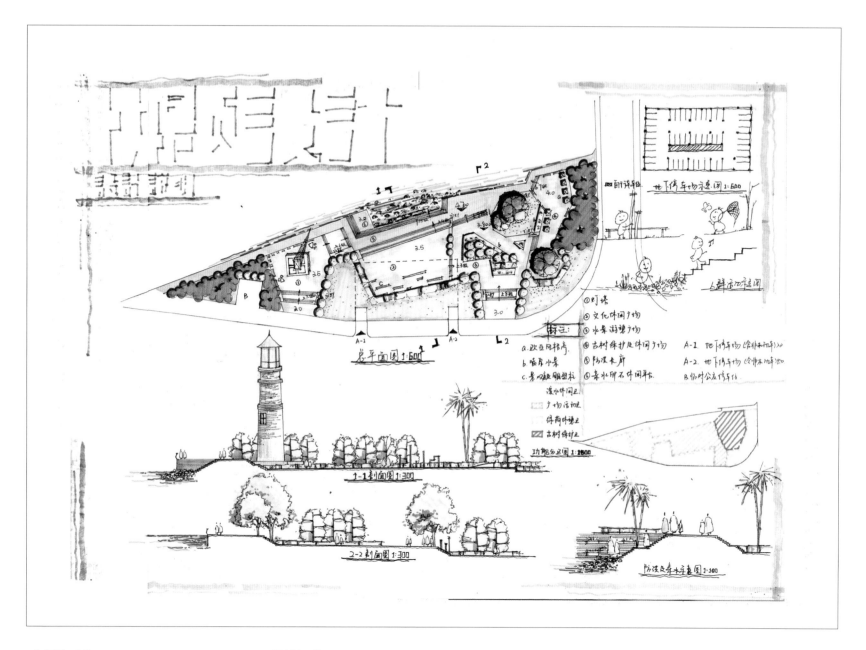

**实例7-36**

| | |
|---|---|
| 作　者 | 姜佳逸 |
| 学　校 | 华中农业大学 |
| 作业时间 | 6小时 |
| 录取院校 | 华中科技大学 |
| 学习课程 | 绘世界暑期方案强化班 |

**设计评价**

　　方案设计阶段结合场地现状在景观结构上下功夫。高程设计也有深入思考。空间细部设计内容较为丰富。方案充分考虑题目考点，各考点都处理的游刃有余。轴线设计空间丰富，衔接自然。入口处理较好，首要集散位置与周边环境的关系衔接流畅。造景时充分考虑人流来向，考虑景观的主次关系，最佳观景位置等。场地结合城市需求，设置了开敞的对外空间，使景观与城市的衔接较好方，表达上颜色素雅明快，关系清晰。细节上可圈可点。

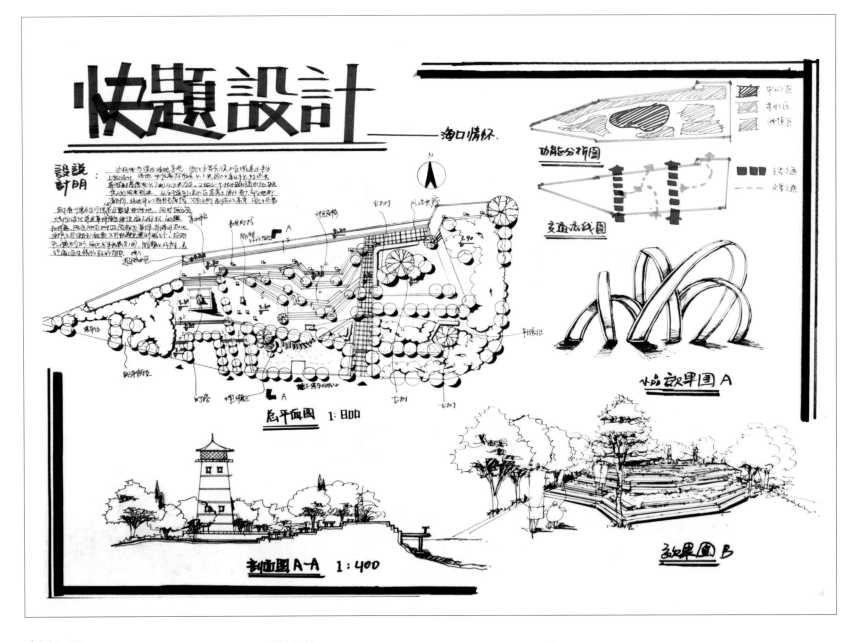

**实例7-37**

| | |
|---|---|
| 作　者 | 陈艺璇 |
| 学　校 | 东华理工大学 |
| 作业时间 | 6小时 |
| 录取院校 | 武汉理工大学 |
| 学习课程 | 绘世界考研快题方案班 |

**设计评价**

本案结合主题，采用折线形式合理组织人群与空间的关系，形式感强。在景观设置上考虑了人的活动路线。保留条件处理的较好，滨水空间稍显单一。

美中不足的是轴线空间的节奏有些弱，轴线空间及景观欠缺思考。立面设计空间层次分明，节奏感较好，配景与主景观的衬托关系处理的也较好。

# 7.2.13 北方某城市滨水文化广场设计

## 一、场地概况

（1）基地位于北方某城市，城市以古时京杭运河流经而发展，水是城市的脉络，是城市文化。水是人们生活的一部分。亲水也是人的自然天性。

上善若水，水善利万物而不争。如水色般美丽的庭院、街道、公园、城市等。

水本无形、无色、无味。水只有一个方向，一个目标，回归自然。

人类很早就开始对水产生了认识，东西方古代朴素的物质观中都把水视为一种基本的组成元素，水是中国古代五行之一，是构成西方古代世界的四元素之一。地球表面有71%被水覆盖。人类历史上许多伟大城市都建造在水边，从空中俯瞰，地球就是一个蓝色的星球，复杂的水路如同毛细血管般纵横交错，遍布这颗星球的每一块陆地。

（2）用地面积为5hm²，北侧为城市道路，南面西面均临湖，东侧为城市居住（如图），考虑滨湖水域充分利用，并考虑与城市街道之间的联系。

## 二、设计要求

规划设计一处市民集散、文化、休闲的高度融合水空间，结合创意理念的城市开放空间。

## 三、图纸要求

（1）总平面图比例自定；

（2）剖立面图（至少两个方向）；

（3）重要景观节点透视图2张或鸟瞰图一张；

（4）相关分析图若干张；

（5）设计说明（不少于100字）。

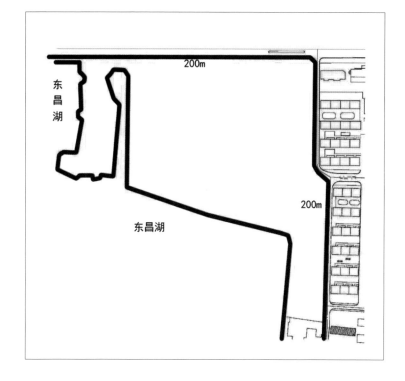

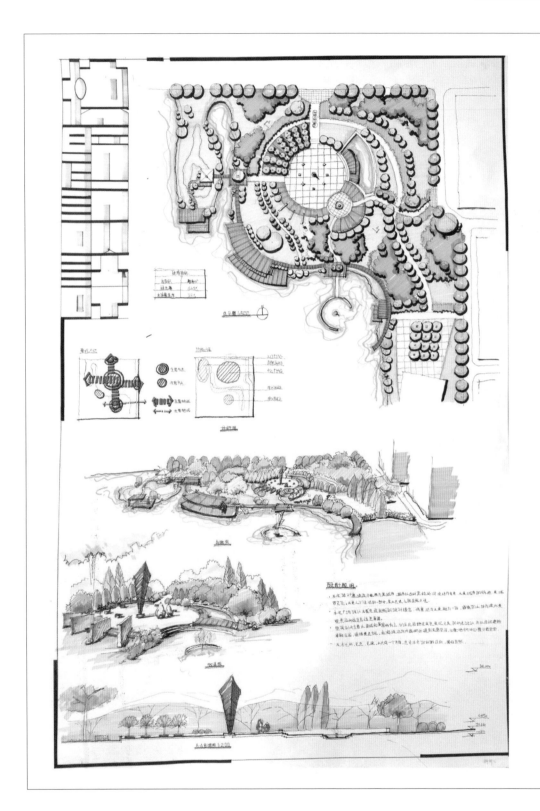

实例7-38

作　者　胡　昕
学　校　江汉大学
作业时间　6小时
图纸尺寸　1号绘图纸
学习课程　绘世界暑期方案强化班

## 设计评价

　　此案基本框架较好，交通的主次关系及轴线上节点空间的衔接有一定思考。主节点上的空间尺度过大，层次不协调。滨水空间过于开放，景观有些单一。景观轴线的交通路线、高程设计、空间景观有待加强。环路的设置有些过于形式化。功能区的围合度欠缺，若能在种植设计上多下功夫，整体空间层次更加凸显出来。快题表达上整体内容较丰富，效果图表达应分主次。

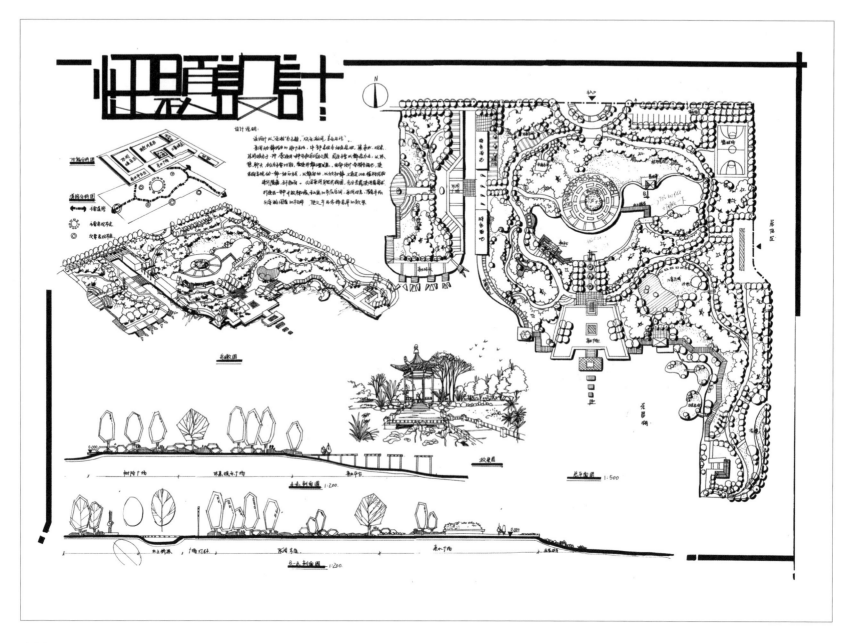

## 实例7-39

**作　者** 田 阔
**学　校** 兰州交通大学
**作业时间** 6小时
**报考院校** 中国地质大学（武汉）
**学习课程** 绘世界暑期方案强化班

## 设计评价

本案结合环境合理组织人群与环境的关系，形式感强。交通路网清晰，主次分明，滨水空间与交通亦可。在景观设置上考虑了环境以及人的活动路线。中心主节点可与入口相连，形成明确的轴线空间，人流导向上更有说服力。

景观的立面设计空间层次分明，节奏感较好，配景与主景观的衬托关系也是亮点之一。整体表达上明快，空间层次清晰，内容饱满。

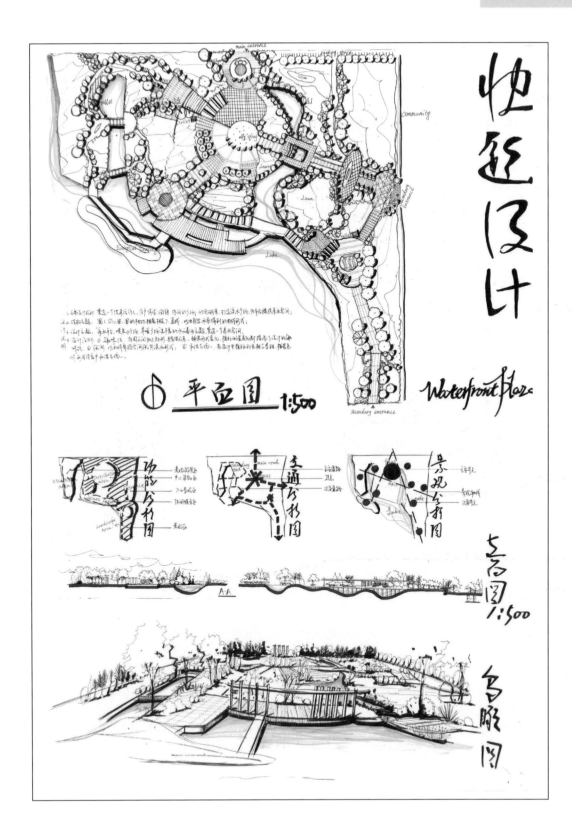

**实例7-40**

作　　者　李昌佐
学　　校　湖北工业大学
作业时间　6小时
录取院校　华中农业大学
学习课程　绘世界考研方案连报班

**设计评价**

　　本案结合环境合理组织人群与环境的关系，形式感强。交通路网清晰，主次分明，滨水空间与交通亦可。在景观设置上考虑了环境以及人的活动路线。中心主节点可与入口相连，形成明确的轴线空间，人流导向上更有说服力。

　　景观的立面设计空间层次分明，节奏感较好，配景与主景观的衬托关系也是亮点之一。整体表达上明快，空间层次清晰，内容饱满。

## 7.2.14

# 城市公园景观规划改造设计

### 一、场地概况

武汉市拟将某地段原建材市场、苗圃和废品回收站用地改建为公园（详见附图），根据你对公园的定位立意、总体构思与概念等提交公园设计方案一套。反映方案的具体成果内容及比例尺自定，表现手法不限。

### 二、图纸要求

（1）总平面图，A1图纸；

（2）表达设计构想的分析图（比例不限，内容自定）；

（3）剖面图；

（4）反映空间意向的效果图；

（5）文字说明。

### 三、设计要求

设计时间为6小时

### 四、题目解读

（1）项目背景：场地位于武汉，原有建材市场、废品回收站、和苗圃。

（2）面积：场地内有建筑，地势较平，共计6hm²。

（3）地形：场地东高西低。

（4）周边环境：西面为城市主干道和商业服务用地，东、南、北面均为居民住宅区。

（5）宜在西面设主出入口，其他三面居民较多，需设置多个路口。

（6）场地较大，需考虑空间层次和道路分级规划，确保交通分流

合理。可设置厕所等园务设施。

（7）场地中宜种植华中地区植物。

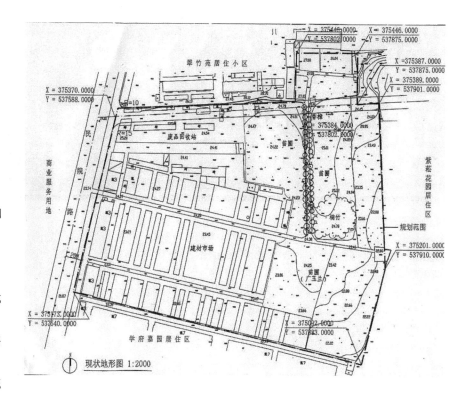

现状地形图 1:2000

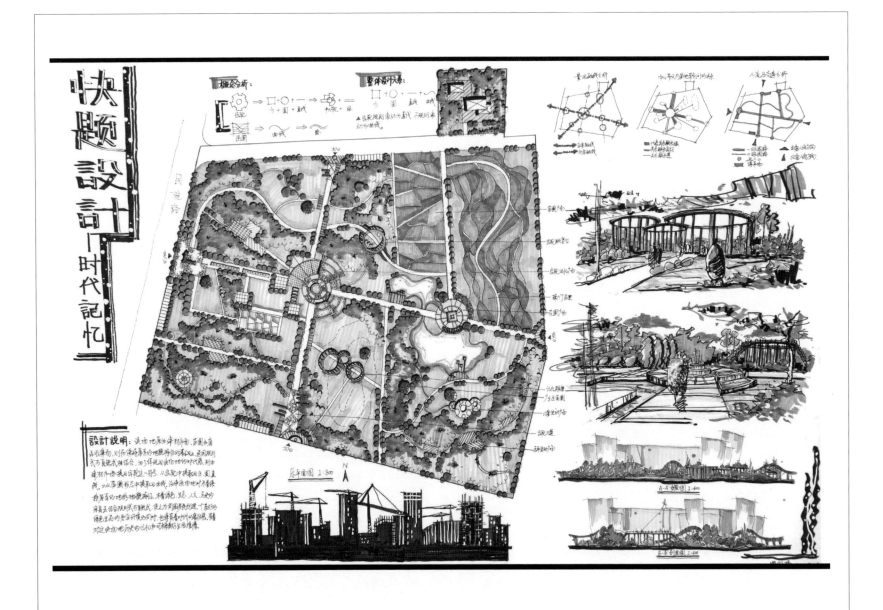

**实例7-41**

| | |
|---|---|
| 作 者 | 钱俊桥 |
| 学 校 | 武汉设计工程学院 |
| 作业时间 | 6小时 |
| 图纸尺寸 | 1号绘图纸 |
| 学习课程 | 绘世界暑期方案强化班 |

**设计评价**

此方案轴线明确，交通路网清晰，景观设置上主次关系较好。轴线设计上的景观空间层次可适当优化。路网缺乏系统衔接，空间围合上可适当加强。自然式水系的对景关系有一定考虑，交通上的关系稍微欠缺。主节点的交通分流在主次上有待加强。整体高程设计在设计及表达上不够完善。图面表达上下笔轻松干脆，整体内容较为丰富。在整体色彩上运用得当，整个画面非常统一。

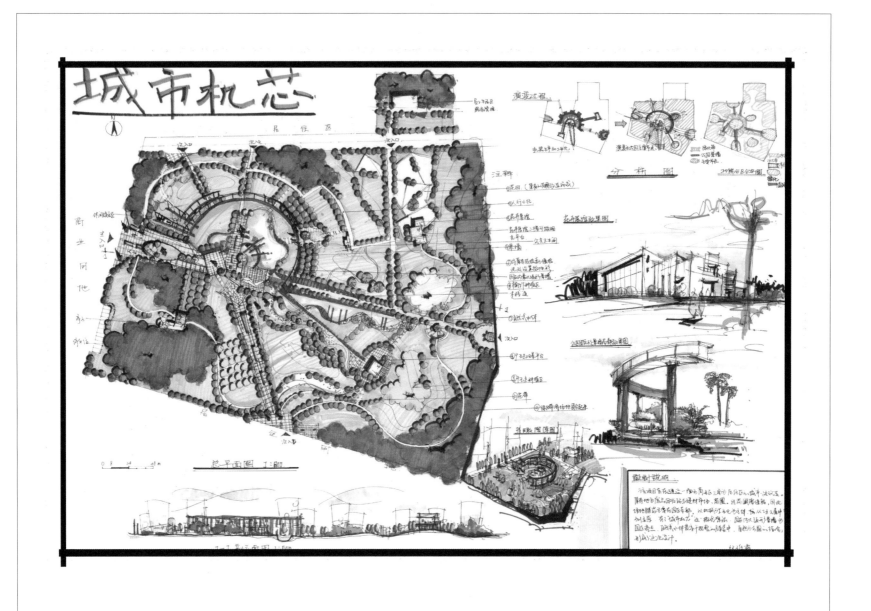

**实例7-42**

作　者　纪雅萌
学　校　湖北美术学院
作业时间　6小时
录取院校　武汉理工大学
学习课程　绘世界暑期方案强化班

**设计评价**

　　此案轴线上景观设置考虑比较全面。交通组织，空间衔接上也处理的比较灵活。设计时将人的活动路线主次关系考虑的较清楚，也综合考虑人的视线以及驻足点，细部设计的空间层次丰富，营造出丰富的景观空间。主要人群活动路线与功能空间的景点设置考虑了内部逻辑关系，主景观与配景及背景的衬托关系都有一定体现。如能在场地形式上多做推敲，处理好主次轴线的衔接就更好。

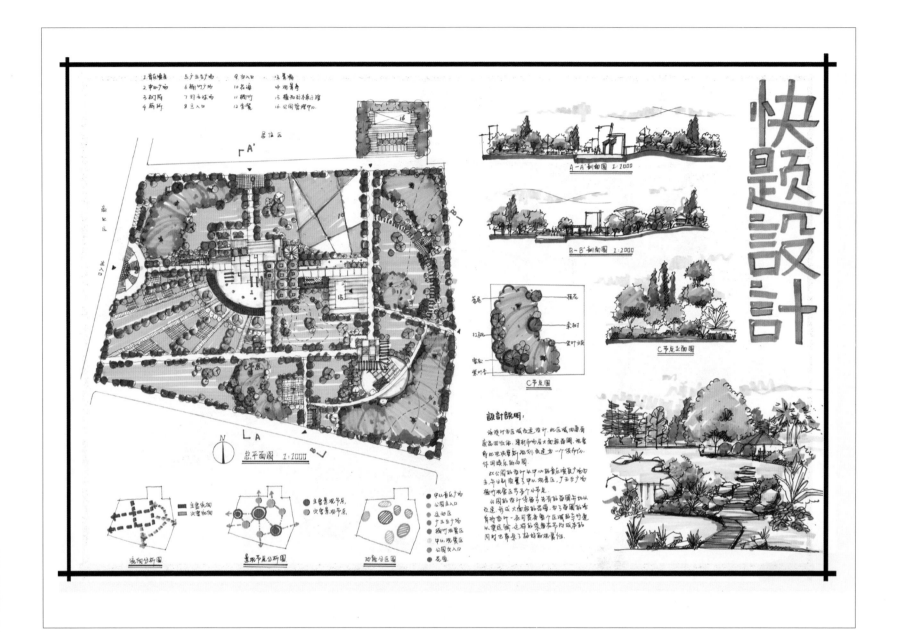

**实例7-43**

**作　者** 刘颖婉
**学　校** 中南民族大学
**作业时间** 6小时
**录取院校** 重庆大学
**学习课程** 绘世界寒假考研方案班

**设计评价**

此方案充分考虑内外环境，功能合理，布局巧妙。轴线明确，路网清晰。景观空间上组织有序，衔接巧妙。设计者对造景手法的运用也非常娴熟。景观结构上的主次交通有待加强，功能区的划分上主次应分明，并处理各区的联系。发射式的道路应降低道路级别，力求主次关系协调。植物围合上有些过于开放。入口景观设置可适当加强。方案整体表达上内容较为丰富，各图表达的内容有一定设计深度。

# 第八章 商业中心绿地快题设计

## 8.1 知识储备

商业中心绿地设计很多时候是步行商业街绿地的设计，下面我们以步行商业街景观设计为典型进行讲解。

步行商业街景观是街道路面、街道设施和周围环境的组合体，也就是人们从步行商业街上看到的一切东西，包括铺地、标志性景观（如雕塑、喷泉）、建筑立面、橱窗、广告店招、游乐设施（空间足够时设置）、街道小品、街道照明、植物配置和特殊的街头艺术表演等景观要素。步行商业街景观设计就是将所有的景观要素巧妙和谐地组织起来的一种艺术。

景观是自然和人类社会过程在土地上的烙印，它不是纯粹的自然空间，而是复合的。步行商业街景观别于其他的景观，它是动态的四维空间景观，具有时空连续性的韵律感和美感。步行商业街把街内外不同的景点组成了连续的序列，同时本身又成为景观的"视线走廊"和"生态走廊"。景观设计人员必须具有丰富的专业技巧、充足的市场信息及跨学科知识，研究人的视觉、触觉、听觉、味觉及心理等要求，从形式美感、空间美感、时空美感和意境创造中去进行步行商业街景观设计。

（1）步行商业街景观设计的内容

步行商业等主要是为人们提供步行、休息、社交、聚会的场所，增进人际交流和地域认同感，有利于培养居民一种维护、关心市容的自觉性；促进城市社区经济繁荣，减少空气和视觉的污染、交通噪声，并使建筑环境更富有人性味；可减少车辆，并减轻汽车对环境所产生的压力，减少事故。

（2）步行商业街景观设计的因素

1）步行心理

首先，不同的人，甚至同一个人在不同年龄和不同时间段，对景观的评价是不同的。不同的使用者由于使用目的的不同而对景观有着不同的要求。购物者可能会非常关注步行商业街道建筑立面、橱窗、广告店招等；休闲娱乐者主要关注的是游乐设施、休闲场所；旅游者可能更关注标志性景观、街道小品及特殊的艺术表演等。步行时，如果视觉环境和步行感受无变化会使人感到厌倦。而缺乏连续性的景观变化又会使人惊慌失措。在步行商业街设计时，要避免使用过长直线，过长的直线特别是在景观无变化处，易造成步行单调的感觉，步行者易疲乏。因此，景观设计时应考虑其适应性、多样性及复杂性。

2）色彩及视觉感受

人对色彩有着很明显的心理反应：红、黄、绿、白能引起人们的注意力，提高视觉辨识能力，多用于标志、广告店招等，以突出步行街的商业气氛。另外，绿色植物可缓解紧张情绪，花卉可带来愉快的感觉。步行街景观是动态的，并且应该具有良好的视觉连续性。一条笔直、单调的步行商业街不会给人

留下深刻的印象，然而，弯曲的步行商业街会使步移景异，始终牵着人们的视线而展开。因此，步行商业街要有适宜的空间尺度；设计时，要运用空间的收放、转折、渗透来增加景观的层次、趣味性和连续性。

3）空间形态

步行街一般为线性带状空间，其长度远远大于宽度，具有视觉的流动性。人在街道中漫步时，会进行各种各样不同形式的活动，时而漫步前进，时而停留观赏，时而休息静坐。因此它可分为运动空间和停滞空间：运动空间可用于向某处前进、散步、游戏比赛、列队行进或其他集体活动等；停滞空间可用于静坐、观察、读书、等候、议会、讨论、演说、集会、沉思、娱乐、仪式、饮食等。

运动空间应相对平坦、无障碍物、宽阔，并能利用商差巧妙地向停滞空间过渡和联系；停滞空间可相应设置长椅、树木绿荫、获观景台、车站、雨棚等。二者有完全独立的情况，也有浑然一体的情况。停滞空间如果不从运动空间中分离开布置，就不能创造真正的安全环境。运动空间容易给人流动和延续的感觉，而停滞空间往往给人以滞留和安全感，运动空间引导顾客向两个方向流动，不宜使用者停留和汇集。

4）组织艺术

组景就是把景观要素系统的、艺术的组织起来，而不是简单的相加。景观同文字语言一样，可以用来说、读和写，是关于人类社会和自然系统的语言。景观要素是基本词，它们的形态、颜色、线条和质地是形容词和状语，系统科学和艺术是景观的语法。这些要素在空间上的不同组合，便构成了句子、文章和充满意味的图书。我们不能孤立地设计步行商业街景观要素，而应把它们看作有机联系的整体，将步行商业街与自然美结合起来，使那些具有特殊风景或历史的步行商业街成为具有教育意义的图书——风景步行商业街和文化步行商业街等。

（3）步行商业街景观设计要点和建议

1）在步行商业街景观设计中，要遵循人性化原则

步行商业街具有积极的空间性质，它们为城市空间的特殊要素，不仅是表现它的物理形态，而且普遍地被看成是人们公共交往的场所，它的服务对象终究是人。街道的尺度、路面的铺装、小品的设备都应具有人情味。

2）在步行商业街景观设计中，要遵循低噪声及无污染原则

生态化倾向是21世纪的一个主流。步行商业街中注重绿色环境的营造，通过对绿化的重视，有效地降低噪声和废气污染。

3）在步行商业街景观设计中，要善于利用和保护传统风貌

　　许多步行商业街都规划在有历史传统的街道中，那些久盛名的老店、古色古香的传统建筑，犹如历史的画卷，会使步行商业街增色生辉。在这些地段设计步行商业街时，要注意保护原有风貌，不进行大规模的改造。如：南京夫子庙商业街、天津古文化街等都属于这种性质。

　　4）在步行商业街景观设计中，要遵循可识别性原则

　　构成并识别环境是人和动物的本能。可识别的环境能使人们增强对环境体验的深度，也给人心理上产生安全感。通过步行商业街空间的收放、界面的变化和标志的点缀能加强可识别性。

　　5）在步行商业街景观设计中，要创造轻松、宜人、舒适的环境氛围

　　步行商业街是人流相对集中的地方，人们出于商场，忙于购物和娱乐，很容易产生心理上的紧张情绪，通过自然环境的介入，可以大大缓解这种紧张情绪，创造轻松、宜人、舒适的环境氛围。

　　6）在步行商业街景观设计中，要遵循尊重历史的原则

　　最大限度保持自然形态，避免大填大挖，因为自然形态具有促进人类美满生存与发展美学特征。

　　7）在步行商业街景观设计中，要遵循景观视觉连续性原则

　　步行商业街线形和空间设计具有从步行者步行的角度来看四维空间外观，且应当是顺畅连续的、可预知的线形和空间。

## 8.2 商业中心案例解析

**8.2.1**

# 北方某镇旧城中心绿地环境设计

### 一、场地概况

建设基地位于北方某旅游古镇旧城中心区域，东北角有一建于明朝的古塔（密檐式六角形砖塔，塔高25m），距今已有500多年的历史。基地的东西为古塔建于同一时代的文庙，北面和西面为低层民宅。古镇旧城的建设即围绕古塔和文庙向外拓展，进而建成今天古镇旧城的格局。

基地现为小商品买卖市场，杂乱无章，城镇进行旧城改造规划，位于旧城中心见证古镇演变历程的明朝古塔和文庙已被列入省级文物保护单位，是旅游开发建设的重要景点。为此，政府规划迁走建设基地内的杂货市场，对其进行环境空间政治，激活以古塔为核心的旧城中心区，使之成为古塔的特色景观。

要求在所给的用地范围内，围绕明朝古塔的主体，设计出能够体现旅游古镇源远流长文化演变历程和地标特色的旧城中心区环境空间设计作品来，基地面积16800m²。

### 二、设计要求

（1）总体空间构思创意与环境分析图，比例自定。

（2）总平面图1：500。

（3）主体空间平面放大图或细部设计节点平面图1~2处，比例1：50或1：100。

（4）主体空间植物配置图及主要苗木表，比例1：200（位置，区域及规划）。

（5）总体鸟瞰图或者轴测图，局部景观设计节点表现图1~2处。

（6）简单的设计构思说明（内部有设计依据与定位，构思创意与概念，空间分析与环境设计，绿化配置，主要经济技术指标）。

（7）表现手法不限，纸张质地及颜色不限。

### 三、图纸要求：

2号绘图纸不少于2两张，考试时间：6小时。

### 四、题目解读

（1）地形：地块为规整的方形，地势平坦。

（2）周边环境：北面和地面为低层民居，南面临主要交通道路，东面为主建筑群。

（3）南面为主干道，宜设置主出入口，场地需围绕古建筑进行文化建设与规划，拆除场地内原有的小商品市场，东面的古塔和文庙可以结合景观设计为标志性景点。

（4）北面和西面居民较多，考虑居民的休闲游憩需要，可以设置半围合景观空间和游乐设施。

（5）场地较小，不需要设置园务设施。

（6）场地内宜种植华北地区植物。

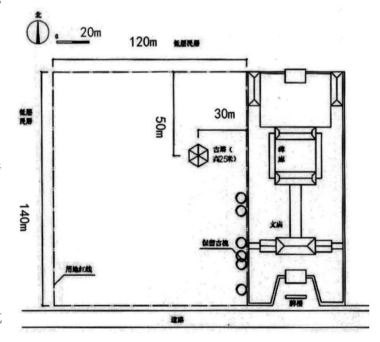

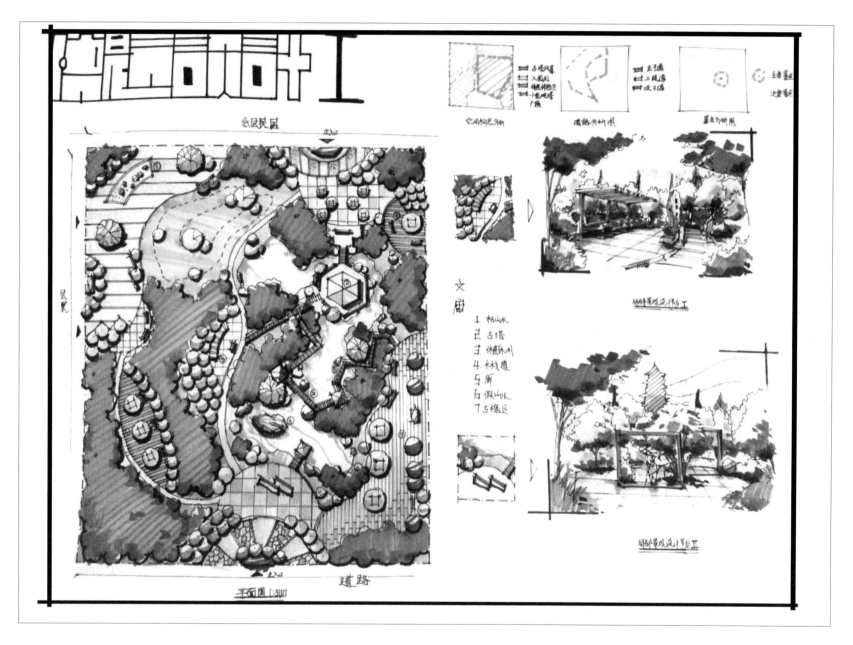

**实例8-1**

作　者　王懿纯
学　校　湖北美术学院
作业时间　6小时
录取院校　华中科技大学
学习课程　绘世界暑期方案强化班

**设计评价**

局部空间设计较好是本案的亮点，若能充分考虑各区之间的衔接，交通的主次，活动空间的主次，景观元素的主次效果更好。交通路网的衔接细节有待推敲。轴线空间处理的比较普通，无论是轴线周边空间、景观、视线，交通组织等，都有提升空间。场地内与周边的交通联系处理上有些仓促。整体图面表达技法娴熟，效果图主次关系可进一步推敲。

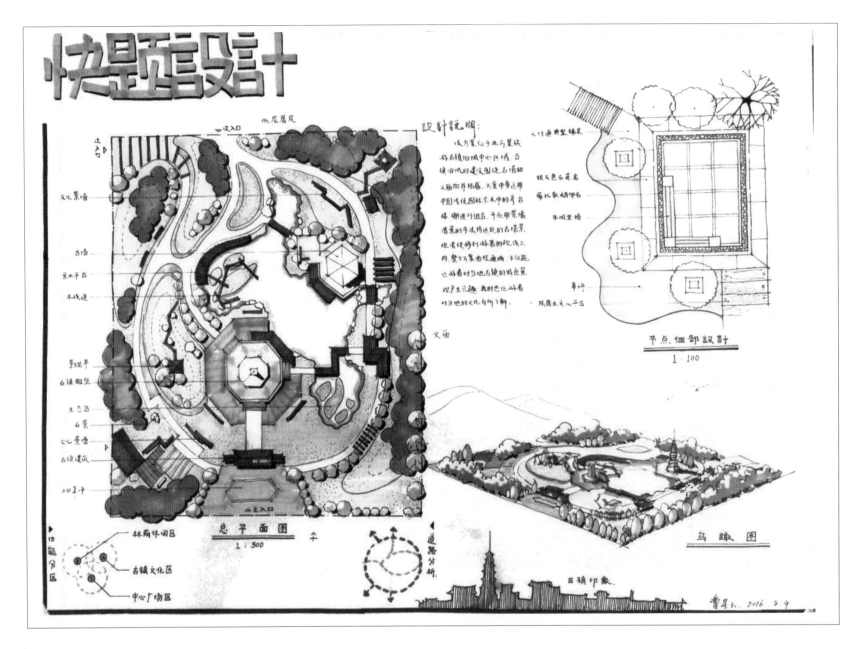

**实例8-2**

| | |
|---|---|
| 作 者 | 曹星云 |
| 学 校 | 湖北科技学院 |
| 作业时间 | 6小时 |
| 图纸尺寸 | 2号绘图纸 |
| 学习课程 | 绘世界暑期方案强化班 |

**设计评价**

此案轴线清晰，路网密度稍大，图面整体感较好。内部空间联系尚可。各空间围合欠缺，细部设计未充分考虑半开敞空间对整体空间层次的影响，空间过于开放，显得有些空洞。主要人群活动路线与功能空间的景点设置考虑较全面，主景点的设置与配景及背景的衬托关系也有一定考虑。表达上采用同色系的颜色搭配，有一定的视觉冲击力，基本关系也交代出来了。

## 8.2.2

# 旧城中心街头绿地景观设计

以理论阐述与手绘快题形式结合的方式，针对以下基地进行景观规划设计，以营造一个季相变化丰富的，温馨怡人、自然生态的居住小区公共活动空间。

### 一、场地概况

基地是江南某城市的一个居住小区用地。本次设计主要针对小区的前期示范性公共绿地进行设计，绿地兼有小区主入口的功能。基地东面为售楼处，详细基地见附图。

### 二、设计要求

（1）满足小区公共绿地和小区的功能。以售楼处重心，体现小区的精神面貌；

（2）体现自然，生态的设计要求；

（3）强调该区域示范性作用；

（4）基地中必须包含游泳池、儿童游乐区及供居民休息娱乐的中心广场；

（5）时间：三小时。

### 三、图纸要求

（1）总平面图（比例自定）；

（2）场地剖立面图（比例自定，至少1张）；

（3）相关规划设计分析图；

（4）主要节点效果图（至少2张）；

（5）必要的文字说明。

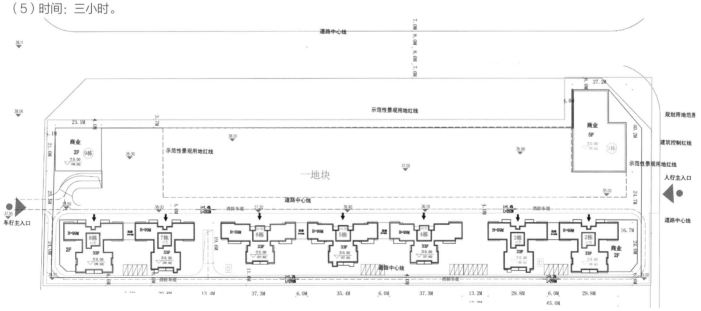

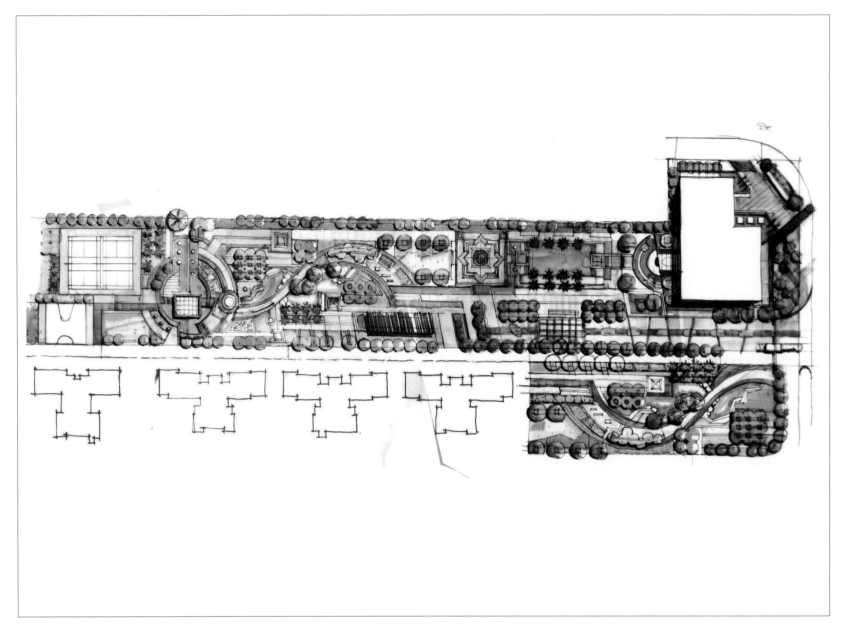

## 实例8-3

| | |
|---|---|
| 作　者 | 王成虎 |
| 单　位 | 绘世界考研研究中心 |
| 作业时间 | 2小时 |
| 图纸尺寸 | 2号绘图纸 |
| 学习课程 | 绘世界暑期方案强化班 |

## 设计评价

　　此案设计时将人的活动路线主次关系考虑的较清楚，也综合考虑人的视线以及驻足点，细部设计的空间层次丰富，营造出丰富的景观空间。主要人群活动路线与功能空间的景点设置考虑了内部逻辑关系，主景观与配景及背景的衬托关系都有一定体现。若能在整体上考虑空间的开合关系更佳。如适当削弱对居住区的噪音影响，适当隔离泳池区与周围功能区的视线。

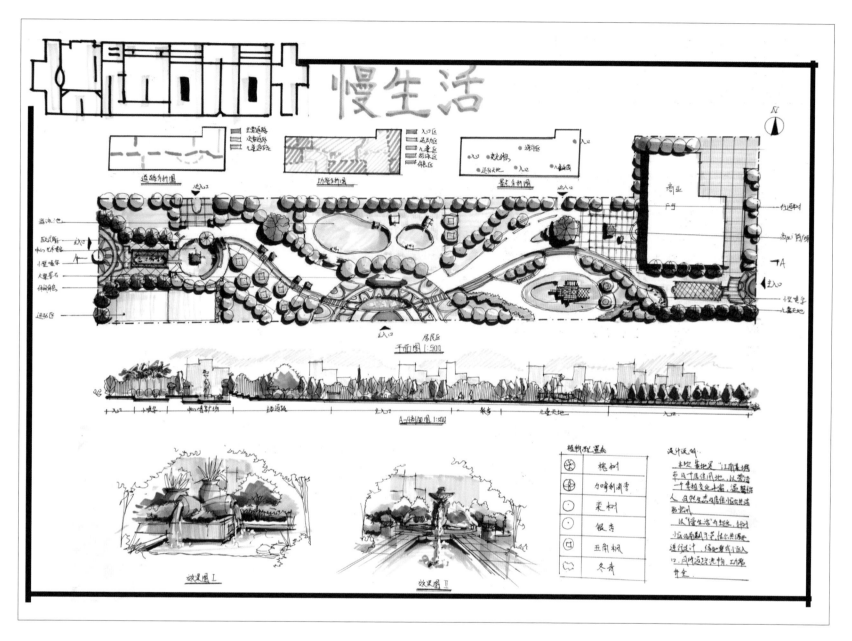

## 实例8-4

**设计评价**

作　　者　张常斌
学　　校　海南大学
作业时间　3小时
图纸尺寸　2号绘图纸
学习课程　绘世界暑期方案强化班

　　此方案充分考虑内外环境，功能较为合理，布局巧妙。轴线明确，主次分明。景观空间上组织有序，衔接自然。设计者对造景手法的运用也非常娴熟，对题目中建筑方面的要求处理的较为普通，建筑周边种植不妥，景观较弱，交通组织尚可。

建筑与整体景观的衔接有待加强。水景的设计较好的衔接了各个重要观景空间，交通与水体的衔接也处理的可圈可点。

**实例8-5**

作　　者　杨　梦
学　　校　黑龙江八一农垦大学
作业时间　3小时
报考院校　北京林业大学
学习课程　绘世界寒假考研方案班

**设计评价**

方案设计阶段考虑了轴线关系、视线分析，内外联系。空间细部设计内容较为丰富。如能梳理各功能空间及各交通空间的主次关系，并组织好各空间的衔接就更好。此案主入口设置上不是太好，场地与住宅的关系无需过于强调。反而可以适当隔离，削弱闹区对住宅的噪音影响。造景时应充分考虑人流来向，考虑景观的主次关系，最佳观景位置等。如能充分考虑轴线上的视线空间，并结合轴线布置空间就更佳。此案游泳池的的设置欠妥，缺乏对使用者的流线分析。建筑与周边关系有待进一步分析。

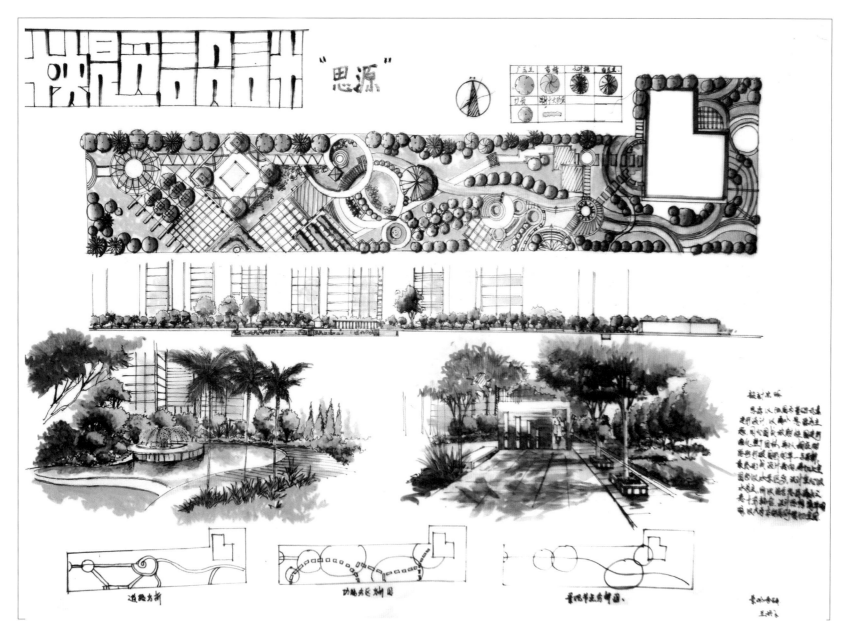

## 实例8-6

**作　　者** 王龙飞
**学　　校** 湖南大学
**作业时间** 3小时
**图纸尺寸** 2号绘图纸
**学习课程** 绘世界暑期方案强化班

## 设计评价

　　局部空间设计较好是本案的亮点，若能充分考虑各区之间的衔接，交通的主次，活动空间的主次，景观元素的主次效果更好。交通路网的衔接细节有待推敲。轴线空间处理的比较普通，无论是轴线周边空间、景观、视线，交通组织等，都有提升空间。场地内与周边的交通联系处理上有些仓促。整体图面表达技法娴熟，效果图主次关系可进一步推敲。此案游泳区应考虑与其他功能区适当隔离，建筑与周围的交通联系应考虑注册关系。排版上建议剖立面图布置在纸张最下方，以平衡画面。

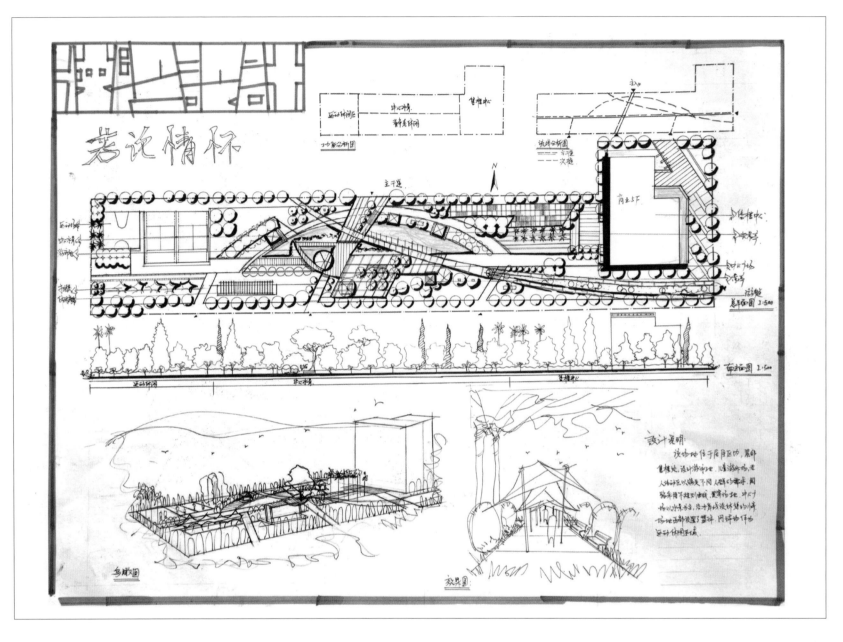

**实例8-7**

**作　者** 张芳芳
**学　校** 湖北大学
**作业时间** 3小时
**录取院校** 北京理工大学
**学习课程** 绘世界暑期方案强化班

**设计评价**

　　此方案充分考虑内外环境，功能合理，布局巧妙。形式感强是此案特色。轴线明确，路网清晰，主次分明。景观空间上组织有序，衔接巧妙。设计者对造景手法的运用也非常娴熟，对题目中建筑方面的要求处理的较好，建筑周边景观及交通组织都较好的与整体衔接为一体。建筑周边的乔木种植不当。水景设计较好的衔接了各个重要观景空间，交通与水体的衔接也处理的较好。美中不足的是游泳池考点缺失。

# 第九章　工业绿地景观快题设计

## 9.1知识储备

（1）工业绿地定义及特点

工业绿地是指城市工业用地内的绿地，即城市工矿企业的生产车间、库房及其附属设施等用地内的绿地，包括其专用的铁路、码头和道路等用地内的绿地。

工业绿地具有以下特点：

1）用地紧凑，绿地率低，绿化用地零碎；

2）环境条件差，不利于植物生长；

3）主要服务对象是内部职工。

（2）工业绿地规划设计的主要指标

工业企业绿地率不低于20%，产生有害气体及污染的工厂中绿地率不低于30%，并根据国家标准设立不少于50 m的防护林带。

一般而言，中小型城市对工业企业绿地率要比特大城市和大城市的要求高，人均用地面积宽裕的城市要比人均用地局促的城市高，郊区要比市中心高，大型企业要比中小型企业高。在进行工业绿地的规划和评价时，必须从实际情况出发，确定不同城市、不同企业的绿地率。

（3）工业绿地分区设计要点

工业绿地一般可以分为厂前区、生产区、仓库和堆场区、休憩性小游园、道路和铁路、水源地、防护林等七类位置不同的绿地。快题着重对厂前区绿地和小游园进行考查。

1）厂前区绿地

厂前区一般由主要出入口、厂前广场和厂前建筑群组成。包括行政办公、科学研发、接待服务等职能，是厂内外人流最集中的地方，是对外联系的中心，代表着工厂的形象，布置应注重视觉效果，并设置文化和休憩设施，突出企业精神和文化。

厂前区绿地主要由两部分组成，一是主要出入口大门、围墙与城市街道等厂外环境组成的入口空间。入口绿地布置应方便交通组织，与厂外的街道绿化联成一体，并逐步向厂区内部景观过渡，特别注意景观的引导性和标志性。大门周围的绿地要与建筑的风格、形体、色彩相协调，用观赏价值较高的植物或建筑小品作重点装饰，宜配置一定比例的高大树木。厂门到办公综合大楼间的道路、广场上，可布置花坛、喷泉，以及体现本厂生产性质、企业文化和地域特点的雕塑、小品设施等。工厂内沿围墙绿化设计应注意具备卫生、防火、防风、防污染和减少噪声，以及遮隐建筑不足之处等功能，并与周围景观相协调。绿化植物通常沿墙内外带状布置，乔木应以常绿树为主，以落叶树为辅，可采用乔木—小乔木—灌木—地被3~4层的结构，靠近路的植用花灌木或地被布置为主。

另一个空间是大门与厂前建筑群之间的部分的前庭空间，这里是厂前空间的中心，这一空间是反映企业特点、历史、精神和文化的最显眼和最有利的场所，需要精心布置，布置形式一般有广场式、大草坪式、树林式和小游园式等。绿化植物多为大乔木，结合来宾和职工游览休憩功能，配置在绿地四周或建筑轴线两侧。也有在中央布置一般运用花灌木和地被比较丰富，并适当运用一部分时令草花。辟喷泉水池，设亭廊建筑、山石小品、小径、汀步灯座、凳椅。

2）休憩性小游园

休憩性小游园多选择在职工休息易于到达的区域，利用自然地形，通过对各种观赏植物、园林建筑及小品、道路铺装、水池、座椅等的合理安排，创造优美自然的园林艺术空间，形成优美自然的园林环境。小游园面积一般都不大，布局形式可采用规则式、自由式、混合式，根据休憩性绿地的用地条件（地形地貌）平面形状、使用性质、职工人流来向、周围建筑布局等灵活采用。园路及建筑小品的设计应满足使用及造景需要，出入口的布置避免生产性交通的穿越。小游园的四周宜用大树围合，遮挡有碍观瞻的建筑群，形成幽静的独立空间。

## 9.2 工业中心案例解析

### 9.2.1 工业绿地景观改造景观设计

**一、场地概况**

基地位于南方某城市靠近郊区的地方，南高北低，面积接近2hm²，原是煤炭生产基地，现在已经荒芜。基地外围东西南三面环山，使基地形成一个凹地，北面为城市道路与绿地。基地现状内部北面有一条城市的排水渠宽4m，基地被中部一高差约4m的缓坡一分为二，分为地势平坦的两层场地。

**二、设计要求**

充分利用基地的环境和内部的特性。通过景观规划设计使其成为市民休闲游憩的一个开放空间，基地当中要求规划有一个占地面积约为100m²的茶室咖啡厅一体的休闲建筑。

**三、图纸要求**

（1）总平面图1：300；

（2）道路交通分析图，功能分析图；

（3）典型剖面2个1：300；

（4）重要节点的放大平面或透视图；

（5）设计说明。

**四、其他要求**

（1）图纸规格为自定；

（2）用纸自定（透明纸无效）张数不限；

（3）表现手法不限，工具线条与徒手均可；

（4）考试时间为6小时。

**五、题目解读**

（1）背景：场地为某煤炭工业废弃地。

（2）面积：2hm²。

（3）地形：三面环山。最低处为北部，故场地北部开口是最适宜的。

（4）周边环境：三面环山，北部为排水渠，自西向东排水。

（5）内部条件：场地西高东低，中间有一坡道分成东西两块台地。

（6）建议用南北向的道路弱化场地东西向的感觉，使整个场地不太狭长。同时做成自西向东至少两层台地广场，用水系东西向连接，成为一体。

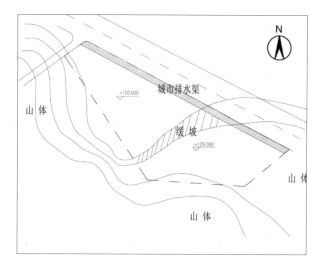

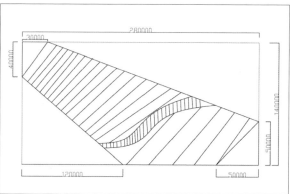

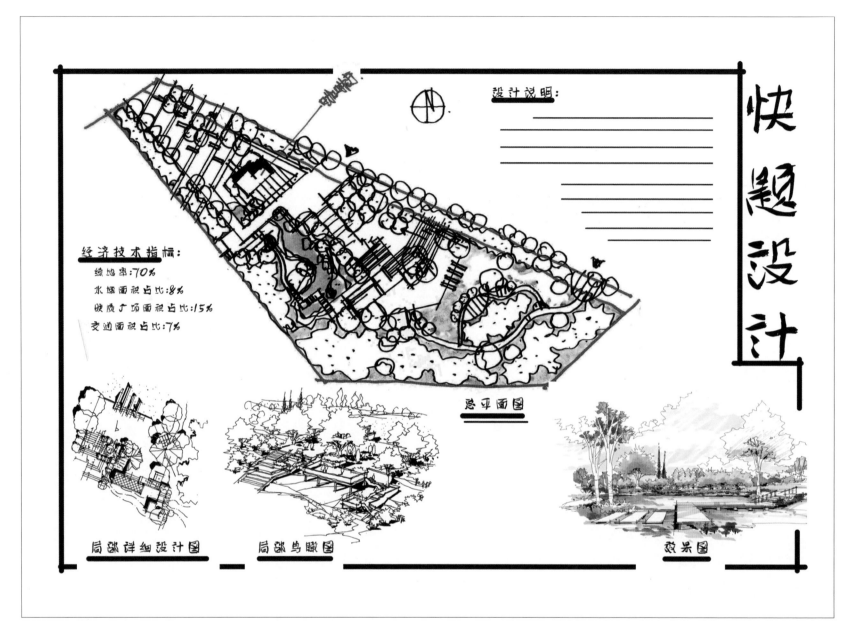

設計說明：

經濟技術指標：
　　綠地率：70%
　　水體面積占比：8%
　　硬質廣場面積占比：15%
　　交通面積占比：7%

快题设计

总平面图

局部詳細設計圖　　局部鳥瞰圖　　效果图

**实例9-1**

| | |
|---|---|
| 作　者 | 张逸夫 |
| 学　校 | 湖北美术学院 |
| 作业时间 | 6小时 |
| 图纸尺寸 | 2号绘图纸 |
| 学习课程 | 绘世界暑期方案强化班 |

**设计评价**

　　此方案景观空间上组织有序，衔接巧妙。设计者对造景手法的运用也非常娴熟，对题目中建筑方面的要求处理的游刃有余。建筑选址在入口附近，分流以一部分入口人流，对自身的商业性有积极作用。建筑周边景观，交通组织，都较好的与整体衔接为一体。自然式水景的设计较好的衔接了各个重要观景空间，交通与水体的衔接也处理的可圈可点。高差设计也是此案的优点之一。

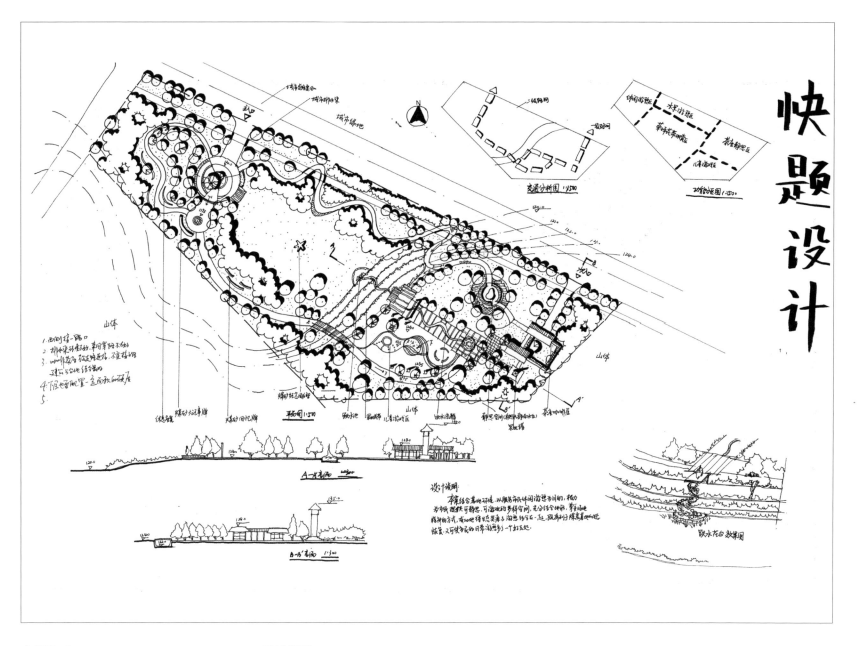

**实例9-2**

| | |
|---|---|
| 作　者 | 陈欣然 |
| 学　校 | 河北工业大学 |
| 作业时间 | 6小时 |
| 录取院校 | 华中师范大学 |
| 学习课程 | 绘世界暑期方案强化班 |

**设计评价**

　　方案设计阶段结合场地现状在景观结构上下功夫了。考点中的高程设计也有深入思考。空间细部设计内容较为丰富。各空间的主次关系及空间衔接处理的较好。此案建筑处理较好，轴线上的建筑既有景观作用，也能满足商业需求；与周边环境的关系衔接也流畅。造景时充分考虑人流来向，考虑景观的主次关系，最佳观景位置等。景观设置上分区明确，主次分明。轴线空间层次丰富。充分考虑了轴线空间主次人流的引导。细节设计也是本案亮点。

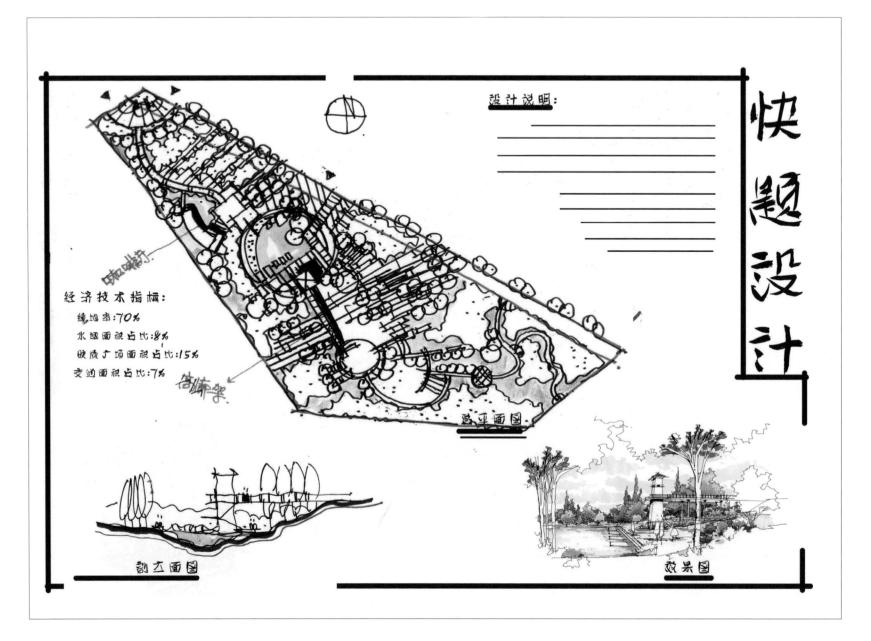

设计说明：

快题设计

经济技术指标：

绿地密:70%

水题面积占比:8%

硬质广场面积占比:15%

交通面积占比:7%

总平面图

剖立面图

效果图

---

**实例9-3**

作　者　陈艺璇
学　校　东华理工大学
作业时间　6小时
录取院校　武汉理工大学
学习课程　绘世界暑期方案强化班

**设计评价**

　　此方案充分考虑内外环境，功能合理，布局巧妙。轴线明确，路网清晰，主次分明。景观空间上组织有序，衔接巧妙。设计者对造景手法的运用也非常娴熟，对题目中建筑方面的要求处理的游刃有余，无论是建筑选址，周边景观，交通组织，都较好的与整体衔接为一体。水景的设计较好地衔接了各个重要观景空间，滨水交通与水体的衔接也处理的较好。效果图空间感较好。

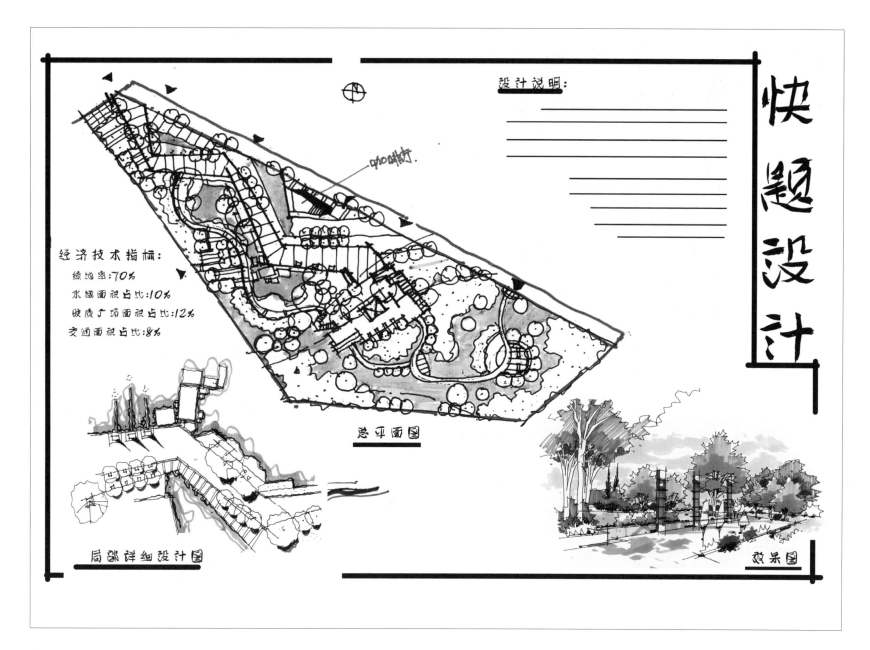

快题设计

设计说明:

经济技术指标:
绿地率:70%
水域面积占比:10%
硬质广场面积占比:12%
交通面积占比:8%

总平面图

局部详细设计图

效果图

**实例9-4**

作　者　陈颖珂
学　校　中南民族大学
作业时间　6小时
录取院校　重庆大学
学习课程　绘世界暑期方案强化班

**设计评价**

本案结合景观主题，采用折线形式合理组织人群与环境的关系，形式感强。在造景上结合现状环境及人的活动路线。考点新建筑与环境处理较好，作为入口门户，并设置集散场地，体现出商业性。景观的空间设计空间层次分明，节奏感较好，配景与主景观的衬托关系较好，高差处理也是此案亮点之一。扩初设计的细节较为丰富，空间功能明确。

**实例9-5**

| | |
|---|---|
| 作　者 | 熊天智 |
| 学　校 | 海南大学 |
| 作业时间 | 6小时 |
| 报考院校 | 华南理工大学 |
| 学习课程 | 绘世界暑期方案强化班 |

**设计评价**

　　此案基本框架较好，景点的设置比较整体。如能在交通的主次关系上多加分析，逻辑性会更强，节奏感也会更好。轴线不明确，导致主节点上的设计僵硬，有生搬硬套的嫌疑。景观轴线的强调有利于整体景观的控制。丰富轴线空间的交通路线、高程设计、空间景观等一直是景观轴线设计的重点技巧。自然式景观水体设计与观景点的关系缺乏理性支撑。可从引导人的行为及造景方式上深入分析。快题表达上整体内容较丰富，鸟瞰图的气势表达出来了。

快题設計

生态の回归

——废弃煤炭基地改造设计

基地平面图 1/200

鸟瞰图

基地效果图

設計説明：

生态：以对于废旧煤炭生产基地的生态环境进行改善，并利用其已有的地形，使的城区进行改造。

绿化：学习对于绿化条件的修复，对于有大面积破坏保留的裸露的地层从绿地进行改善，以恢复的生态的景观。

本设计为对于城市郊区废旧绿色生产地改造，由于其心理效果基地，它被破坏破坏损坏，当有绿地，对于基地原地绿化按导进行改良与绿化。

在场地中改造水景有流动的高墨墨地创造沉流河景观，补充的荣华，使得景观的力的力地的景观中心景观吧等等的景依，有喷泉，叠水等。

植物面整地为地上绿地的于，平稳的绿花或植物的本绿化，对于林地等丰富的生态植物景观，对于山地的对绿保植物的林进行围合

景观专业班班 湖南大学
张文智

9.2.2

# 石灰窑景观改造公园设计

## 一、场地概况

用地位于江南某小城市近郊，离城市中心仅10分钟车程，基地三面环山，东侧向高速公路开口，总面积约2.3hm²。基地分为上下两层台地，四座窑体贴着山崖耸立。下层台地有三座现状建筑，两个池塘。上层为工作场坪，有机动车道从南侧上山衔接。生产流程是卡车拉来石灰送到上层平台。将一层石灰石、一层煤，间隔着从顶部加入窑内。之后从窑底点火鼓风，让间隔在石灰石之间的煤层燃烧，最终石灰石爆裂成石灰粉，从窑底运出。目前该石灰窑已经被政府关停，改造为免费的、开放型的公园。

## 二、设计要求

该公园主要满足市民近郊户外休闲，以游赏观景为主，适当辅以其他休闲功能。建筑、道路、水体、绿地的布局和指标没有具体限制，但绿地率应较高。原有建筑均可拆除，窑体保留。宜在上下层台地各设置一座小型服务建筑（面积30~50m²），各配备5个小型车位。下层台地还应考虑从二级公路进入的入口景观效果，并设置一座厕所（面积40m²）以及自行车停车场等。应策划并规划使用功能、生态绿化、视觉景观、历史文化等方面内容，设计方案应实用、美观、大方。

## 三、图纸要求

（1）A1图纸一张；

（2）总平面图1：500；

（3）文字说明（字数不限）；

（4）其他平、立、剖面图、小透视图（数量不限能表达设计意图即可）。

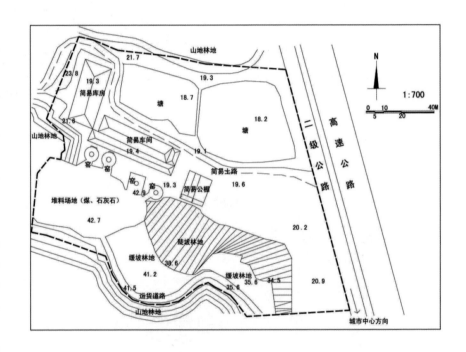

## 四、题目解读

此题考查的重点是在石灰窑遗址上如何创造一个个性鲜明、视觉与体验独特的景观空间。试题的难度之一是如何保护利用现有的石灰窑生产遗址，转化为提供休闲与娱乐的公园。难度之二就是地形不规则，且存在巨大高差，如何处理高差地形上的游玩路径也是设计的关键点。难度之三是石灰窑基地转化成休闲的公园后如何创造新的景观游乐空间，如何配套新的公园设施。

首先我们分析基地遗址现状，石灰窑的窑体代表过去生产石灰的文化，是被保护的主角，提供给民众参观、游玩。简易车间也是生产石灰的主要产所，代表过去的历史与文明，需要保护，还可以使其功能转型，例如改造成石灰窑文化展览馆、博物馆。简易仓库可以保留，使其功能转化，也可以部分拆除设置其他景观空间。简易工棚，可以拆除，进行场地景观转化。现有的两个水塘，也可以称得上石灰窑遗址的一部分，可以改造成能亲水的景观湖，设置景观步道、栈道、外部休闲咖啡厅等。

其次，基地存在20多米的巨大高差，设计如果要解决游玩路径必须使用阶梯或者电梯来联系上下人流。游玩路径或者阶梯最好充满趣味感和体验感。石灰窑转化为休闲公园，还需要配置主次入口广场、停车位、服务建筑（管理用房、服务用房、茶室、厕所等）、活动广场、休闲步道、大草地等等。

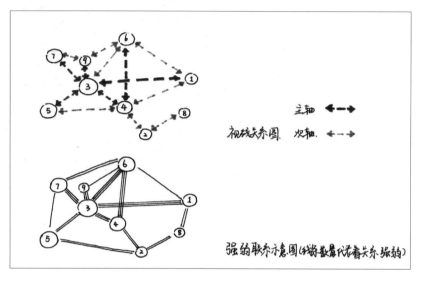

分析完任务书首先要快速区分功能区，然后根据周围道路及功能分区快速定位场地的各个主次入口，这些分析过后，把各个元素在图面中表示出来，连接各个元素的线路可作为道路设计参考见右图。

分析图没有规定具体内容，上图采用简单的符号性语言，反映方案设计中视线与各功能之间的连系紧密关系，简洁明了。考试中也可以节约不少画图时间，是快题应试考试中较好地表达方式。

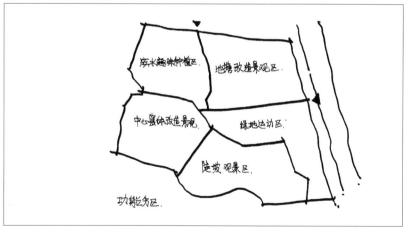

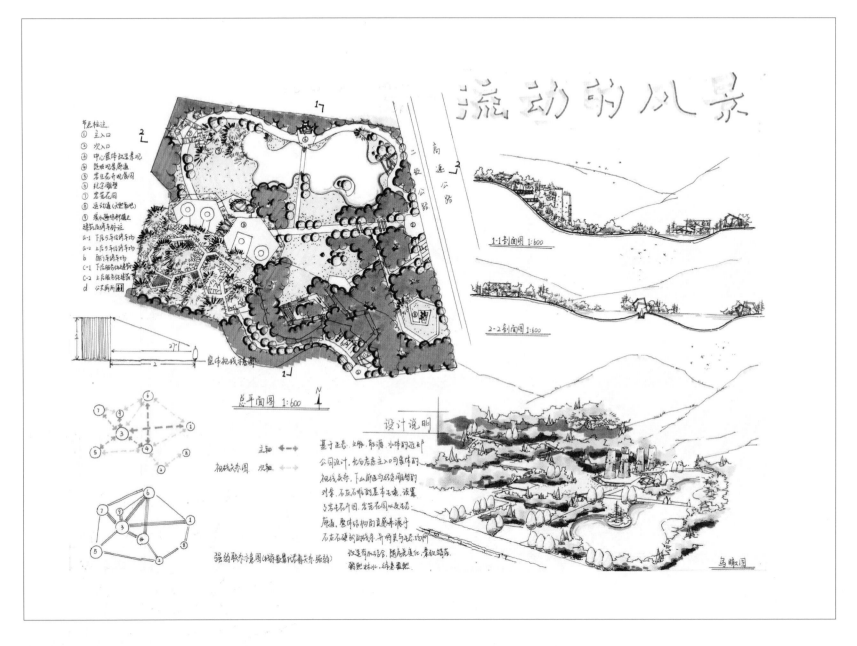

## 实例9-6

| | |
|---|---|
| 作　者 | 姜子逸 |
| 学　校 | 华中农业大学 |
| 作业时间 | 6小时 |
| 报考院校 | 华中科技大学 |
| 学习课程 | 绘世界考研方案连报班 |

## 设计评价

方案设计是基于生态、文脉、能源、水体的近郊公园设计，充分考虑主入口与窑体的视线关系，下山廊道与纪念雕塑对景。石灰石堆得基本环境，设置了岩生花卉园、岩笼花园以及生态廊道。整体结构的灵感来源于石灰石硬朗的肌理感，并将其生态场所改造有机结合，随着高差变化，景致错落、绿意盎然。表现上面能够把自己设计思想用简单的色调呈现出来，和清晰的表达了自己的设计想法。

# 第十章　快题设计作品欣赏

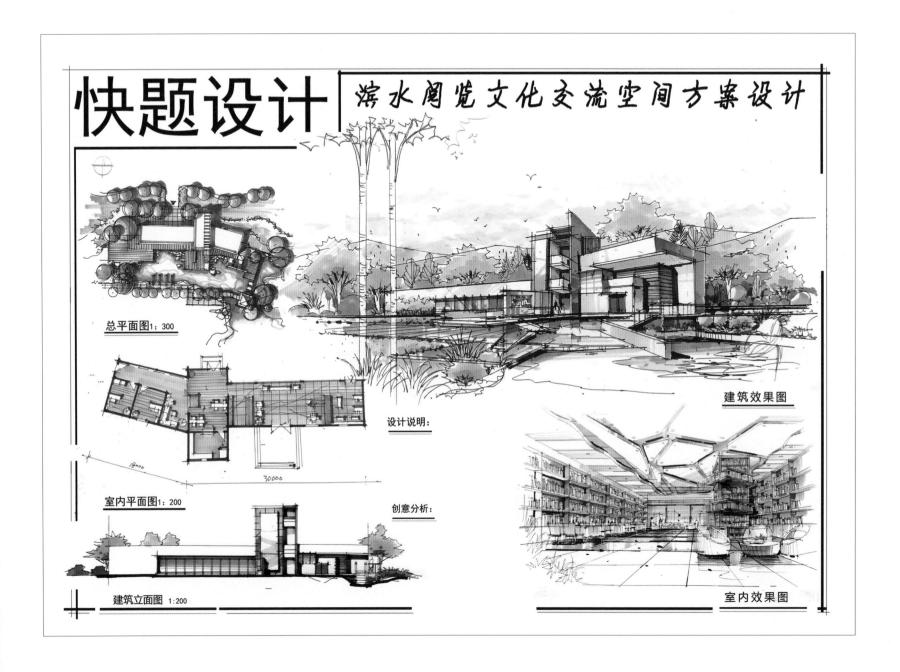

快题设计

滨水阅览文化交流空间方案设计

总平面图1:300

室内平面图1:200

建筑立面图 1:200

设计说明：

创意分析：

建筑效果图

室内效果图

**实例10-1　滨水阅览空间设计**

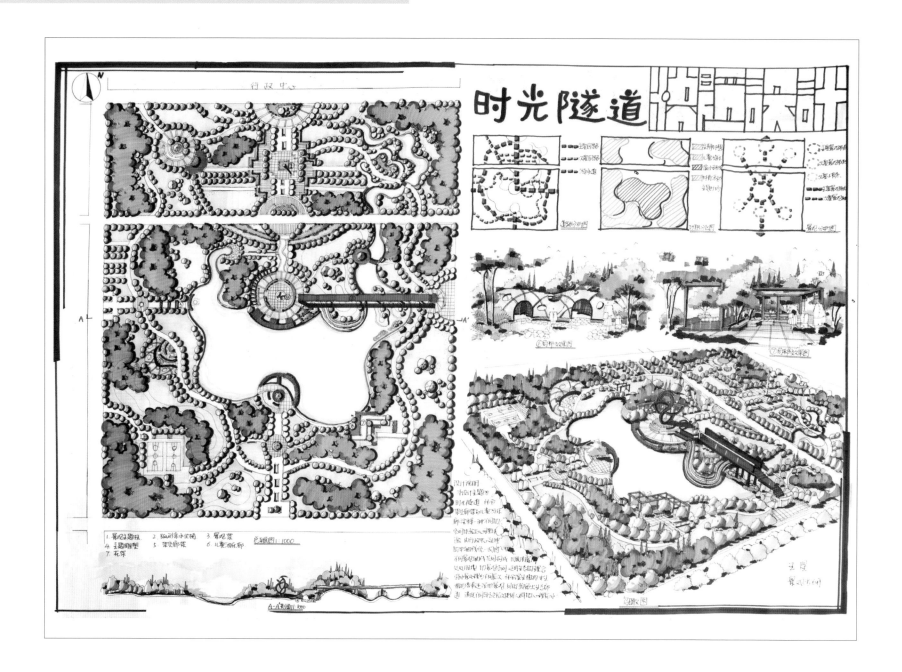

**实例10-2 公园绿地景观规划设计**

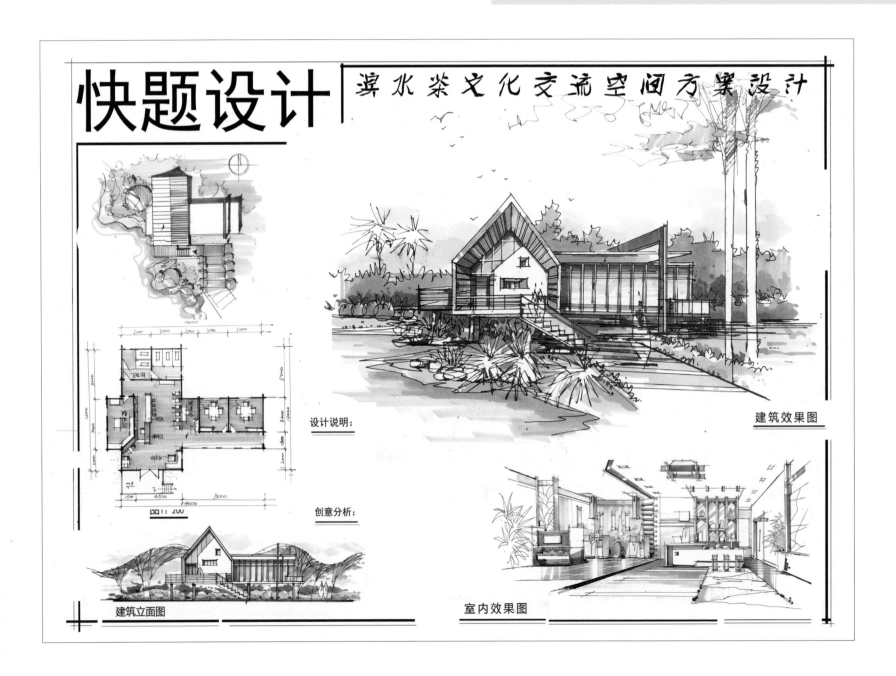

设计说明：

创意分析：

建筑效果图

室内效果图

建筑立面图

实例10-3 滨水景观建筑——茶文化空间方案设计

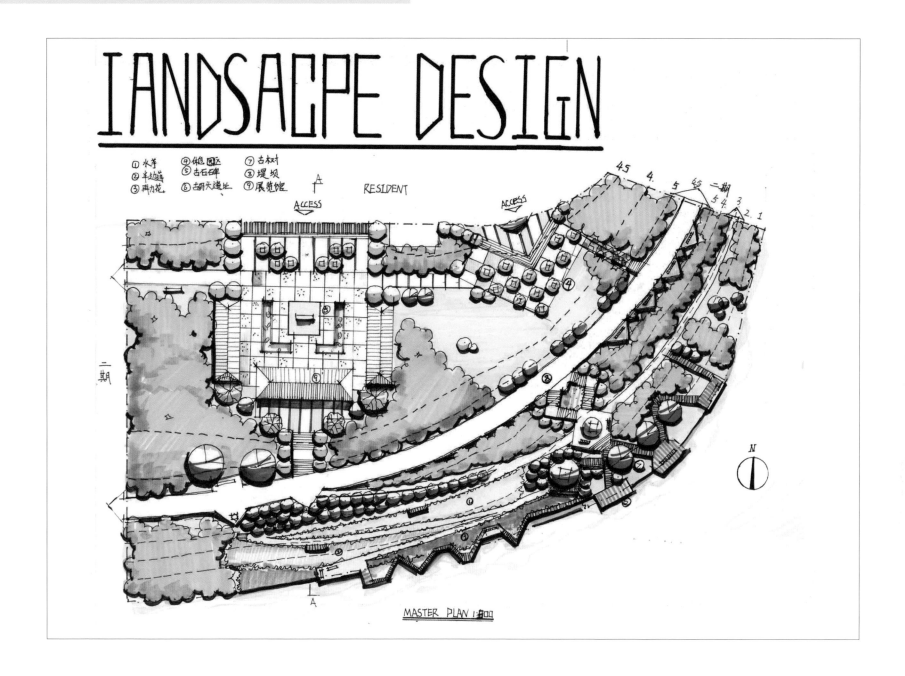

**实例10-4 滨水景观建筑广场设计**

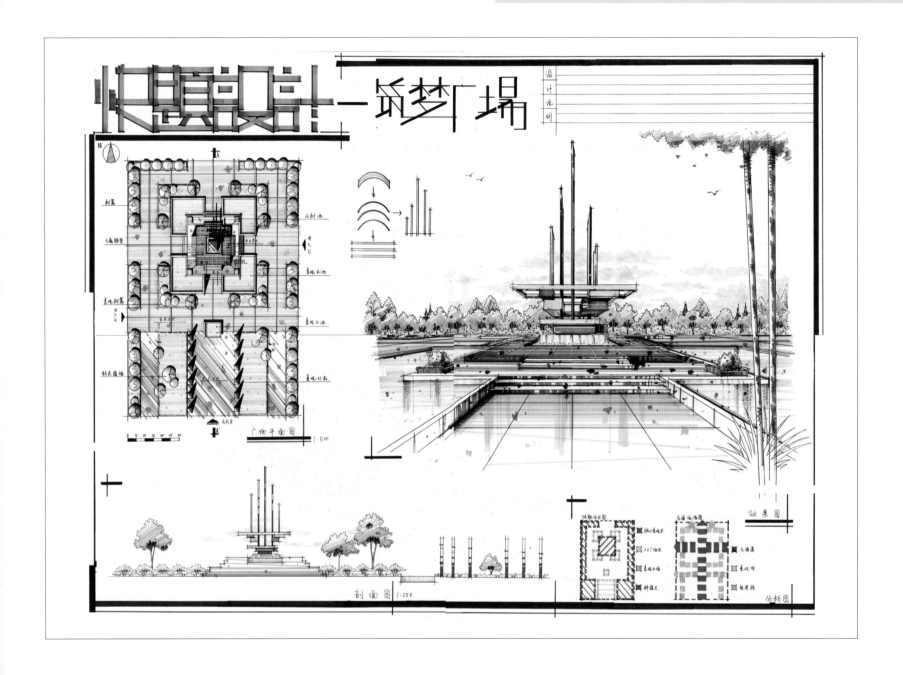

**实例10-5 景观广场绿地设计**

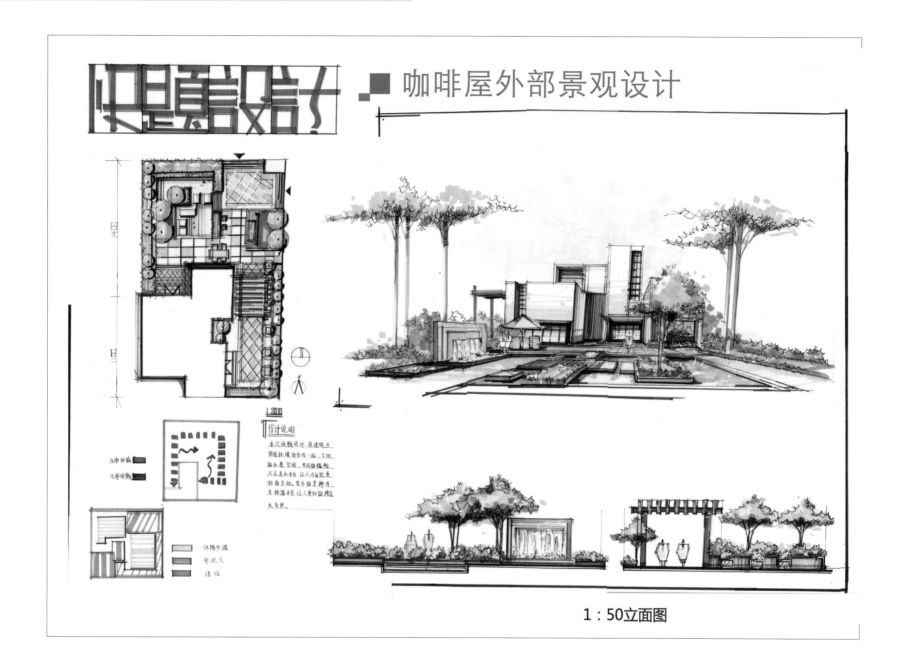

咖啡屋外部景观设计

1：50立面图

**实例10-6** 建筑外部景观环境设计

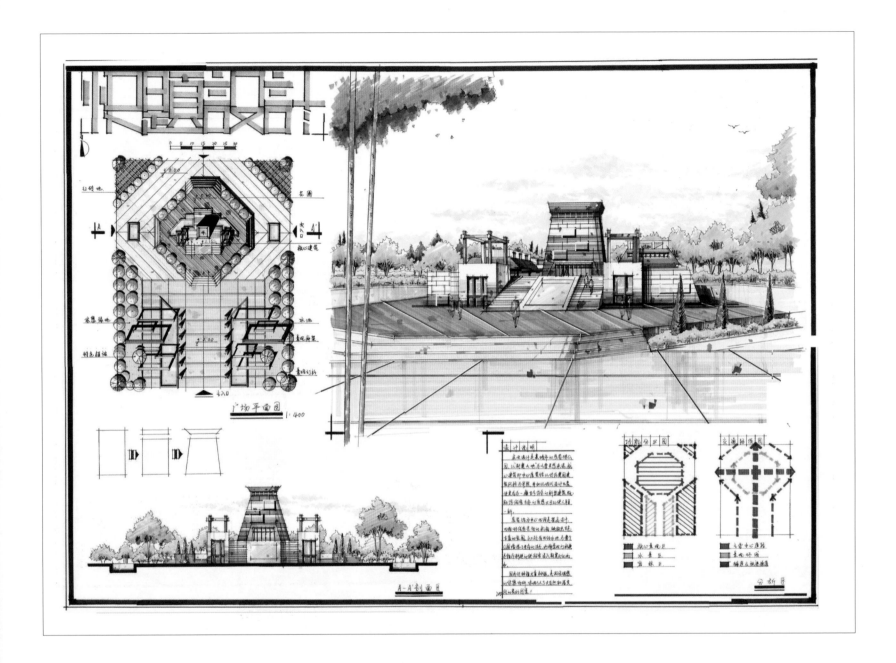

**实例10-7　纪念广场景观设计**

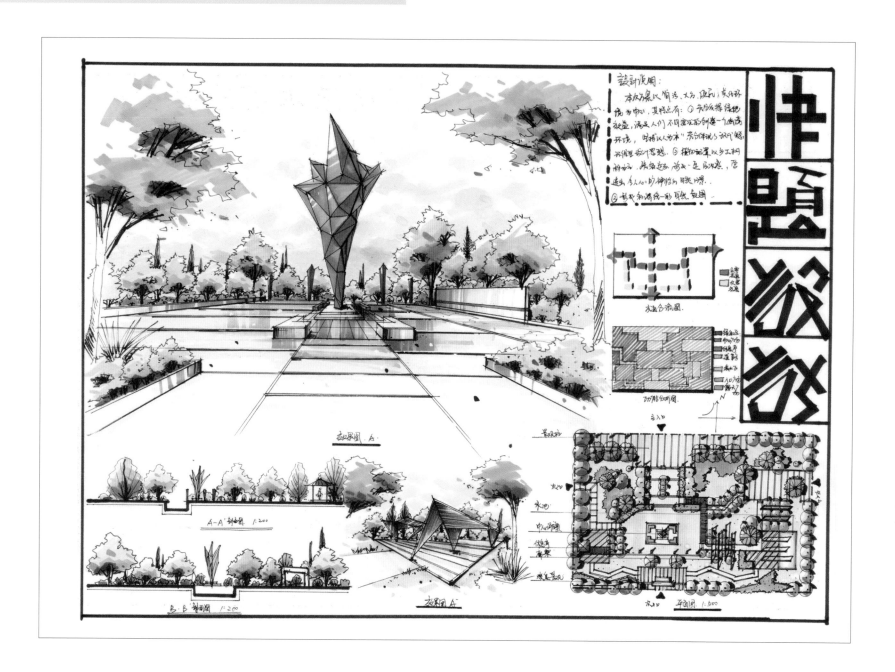

实例10-8　校园纪念广场设计

# 快题设计 | 滨水小型文化艺术馆方案设计

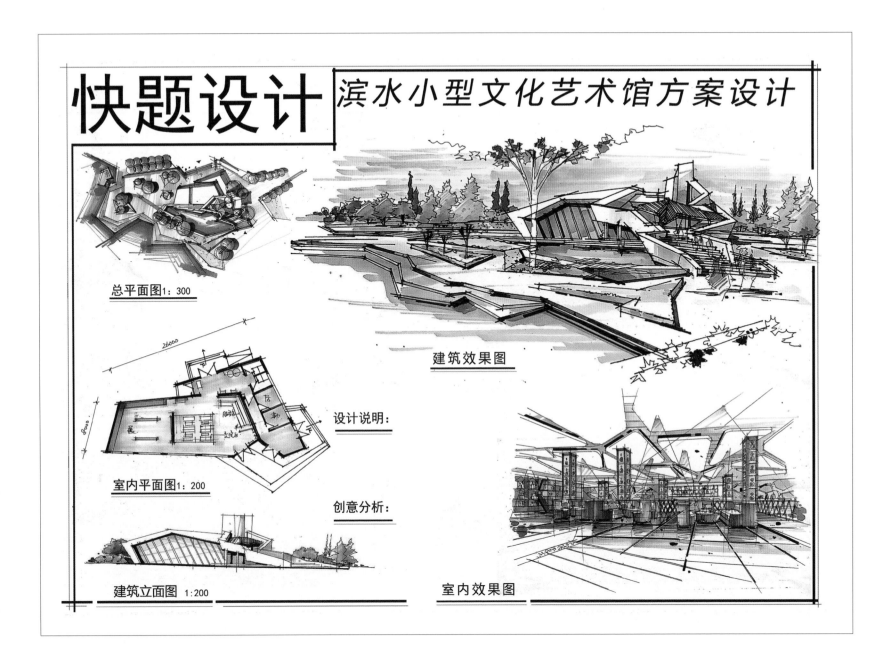

总平面图1：300

室内平面图1：200

建筑立面图 1：200

建筑效果图

设计说明：

创意分析：

室内效果图

**实例10-9　滨水景观建筑——文化艺术馆**

## 结语

景观设计是当前中国最热门且有发展前景的专业之一。熟练的快题表现是景观设计师基本的素质之一，这是在本领域内获得长足发展的先决条件。

本书第一版在2011年出版后深受广大读者的喜爱，在这本第二版的内容当中把很多实例做了更换与增加，很多也都是最近几年考研时常考类型，选取的很多方案也都是很有针对性，不过作为3~6小时学生作品或多或少都是有问题的，所以作为读者请吸取每张图其优点部分。由于一些原因作者没有完全标注，敬请谅解。再次感谢绘世界学员供稿。

本书针对景观考研，也可供求职使用，算一本工具书。内容多有纰漏浅薄之处，望广大读者斧正。

## 参考文献

[1] 徐振，韩凌云.风景园林快题设计与表现[M].沈阳：辽宁科学技术出版社，2009.
[2] 白小羽，关午军.快速景观设计考试指导[M].北京：中国建筑工业出版社，2007.
[3] 孙科峰，江滨，吴维凌.景观快速设计100例[M].南京：江苏科学技术出版社，2007.
[4] 李铮生.城市园林绿地规划与设计[M].北京：中国建筑工业出版社，2006.
[5] 周维权.中国古典园林史[M].北京：清华大学出版社，2008.
[6] 针之谷钟吉.西方造园变迁史[M].北京：中国建筑工业出版社，2004.
[7] 约翰·O·西蒙兹(John Ormsbee Simonds)，巴里·W·斯塔克(Barry·W·Starke).景观设计学.朱强，俞孔坚译[M].北京：中国建筑工业出版社，2009.
[8] 里德 (Reid Grant W.)，美国风景园林设计师协会.从概念到形式.陈建业，赵寅[M].北京：中国建筑工业出版社，2004.

**绘世界手绘**
DRAW THE WORLD DESIGN

在线报名：shouhui.net
免费热线：400-6461997

# NEW COLOR™
Alcoholic Marker Assembled in China

Architecture Landscape Drawing Professional Marker.

景观&马克笔推荐用色

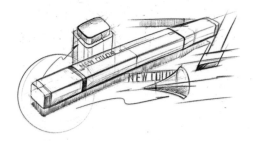

官方淘宝店购买

| 乔灌木/草坪 | | 水体/天空 | | 非绿色 | | 木色系 | | 地面铺装 | | 远景绿色 | | 灰色系 | |
|---|---|---|---|---|---|---|---|---|---|---|---|---|---|
| GY16 | | G50 | | Vr80 | | YR10 | | YR14 | | GB41 | | Gg1 | |
| GY17 | | G53 | | G58 | | YR11 | | NG5 | | GB42 | | GG3 | |
| GY18 | | B90 | | V78 | | YR13 | | YG7 | | GB45 | | GG5 | |
| GY20 | | B91 | | BV85 | | R70 | | | | G28 | | BG1 | |
| GY21 | | B94 | | Bv86 | | R71 | | | | | | BG3 | |
| GY22 | | GB48 | | BG5 | | R60 | | | | | | WG1 | |
| GY23 | | GB49 | | | | R62 | | | | | | WG3 | |
| G31 | | | | | | YG1 | | | | | | WG5 | |
| G29 | | | | | | | | | | | | NG1 | |
| GB32 | | | | | | | | | | | | NG3 | |